金属包覆材料固-液铸轧复合理论与实践

黄华贵　季　策　孙静娜　著

机 械 工 业 出 版 社

本书是由燕山大学机械工程学院、国家冷轧板带装备及工艺工程技术研究中心黄华贵教授课题组根据多年的科学研究和实践经验编写而成的。

全书共9章，详细介绍了金属包覆材料固-液铸轧复合技术开发全流程，内容包括技术构想、工艺布局、样机设计、过程仿真、实验验证、性能表征、机理分析等系统研究过程。

本书的工艺技术与理论方法新颖，具有很好的学术价值和应用价值，可供有色金属成形机械设计、制造及层状金属复合材料生产等工程技术人员使用，也可供高等院校有关专业的教师、研究生参考。

图书在版编目（CIP）数据

金属包覆材料固-液铸轧复合理论与实践/黄华贵，季策，孙静娜著．—北京：机械工业出版社，2022.11

ISBN 978-7-111-71726-3

Ⅰ．①金… Ⅱ．①黄…②季…③孙… Ⅲ．①包覆轧制-研究 Ⅳ．①TG335.19

中国版本图书馆CIP数据核字（2022）第186368号

机械工业出版社（北京市百万庄大街22号 邮政编码100037）

策划编辑：张秀恩　　责任编辑：王春雨

责任校对：张晓蓉　王明欣　　封面设计：马精明

责任印制：李　昂

北京中科印刷有限公司印刷

2023年4月第1版第1次印刷

169mm×239mm·13.25印张·268千字

标准书号：ISBN 978-7-111-71726-3

定价：89.00元

电话服务　　网络服务

客服电话：010-88361066　　机　工　官　网：www.cmpbook.com

010-88379833　　机　工　官　博：weibo.com/cmp1952

010-68326294　　金　书　网：www.golden-book.com

封底无防伪标均为盗版　　机工教育服务网：www.cmpedu.com

前 言

金属包覆材料是层状金属复合材料的一个重要分支，由于其兼具两种或两种以上不同组元金属材料的性能优势，形成了集功能和结构为一体的独特综合性能，在满足耐蚀、高强度、高导电和高导热等特殊服役性能的同时，也成为节约贵金属、实现结构轻量化的有效途径。典型产品包括铜/铝复合线、铜/钢复合棒、铜/钛复合管、铝/钛复合管、黄铜/纯铜复合绞线等，被广泛用于航空航天、轨道交通、石油化工、电力电子等领域。

金属包覆材料通常具有环形包覆几何特征，强电流、高频、冲击、疲劳、高温、腐蚀等极端服役环境对界面结合强度、组元基体性能及其周向均匀性提出了极为苛刻的要求。胀形、拉拔、轧制、旋压等传统固相复合成形工艺在石油复合管、复合信号缆、铜/铝复合电工排等金属包覆产品的工业生产方面发挥了重要作用，但由于固相复合需要预先将覆层管材和芯材进行套装，且界面变形量往往比较有限，实际生产中面临着预套装配合精度要求高、界面结合强度弱等问题。在大力推进制造业绿色化、智能化背景下，发展高效、短流程、形性可控的金属包覆材料连续成形技术一直是行业热点和难点，对丰富层状金属复合材料制备理论和促进行业进步具有重要现实意义。

2012年，作者基于层状金属复合板带固-液铸轧复合技术研究的基础，萌生了在铸轧辊面开设闭式圆形孔型，将固态基体金属与液态覆层金属同步喂入近似环形铸轧区，利用固-液铸轧复合成形原理实现金属包覆材料连续近终成形的技术设想，申请并授权了发明专利“一种采用冷芯连续铸轧工艺生产双金属复合管材或棒材的方法”（专利号：ZL201210300999.2）。之后围绕该技术构想开展了较为系统的理论与实践研究工作，陆续授权发明专利“一种双金属层状复合管固液复合铸轧机”（专利号：ZL201510480916.6）和“制备高电导金属包覆材料的多辊连续铸轧设备及其方法”（专利号：ZL202010537004.9），经过近十年的不懈探索与尝试，初步验证了所提技术构想的可行性和优越性。为此，作者在学习和消化国内外相关研究工作的基础上，系统梳理与总结了过去十年在金属包覆材料固-液铸轧复合理论与实践方面的研究成果，编写成本书，以期对丰富金属包覆材料高效连续近终成形技术和发展特种孔型铸轧理论有所裨益。

本书详细介绍了金属包覆材料固-液铸轧复合技术开发全流程，内容包括技术构想、工艺布局、样机设计、过程仿真、实验验证、性能表征、机理分析等系统研究过程。本书在内容组织与结构安排上，以数值模拟、物理模拟、理论建模与实验研究相结合的方式开展研究工作成果的介绍，彼此互为验证，力求理论联系实际，突出实用性和先进性，为广大读者提供一本实用的技术著作。

本书由黄华贵、季策、孙静娜共同撰写。本书介绍的研究工作得到了国家重点研发计划“变革性技术关键科学问题基础”重点专项“高品质金属复合板高效制备原理与技术基础”（No. 2018YFA0707300）、国家自然科学基金面上项目“高导电金属包覆材料冷芯连续铸轧复合成形机理与性能调控”（No. 51974278）、河北省自然科学基金杰出青年基金项目“复合材料固-液铸轧成形理论及产品全生命周期设计关键技术基础研究”（No. E2018203446）和河北省高等学校科学技术研究项目“双金属复合管冷芯连续铸轧复合成形机理与实验研究”（QN2015214）的资助。在撰写过程中，得到了燕山大学国家冷轧板带装备及工艺工程技术研究中心孙登月教授、许石民教授、涿神有色金属加工专用设备有限公司宋建民总工程师等专家的指导和帮助，参考了国内外有关专家和学者的文献资料，在此由衷地表示感谢！

目前，金属包覆材料的产品类型正在不断拓展，固-液铸轧复合技术也正处于发展之中，一些概念、理论、机理还在不断更新和完善，同时由于作者水平有限，不妥之处，恳请广大读者批评指正。

作　者

2022 年 6 月

目录

第1章 金属包覆材料工程应用与制备技术研究现状

1.1 应用需求概述

1.1.1 金属基复合材料及其分类

金属基复合材料是以金属或合金为基体，以纤维、晶须、颗粒等为增强体的复合材料。不同于化合物和合金材料，复合材料中的组元材料始终作为独立形态的单一材料存在，没有明显的化学反应。因此，金属基复合材料的性能取决于所选用基体金属或合金本身性能，以及增强体的特性、含量、分布、尺寸、界面状态等参数。通过合理的组分材料设计和复合成形技术，可以实现既有金属良好的塑韧性和加工性能，又兼具增强体的比强度、耐热、耐磨、导电等优异性能。金属基复合材料研究发展早期，航空航天、武器装备等国防军事技术的需求起到了巨大的推动作用，而未来轨道交通、石油化工、电力电子、建筑装饰等领域的迅速发展必将为金属基复合材料提供更加广阔的应用前景。

按照基体和增强体的不同，金属基复合材料分类情况如下。

按基体材料分为：黑色金属基（钢、铁）、有色金属基（铝基、锌基、镁基、铜基、钛基、镍基）、耐热金属基、金属间化合物基复合材料等。目前铝基、镁基、钛基复合材料发展较为成熟，已逐步应用于航空航天、电子、汽车等工业领域。

按增强体分为：层状金属复合材料、混杂增强金属复合材料、连续纤维增强金属基复合材料、非连续增强金属基复合材料（颗粒、短纤维、晶须增强金属基复合材料）、自生增强金属基复合材料（包括反应、定向凝固、大变形等途径自生颗粒、晶须、纤维状增强体）等。

层状金属复合材料将物理、力学等性能不同的金属组元通过复合技术在界面处形成牢固结合，使其兼具各组元金属的优异性能，形成了集功能和结构为一体的独特综合性能，能够满足各种服役性能需求，从而有效解决基础金属产能过剩和贵重金属供应不足等问题，成为近年新型材料成形领域的国际研究热点。

金属包覆材料是层状金属复合材料的一个重要分支，产品横截面通常具有圆形或环形几何特征，例如复合线材、复合棒材或复合管材，强电流、高频、高温、疲劳等极端服役环境对组元和界面性能以及二者分布均匀性提出了极为苛刻的要求，发展形性可控高效连续近终成形技术成为行业重点发展方向。

1.1.2 典型金属包覆材料及其工程应用

铜是国民经济发展的重要原料，广泛应用于电力电子、机械及冶金、交通、新兴产业等领域，在我国有色金属材料的消费中仅次于铝。2020 年国内市场虽然遭受疫情影响，但铜的最终市场增长速度依然表现较好，根据国家统计局和中国有色金属工业协会的有关统计数据，2020 年铜加工材综合产量为 1897 万 t，比上年增长 4.5%，其中铜管棒线材为 1385 万 t，占比达 73%。我国作为铜消费第一大国，铜资源自给率仅为 20%左右，供给形势一直十分严峻[1]。因此，“以铝代铜、以铝节铜”等为代表的利用廉价金属代替贵重金属的理念已成为行业的共识，扩大铜包钢、黄铜包覆纯铜绞线等高导电金属包覆材料的工业应用不但可以节约铜材，还能在一定程度上化解目前国内低合金高强度结构钢、电解铝等基础材料产能过剩问题，已经成为行业未来重要发展方向。

高导电金属包覆材料一般是指以其他金属材料作为芯线，外层包覆一层导电性能良好的金属（以铜为典型代表），由于高频时存在“集肤效应”，使高频电流大部分集中在导线的外层进行传输，因此采用金属包覆材料可以达到良好的传输效果。由于铜资源的匮乏，世界各国都十分重视高导电金属包覆材料的研究，在工艺参数优化、制备新技术开发以及替代材料研发等方面取得了很大进展。目前已经针对特定服役环境开发了多种金属包覆材料来替代纯铜材料，在实际应用中展示出优良的导电性、耐蚀性、热稳定性等，有效降低了生产成本。

铜包铝兼具铜的高导电性与铝的低密度优点，在传输高频信号（大于 5MHz）时，由于其具有“集肤效应”的特点，铜包铝线具有与纯铜线近乎相同的性能，并且可以实现轻量化。

铜包钢兼具铜的高导电性和钢的高强度、焊接性，并且可以根据不同的包覆比来控制其抗拉强度和电导率，可作为高速列车导电线、接地棒、同轴电缆、电子元器件用引线等。

黄铜包覆纯铜绞线是通过在纯铜绞线的外表面包覆一层黄铜，既具有纯铜优良的导电导热性能，又兼有黄铜较高的强度和耐蚀性，在海底电缆、高铁用贯通地线等方面具有广阔的应用前景。

钛包铜兼具铜的高导电性和钛的耐蚀性，与单一电极材料相比，在冶金化工行业里具有明显的优势，被广泛应用于电冶金（电解铜、镍、钴、锰等）、制盐、氯碱和化工等生产。

目前，金属包覆材料的产品种类及应用领域日益丰富和完善，其他产品还包括

铜包 NbTi 合金、银包铝、钛包钢等，根据截面特征可以分为复合管材和复合线棒材两大类，其制备技术正朝着短流程、高效率及规模化发展，在保证良好界面结合强度和服役性能的基础上，提高质量稳定性，降低生产成本，是实现金属包覆材料连续化工业生产的关键所在。

1.2　双金属复合管材制备技术

双金属复合管材近十年来有了长足发展，截至目前，我国已经能够生产钛/铝、钢/铝、铜/铝、镁/铝、不锈钢/低合金结构钢以及异质铝合金等多种双金属复合管。双金属复合管材制备技术分类如图 1-1 所示，根据基体和覆层金属初始物理状态的不同，可以将制备技术分为以下四类：固-固相复合技术、固-液相复合技术、液-液相复合技术和其他复合技术。

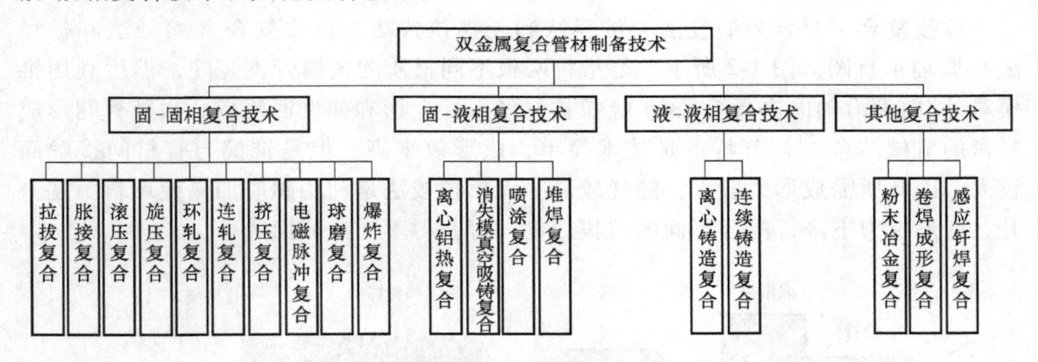

图 1-1　双金属复合管材制备技术分类

当组元金属材料不同、制备技术不同时，获得的界面结合形式也有所不同。根据现有研究统计，双金属复合管材界面结合类型大致可以分为机械结合、扩散结合和反应结合三类，其中扩散结合和反应结合在多数情况下并非独立发生的，因此也可将其统称为冶金结合。

扩散结合主要分为固-固扩散和固-液扩散，固-固扩散是指两金属组元接触表面在高温和压力作用下产生原子间扩散，而固-液扩散是指两金属组元之间首先发生润湿和溶解，随后产生原子间互相扩散，二者最终均在复合界面处形成连续的固溶体，没有化学反应产生的金属间化合物。该类复合界面具有良好的稳定性和结合强度，但是只能在较为理想的条件下才能获得。

反应结合是指两金属组元间通过发生化学反应，生成对应的金属间化合物，由化学键提供的结合力而实现的结合。金属间化合物多具有高硬度、高脆性等特点，若反应层厚度过大，则会导致复合界面脆化，降低界面结合强度。因此，为保证界面性能，应合理控制复合界面反应层厚度。

机械结合是指利用塑性变形后的残余压力作用使内外管间形成的紧密结合。但是，两金属组元的界面处总是存在一定的范德华力，并且塑性变形时会释放一定的热量，当满足一定的热力学条件后，各金属组元之间就会发生相互扩散和反应，生成相应的固溶体或金属间化合物。因此，通常所说的机械结合是指机械结合占主导地位，与少量扩散结合和反应结合并存的形式，其主要特点是制备简便，但在高温下容易出现应力松弛、分层和脱落现象。

1.2.1 固-固相复合技术

固-固相复合技术指初始时基体与覆层金属均为固态管坯，在复合前二者需要预先装配组坯，然后通过冷、热变形加工或特殊成形方法使内外层管坯发生塑性变形实现的机械结合或冶金结合。其优点是大部分技术较为简单，组织致密无内部缺陷，但大长径比时预装配组坯过程对同轴度、直线度等配合精度以及表面质量要求较高。

1.2.1.1 拉拔复合

拉拔复合主要分为缩径法、扩径法和无模拉拔法。拉拔复合（缩径法和扩径法）原理示意图如图 1-2 所示，是指将两根不同材质的金属管预装配，然后利用锥模对外/内管沿轴向进行缩径/扩径拉拔，经塑性变形和弹性回复后，内外管间形成紧密的机械结合[2]。其特点是技术简单，成形效率高，但是锥模与管材间接触面较大，因此所需成形力较大，能耗较高。无模拉拔法是利用感应加热使坯料温度上升，变形抗力下降，配合不同的拉拔速度，可获得不同的截面[3]。

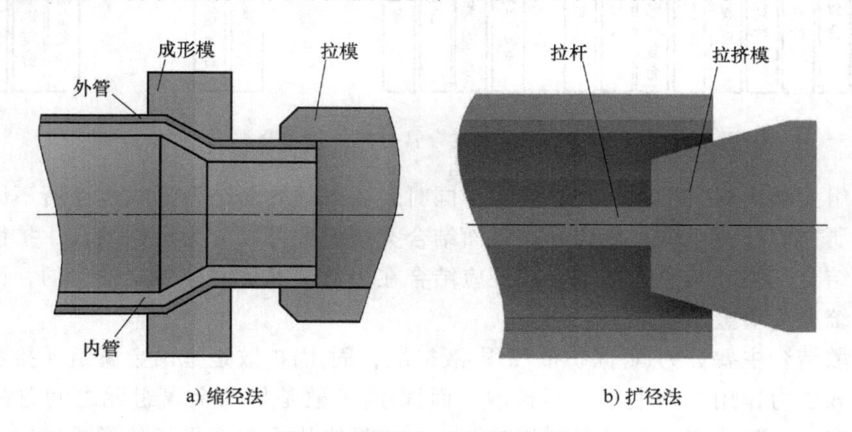

图 1-2 拉拔复合原理示意图

1.2.1.2 胀接复合

胀接复合原理示意图如图 1-3 所示，预装配的复合管坯在液体压力作用下，内管逐渐由弹性变形进入塑性变形，随着管内压力的继续升高，外管也发生弹性变形和局部塑性变形，卸除加载压力后，在残余压力的作用下内外管间形成紧密的机械结合[4]。其特点是技术简单，内外管间接触压力分布均匀，复合管内表面质量较高，但是胀接装置结构复杂，对密封要求较高。

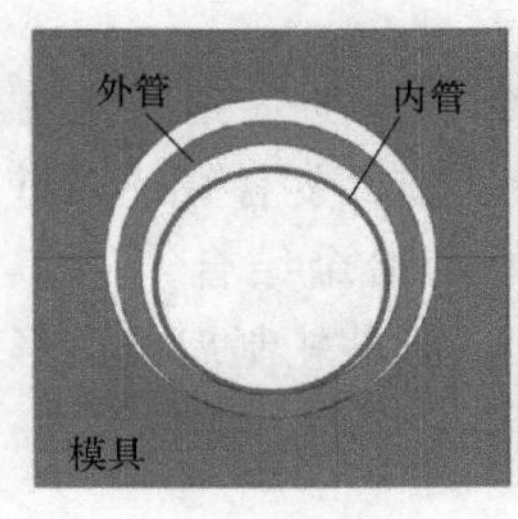

图 1-3　胀接复合原理示意图

1.2.1.3　滚压复合

滚压复合原理示意图如图 1-4 所示，分为内滚压法和外滚压法两种。内滚压法是利用回转芯轴带动滚动体不断挤压预装配复合管的内壁，其周向分布的滚动体能随时自动进行径向位移补偿，同时滚压力保持基本稳定状态，使内管产生径向扩张塑性变形，在弹性回复后，利用内外管间的残余接触压力形成紧密的机械结合[5]；外滚压法原理类似于内滚压法原理，其不同之处在于滚压体在外侧做旋转运动，预制管坯固定在芯轴上并随其做轴向进给运动[6]。

滚压复合的特点是尺寸控制准确、摩擦阻力小、能耗低，但是当内外管材料属性差异大或滚压量较大时，极易造成管壁变薄、开裂及加工硬化现象，因此需进行少量多次滚压。

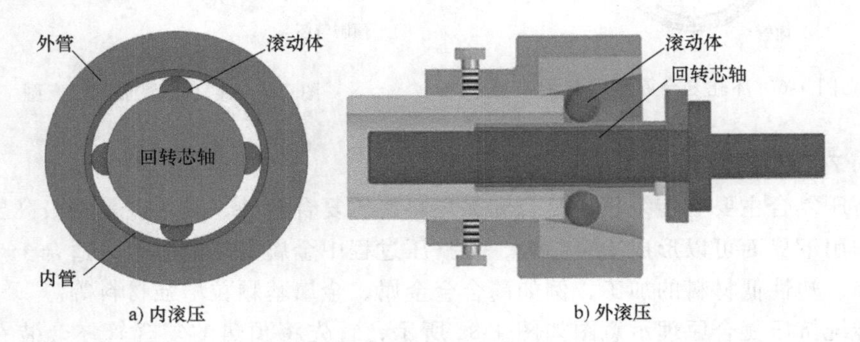

图 1-4　滚压复合原理示意图

1.2.1.4　旋压复合

旋压复合原理示意图如图 1-5 所示，主轴带动预装配好的复合坯管旋转，同时三个呈锥形的旋轮反方向旋转并沿轴向推进，使外层管产生局部塑性变形并与内管紧密结合，形成类似于静配合的螺纹连接[7]。其特点是技术简单，生产率高，但是其界面结合强度较低。

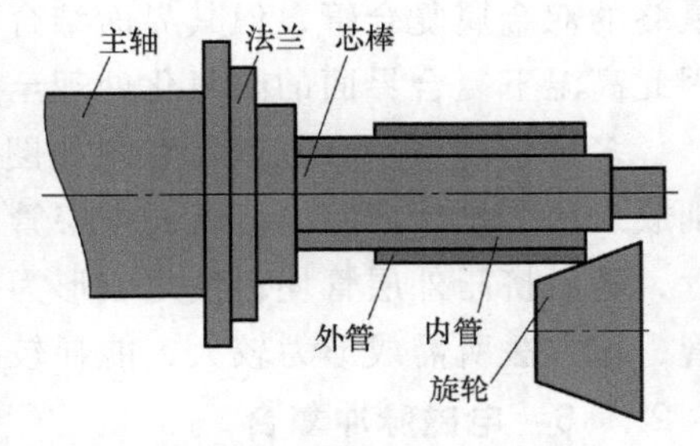

图 1-5　旋压复合原理示意图

1.2.1.5 环轧复合

环轧复合原理示意图如图 1-6 所示，首先将预装配的复合管坯加热到一定温度，然后将复合管坯套装到异径轧辊辊缝中，经上下轧辊异步轧制，复合管坯减壁扩径，在轧制力、高温和塑性变形共同作用下，可以形成良好的冶金结合[8]。其特点是结合质量好，成形效率高，可以生产直径较大的复合管，但是轧制后截面形状精度难以控制，并且长度受限、能耗较大。

1.2.1.6 连轧复合

连轧复合原理示意图如图 1-7 所示，连轧机组一般由多个三辊 Y 形轧机构成，三个盘状轧辊沿周向均匀分布，预制复合管坯经连轧机组热轧或冷轧复合[9]，其特点是生产率高，产量大。

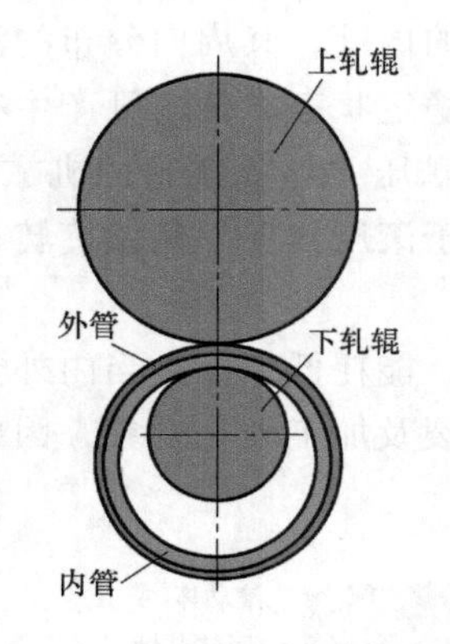

图 1-6 环轧复合原理示意图

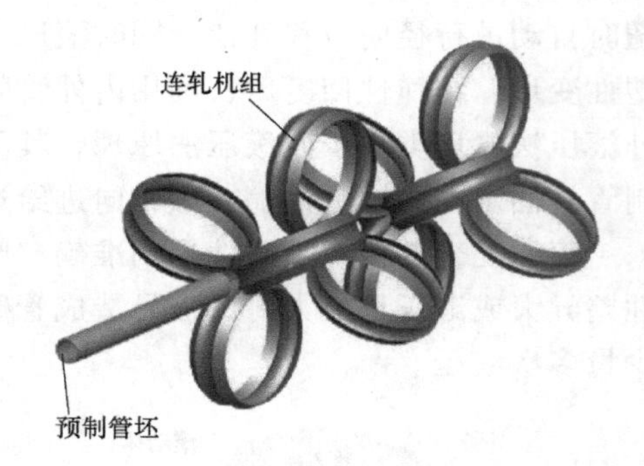

图 1-7 连轧复合原理示意图

1.2.1.7 挤压复合

挤压复合主要有传统挤压复合和多坯料挤压复合两种，其优点是在极高压力和高温作用下界面可以形成冶金结合，且挤压过程中金属受三向应力，适合于热加工性不好、塑性低材料的加工，例如高合金金属、金属基颗粒增强材料等。

传统挤压复合原理示意图如图 1-8a 所示，首先将预热的复合管坯套装在芯轴上，之后在模具、芯轴和压头共同挤压作用下，使复合管坯成形到设定尺寸，形成最终的双金属复合管，但其界面结合强度取决于挤压过程中短时间内的元素扩散，因此高温下复合界面的防氧化处理至关重要[10]。

多坯料挤压复合原理示意图如图 1-8b 所示，将预热的内层和外层棒状坯料分别放入两个挤压容腔内，首先内层管坯料在压头、芯轴和模具作用下，成形为内层管，随后挤压外层管坯料使之成形为外层管，并与内层管共同挤出形成双金属复合管，该方法所需成形力较大，能耗较高[11]。

1.2.1.8 电磁脉冲复合

电磁脉冲复合分为内置式和外置式，原理示意图如图 1-9 所示，利用电磁感应

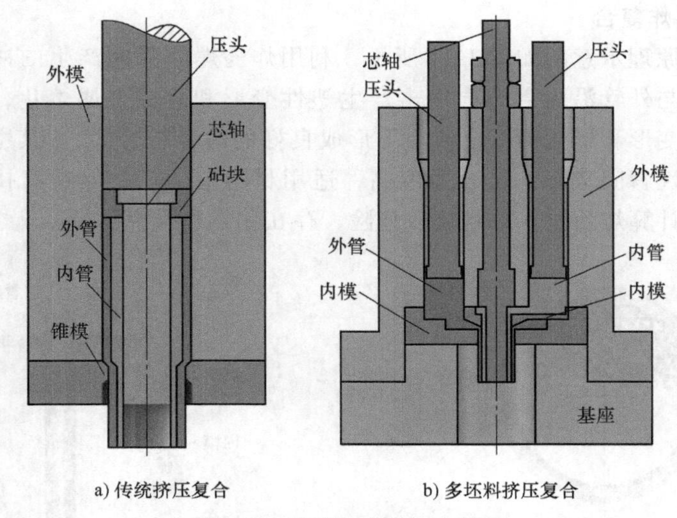

图 1-8　挤压复合原理示意图

现象，当线圈通高频脉冲电流时，线圈外或内的管材表面受到洛伦兹力巨大的冲击作用，通过匹配恰当的撞击角度和撞击速度，可在几微秒内实现界面间的冶金结合[12-14]。其特点是能量控制准确、样品质量稳定、生产率高，但是由于技术特殊，仅适合加工强度低、导电性好的金属，如铜、铝等。

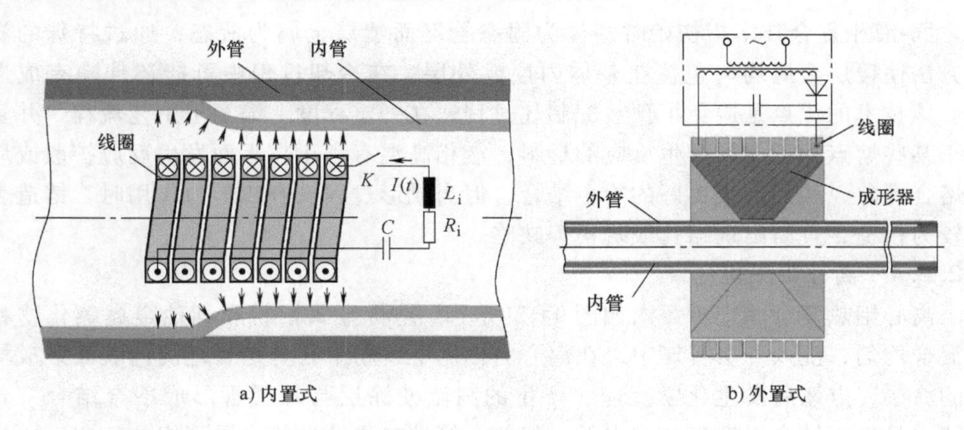

图 1-9　电磁脉冲复合原理示意图

1.2.1.9　球磨复合

球磨复合原理示意图如图 1-10 所示，首先将球磨用钢球装入预装配的复合管坯，复合管坯可以绕其轴线自转，同时带着钢球绕旋转中心公转，在复合管坯自转和公转的过程中，钢球在离心力作用下不断和内层管滚动接触使之产生塑性变形，和外层管形成紧密的机械结合[15]。其主要特点是设备简单，能耗低，内层管可以很薄，但是复合管长度和内层管壁厚受限制。

1.2.1.10 爆炸复合

爆炸复合原理示意图如图 1-11 所示，利用炸药爆炸瞬间产生的冲击波和高温高能，使内管与外管沿爆轰方向撞击产生塑性变形和薄层金属熔化，在高温、高压、金属塑性变形和熔化等综合作用下形成良好的冶金结合[16]。其主要特点是技术简单，一次性瞬间成形，结合强度高，适用材料范围广，但是其技术条件要求高，需要精确计算炸药量，并且比较危险，存在化学和噪声污染。

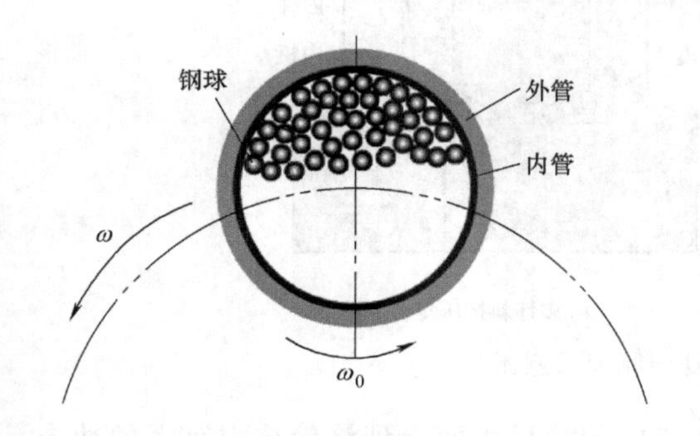

图 1-10 球磨复合原理示意图

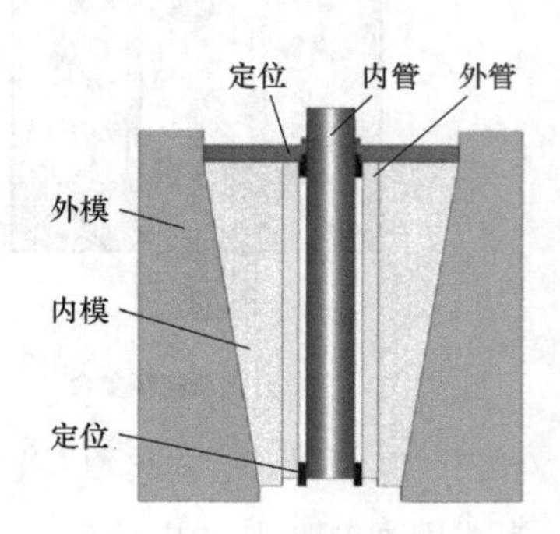

图 1-11 爆炸复合原理示意图

1.2.2 固-液相复合技术

固-液相复合技术指初始时基体为固态管坯而覆层金属为液态，通过特殊的浇注方法使覆层金属均匀包覆在基体内层或外层，在冷却过程中可能还伴随有成形力。该技术的优点是避免了预装配制坯过程，在一定程度上缩短了工艺流程，并且对于某些熔点相近或易产生反应的材料，液相高温有利于在界面发生反应扩散或局部熔合现象，从而形成良好的冶金结合，但当成形过程没有成形力作用时，铸造表面较为粗糙，且易出现缩孔或疏松等缺陷。

1.2.2.1 离心铝热复合

离心铝热复合原理示意图如图 1-12 所示，是将金属铝粉和其他金属氧化物粉末混合均匀，浇入外层管坯中，在离心力作用下，粉末在外层管坯的内表面形成均匀的涂层，点燃后发生化学反应，产生的高温使涂层与外层管形成冶金结合[17]。其特点是界面结合强度高且成本低，但复合管端口焊接性能会受到铝热反应生成的氧化铝影响。

1.2.2.2 消失模真空吸铸复合

消失模真空吸铸复合原理示意图如图 1-13 所示，首先用聚苯乙烯泡沫塑料（EPS）制作内层管的模型管，然后将其套装到外层管内，随后进行粘沙、烘烤、焙烧，使 EPS 气化逸出形成所需型腔，安装浇注系统并浇注液态的内层管材料，在高温下界面熔合扩散，待金属液冷却凝固后，便可得到双金属复合管[18,19]。该技术的优点是可以制造不同管径、壁厚及形状的双金属复合管，但铸造的内管表面

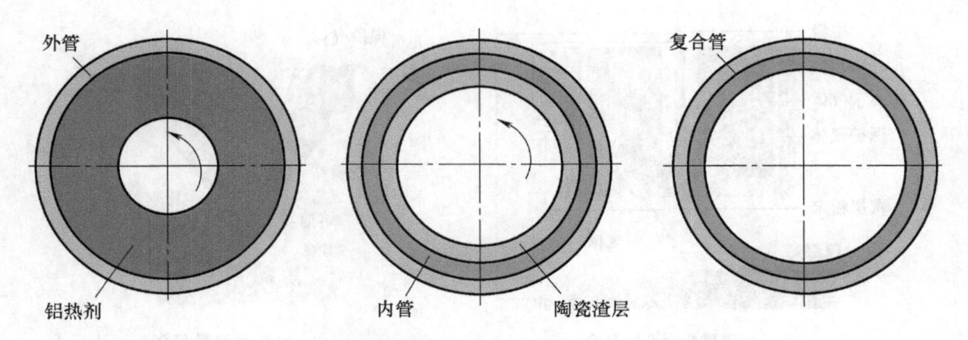

图 1-12 离心铝热复合原理示意图

较为粗糙，并且对环境有一定污染。

1.2.2.3 喷涂复合

双金属喷涂复合原理示意图如图 1-14 所示，也称为金属喷射沉积法，将覆层金属雾化后喷射到基体表面，利用雾化金属液滴的撞击作用以及快速冷却和凝固，获得细小、无宏观偏析的组织[20]。该技术的优点是孔隙率低、表面粗糙度值低，且喷射速度快、生产率高、结合质量好，但技术难度较大，喷射过程雾化颗粒到达基体表面的状态及半凝固区厚度控制至关重要。

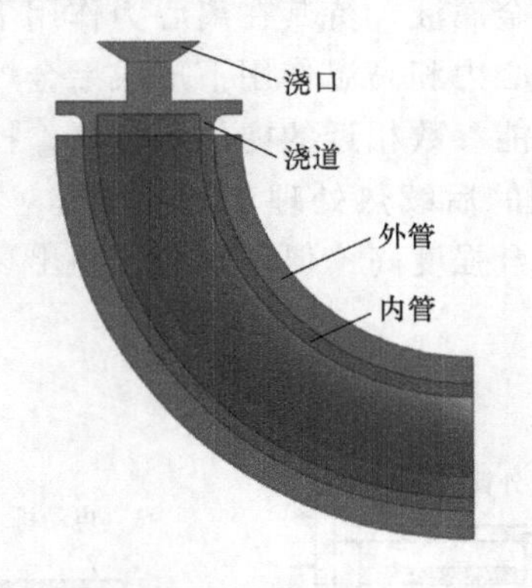

图 1-13 消失模真空吸铸复合原理示意图

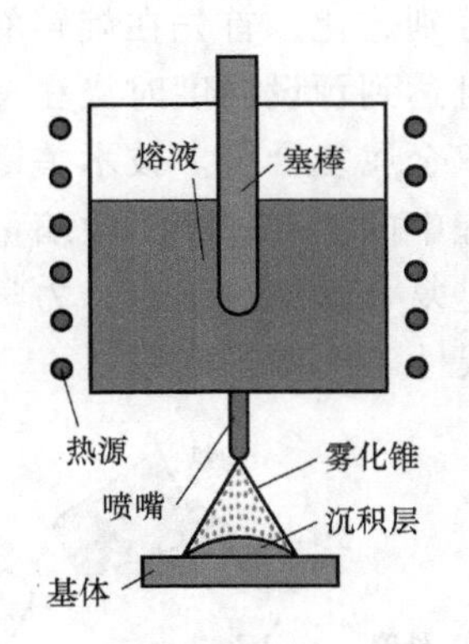

图 1-14 双金属喷涂复合原理示意图

1.2.2.4 堆焊复合

堆焊复合是指利用特殊技术将所需性能材料熔化后堆敷在基体金属表面，形成良好的焊合，以实现表面改性，常见类型主要有硬质合金堆焊复合和激光熔覆复合两类[21,22]，如图 1-15 所示。该技术的主要优点是界面结合强度高、表面质量好、残余应力小，但是复合速度慢、效率低、成本高。

1.2.3 液-液相复合技术

液-液相复合技术指初始时基体和覆层均为液态，通过控制基体金属和覆层金

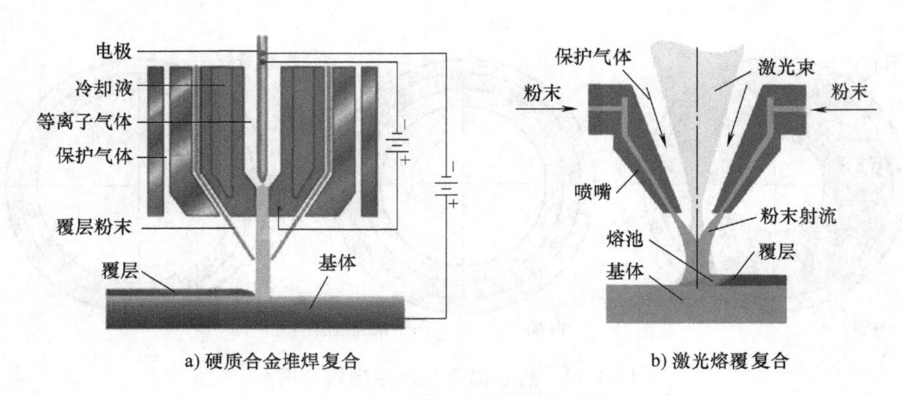

a) 硬质合金堆焊复合　　b) 激光熔覆复合

图 1-15　堆焊复合原理示意图

属的凝固顺序，利用高温下的界面扩散或局部熔合现象，使基体金属与覆层金属间形成冶金结合的技术。该技术的特点是无预装配组坯过程，具有显著的高效率、短流程特点，可以实现连续生产，但因基体金属和覆层金属均需凝固，为保证铸造质量，较长的冷却过程将导致生产率降低，并且界面扩散层较厚且容易出现脆性相。

1.2.3.1　离心铸造复合

离心铸造复合原理示意图如图 1-16 所示，分为垂直式和水平式，将覆层与基体材料分别熔化，首先在旋转的锭模中浇注基体金属液，待其在离心力作用下逐渐凝固并且达到预设温度时浇注覆层金属液，在离心力和高温作用下形成冶金熔合层的空心双金属复合管。技术关键在于选取物理性能参数相近的内外层金属，控制好铸造过程中的温度梯度、收缩量，并且选择合理的后续热处理工艺[23,24]。该技术的特点是复合管结晶细密，力学性能好，界面结合强度高，但是复合管易出现偏析或内孔尺寸不准确等问题。

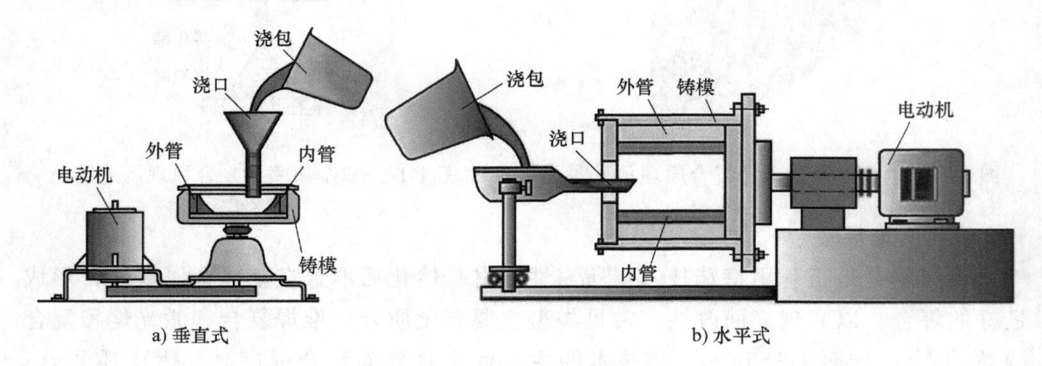

a) 垂直式　　b) 水平式

图 1-16　离心铸造复合原理示意图

1.2.3.2　连续铸造复合

连续铸造复合原理示意图如图 1-17 所示，首先将覆层与基体材料分别熔化，基体金属液在浇注后经第一结晶器的冷却作用和牵引机牵引作用连续成型为管状，

然后浇注覆层金属液，在高温熔合扩散作用与第二结晶器冷却作用下，覆层与基体结合成为双金属复合管[25,26]。该技术的特点是流程短、效率高，但复合管为铸态，易出现铸造缺陷。

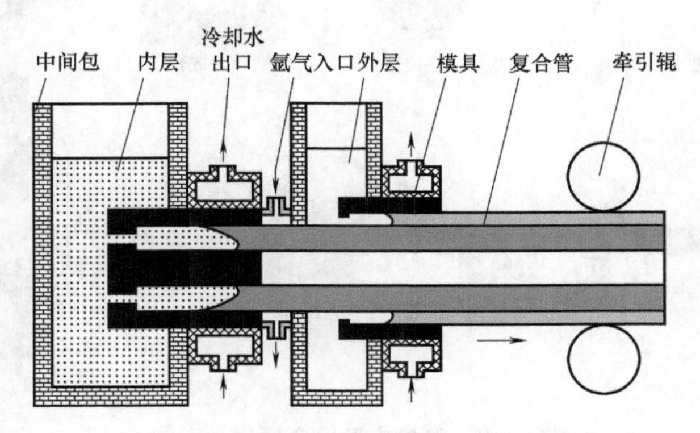

图 1-17 连续铸造复合原理示意图

1.2.4 其他复合技术

其他复合技术指基体与覆层初始为粉末或成品复合板带，利用某种热成形或焊接方法实现冶金结合的技术，虽然没有预装配组坯阶段，但是初始材料制备工艺复杂。

1.2.4.1 粉末冶金复合

粉末冶金复合是指基体和覆层初始均为粉末状，预成型后再利用其他变形方法复合，形成良好的冶金结合的复合[27,28]。例如首先将两种合金粉末预成型为复合管坯，然后加热复合管坯并采用热挤压工艺对其致密化变形。该技术的特点是复合管组织均匀，节约金属，可实现近净成形，但粉末制备工艺复杂且易氧化，成型能耗较大。

1.2.4.2 卷焊成形复合

卷焊成形复合原理示意图如图 1-18 所示。卷焊成形是指通过 UOE、JCO 以及改进的 JCO-C 等技术将已经制备好的层状双金属复合板成形为管状，最后焊接成复合管[29]。其主要特点是产能大，可以批量生产大直径复合管，但是只适合单一规模生产，规格调整不灵活，并且成形设备投资较大。

UOE 成形是将复合板边部按要求弯曲后采用 U 成形机和 O 成形机两次模压成形，在 O 成形阶段发生环向的微压缩变形，使开口管周向残余应力均匀化，然后将 O 形管坯焊接后冷扩径。

JCO 成形是将复合板的一半先压成 J 形，再将另一半压成 J 形，经多次模弯后形成 C 形，最后从中部压缩形成开口的 O 形管坯，焊接后冷扩径或缩径以消除因成形造成的包辛格效应和焊接时产生的焊缝热影响区残余内应力。

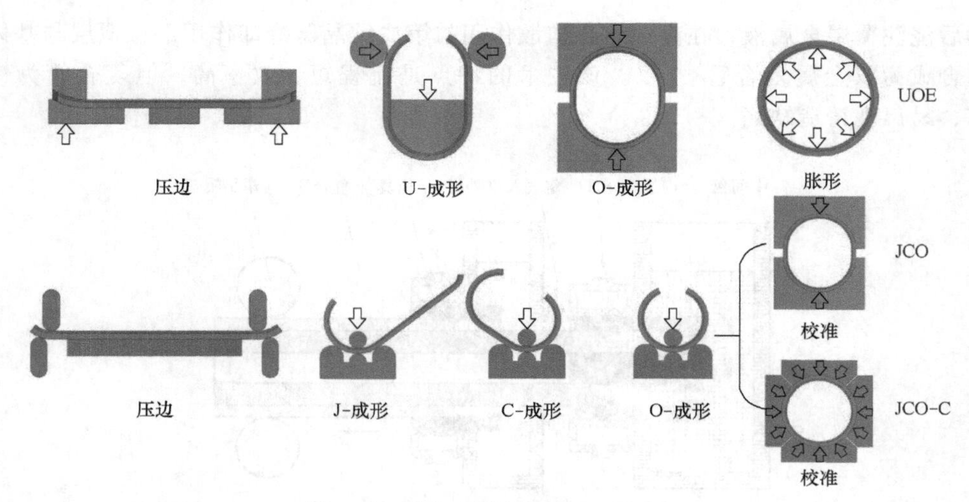

图 1-18　卷焊成形复合原理示意图

1.2.4.3　感应钎焊复合

感应钎焊复合原理示意图如图 1-19 所示，复合过程中管内通入保护气体，钢管沿感应线圈轴向连续进给，进入感应线圈段时，钎料被加热熔化，钎料与管间隙两侧的材料发生反应，钎料熔化段移出线圈加热段后，在冷却水的作用下迅速凝固，从而形成管层的冶金结合[30]。该技术的特点是内管与外管间形成一层钎焊，填满层间间隙，使内外管间形成良好的冶金结合，但中频感应加热过程中的能耗较大。

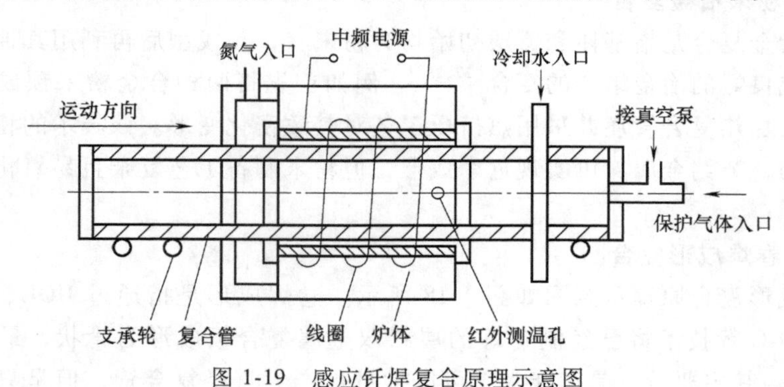

图 1-19　感应钎焊复合原理示意图

1.3　双金属复合线棒材制备技术

1.3.1　固-固相复合技术

1.3.1.1　拉拔复合

拉拔复合是指将基体金属与覆层金属预装配组坯，然后利用锥模对复合坯料沿轴向进行缩径拉拔，经塑性变形和弹性回复后，基体金属与覆层金属间形成紧密结合[31]的复合。该技术的特点是技术简单，成形效率高，尤其适合生产小直径样品，但大长径比时预装配组坯较为困难，并且复合界面结合强度通常不高。

1.3.1.2 旋压复合

旋压复合是指通过旋转使预制复合坯料受力由点到线、由线到面，同时旋轮沿轴向推进，使覆层金属产生塑性变形并与基体金属紧密结合。旋压复合属于局部连续性的加工，瞬时变形区小，因此总成形力相对较小，生产率高，并且可加工复杂形状样品。

1.3.1.3 挤压复合

传统挤压复合是指通过挤压压头对装入挤压模具中的预制复合坯料施加外力，从而使其通过挤压模孔成形为目标样品的复合。优点是在极高压力和高温作用下复合界面可以形成冶金结合，且挤压过程为三向压应力状态，可以发挥金属的最大塑性，适合批量化生产，但易受最大行程限制，操作连续性差，成形力较大，能耗较高[31,33]。

连续挤压包覆技术是指通过挤压轮的连续转动对模腔内的覆层金属进行连续挤压，同时在型腔中连续喂入基体金属，使覆层金属与基体金属同时从挤压模孔中挤出，实现二者的连续挤压复合成形的复合[34-36]。挤压过程同样为三向压应力状态，不受最大行程限制，能够实现连续生产，按其挤压模具安装位置可以分为径向式和切向式，但由于该方法利用摩擦力作为驱动力，因此模具磨损较为严重。

1.3.1.4 轧制复合

轧制复合是指异质金属在强大的轧制压力作用下发生显著塑性变形和延伸，金属表层破裂后裸露出洁净且活化的新鲜金属，从而使复合界面形成冶金结合的复合。目标样品截面形状取决于轧辊类型，例如扁排类样品通常采用平辊轧制[37]，长轴类样品通常采用孔型轧制[38-41]。该技术的特点是生产率高，产量大，适合规模化生产。

1.3.1.5 旋锻复合

旋锻复合原理示意图如图 1-20 所示，锻模环绕预制复合坯料主轴高速旋转的同时对其进行高频锻打，从而使预制复合坯料发生显著塑性变形，实现基体和覆层结合。按照锻模径向锻打方式和坯料轴向进给运动，旋锻复合可分为进料式和凹进式[42]，如图 1-20a、b 所示。该技术具有加工范围广、材料利用率高、自动化程度高、生产率高等优点。但旋锻温度过低时覆层金属易破裂，因此临界单道次变形量小。当旋锻温度过高时，会因变形抗力下降严重导致无法旋入，或因界面氧化严重而降低复合界面结合强度[43]。

1.3.1.6 爆炸复合

爆炸复合原理示意图如图 1-21a 所示，利用炸药爆炸瞬间产生的冲击波和高温高能，使覆层金属与基体金属沿爆轰方向撞击产生塑性变形，从而形成良好的冶金

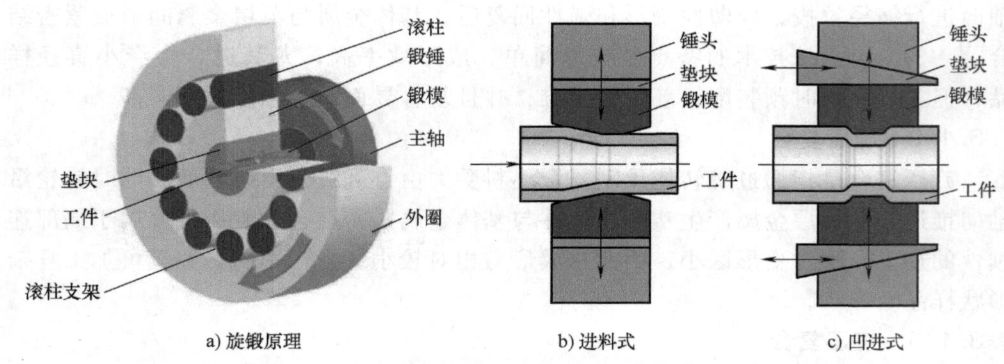

a) 旋锻原理　　b) 进料式　　c) 凹进式

图 1-20　旋锻复合原理示意图[42,43]

结合[44,45]。为了改善因边界效应导致的爆轰末端复合棒直径明显缩小的现象，改进的缩径区引出装配方式如图 1-21b 所示[46]。主要特点是技术简单，一次性瞬间成形，结合强度高，适用材料范围广，但比较危险，且存在化学和噪声污染。

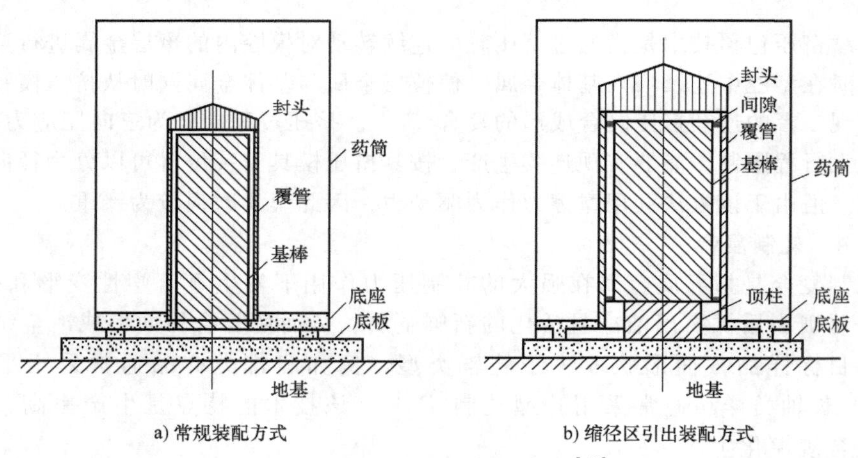

a) 常规装配方式　　b) 缩径区引出装配方式

图 1-21　爆炸复合原理示意图[46]

1.3.1.7　包覆焊接

包覆焊接复合是指覆层薄带包覆基体金属的同时利用高频焊接实现薄带纵缝焊合，后续通常还需要进行多道次拉拔和热处理来提高界面结合强度和达到样品尺寸要求[47]的复合。该技术所用设备结构简单、生产率高，典型生产线布置图如图 1-22 所示，目前已经基本实现了生产过程的连续化、自动化和智能化[48]，但样品焊缝通常为薄弱位置。

1.3.2　固-液相复合技术

1.3.2.1　反向凝固复合

反向凝固复合是指将经预处理并预热的高熔点基体金属通过凝固器中低熔点液

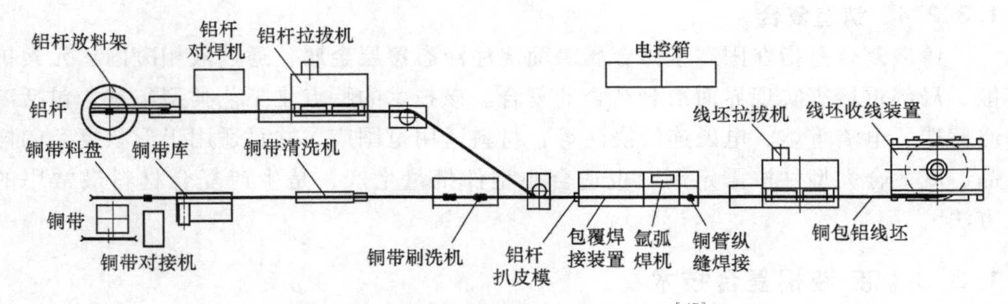

图 1-22　包覆焊接复合生产线布置图[47]

态覆层金属，低熔点覆层金属在基体金属的表面凝固生长，即凝固生长方向从内到外，与普通凝固生长方向相反。该技术具有低成本、低能耗、连续自动化的优点，适合制备复合薄带或小直径复合线材[49,50]。

热浸镀复合与反向凝固复合原理相似，只是前者通常覆层金属厚度更薄，目前已经广泛用于生产镀层钢铁（镀锌、镀铝、镀锡）、无氧铜杆、铜包钢等，热浸镀复合生产无氧铜杆技术制备流程示意图如图 1-23 所示[51,52]。

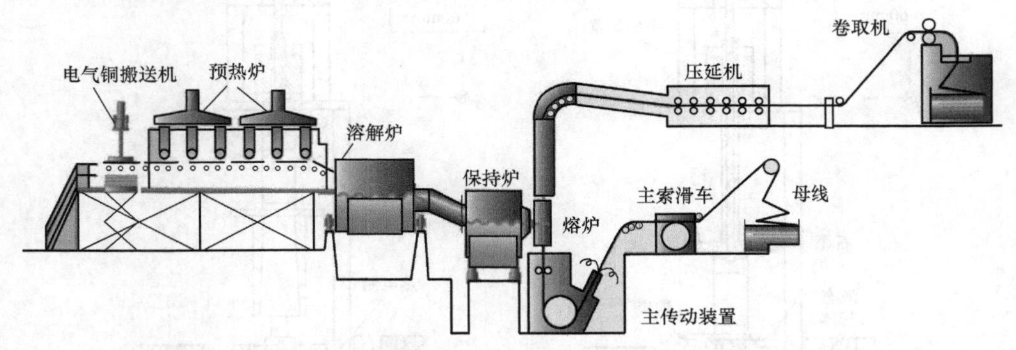

图 1-23　热浸镀复合生产无氧铜杆技术制备流程示意图[51,52]

1.3.2.2　电镀复合

电镀复合是指利用电解原理在基体金属表面镀上薄层覆层金属的过程，电镀过程中，覆层金属做阳极，基体金属做阴极，覆层金属的阳离子在基体金属表面被还原形成镀层的复合。该技术广泛用于金属表面改性，例如防止金属氧化（如锈蚀），提高耐磨性、导电性、反光性、耐蚀性及增进美观等作用，但覆层与基体之间属于电沉积结合，结合力较弱[53]。

1.3.2.3　喷涂复合

喷涂复合是指将液态覆层金属雾化后喷射到基体金属表面，赋予基体金属自身没有但服役环境所必需的表面性能的复合[54]。该技术作为重要的表面工程技术之一，形成了系列化制备方法，例如激光熔覆、等离子喷涂、超音速火焰喷涂、电弧喷涂、普通火焰喷涂等，适合制备极薄覆层，目前已经成功应用在众多产业领域。

1.3.2.4 铸造复合

铸造复合是指在固态基体金属表面浇注液态覆层金属，通过液相凝固、元素扩散、局部重熔等实现界面冶金结合的复合。该技术的特点是工艺类型丰富，包括离心铸造、电渣重熔、电磁连续浇注等，材料适用范围广，并且适用于形状复杂的样品，既适合大型件按需定制，也适合小型件批量生产，是生产复合材料最常用的方法[55]。

1.3.3 液-液相复合技术

1.3.3.1 半连续铸造复合

半连续铸造复合原理示意图如图 1-24 所示，是指先浇注液态基体金属并使之控温凝固，然后再浇注液态覆层金属使之与基体金属实现铸造复合的复合[56]。相比固-液铸造复合，流程更短、能耗更低，但该技术中基体为浇注成型，因此芯部易出现铸造缺陷。

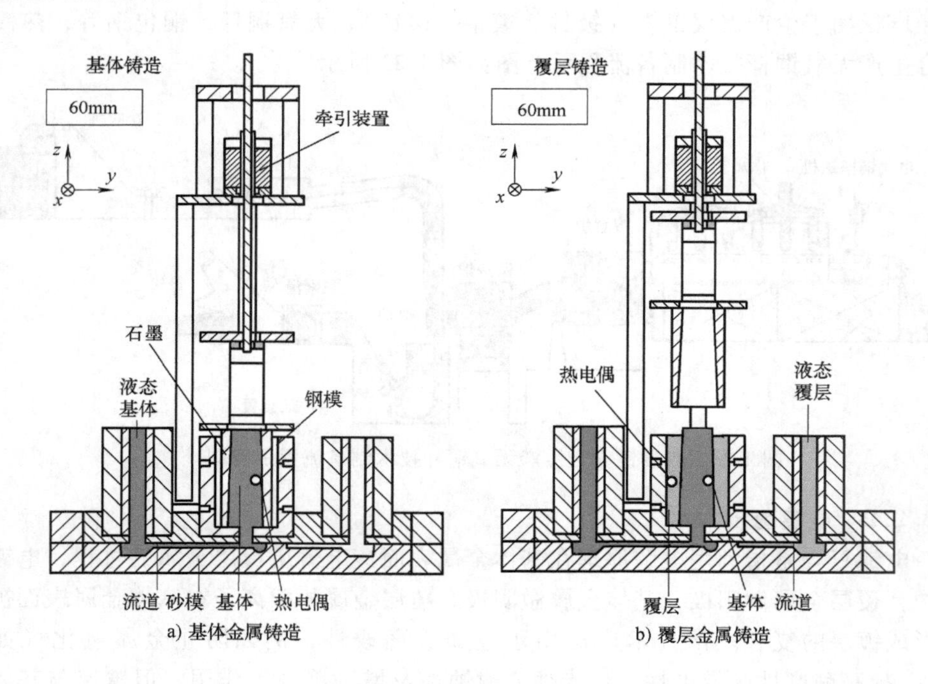

图 1-24 半连续铸造复合原理示意图[56]

1.3.3.2 连续铸造复合

连续铸造复合原理示意图如图 1-25 所示，是指同时且分别浇注液态的基体金属和覆层金属，通过控温技术使基体金属先凝固，覆层金属后凝固，二者实现冶金结合后由牵引装置持续拉坯，实现连续生产。该技术根据牵引方向可以分为水平式和垂直式，目前已广泛应用于有色金属复合棒材、管材的生产[57-60]。

1.3.4 制备技术对比分析

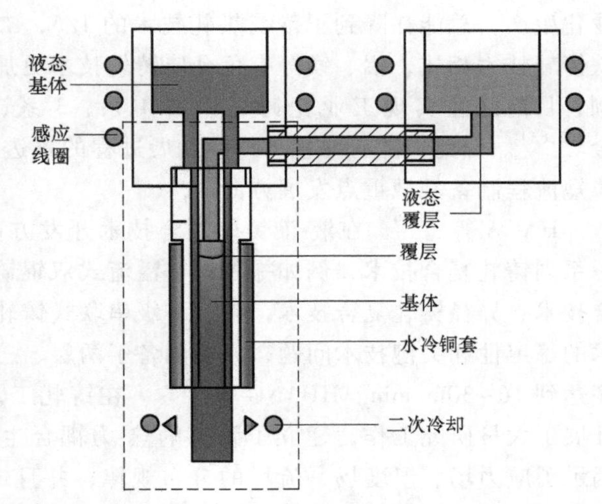

图 1-25 连续铸造复合原理示意图[57-60]

综合技术整体发展趋势而言，固-固相复合技术虽然通常情况下流程较长，但成形原理相对简单且生产率相对较高，而液-液相复合技术通常情况下流程较短，但成形原理相对复杂且生产率相对较低。固-液相复合技术处于固-固相复合法与液-液相复合技术之间，兼具短流程与高效率优势，有望能够扬长避短，真正实现柔性包覆和连续成形。

然而，对于固-液相复合技术，成形过程不仅决定着复合界面，还决定着覆层金属的性能。当成形过程无塑性变形时，覆层金属易出现疏松、缩孔等现象，而成形过程有塑性变形时则可实现致密化变形，提升覆层金属的性能。因此，以铸轧复合技术为代表的融合塑性变形的固-液相复合技术将成为行业未来重要的发展方向。除此以外，以固-液相复合技术和液-液相复合技术进行初态复合组坯，以固-固相复合技术进行终态性能调控的一体化组合成形技术同样具有良好的发展前景。

此外，金属包覆材料由基体金属和覆层金属通过界面复合形成，基体金属的性能、覆层金属的性能和复合界面的性能共同决定着产品的综合性能。目前，现有关于金属包覆材料的理论研究和实验研究均侧重于复合界面结合机理及性能，但因样品通常具有典型圆形截面特征，制备过程中的周向性能均匀性已经成为金属包覆材料真正进入服役阶段之前亟待解决的关键问题。

1.4 复杂截面材料铸轧技术

1.4.1 双辊铸轧技术发展概况

目前，国际上最具有代表性的钢铁铸轧技术有美国纽柯钢铁公司的 CASTRIP、欧洲的 EUROSTRIP、韩国浦项钢铁公司的 POSTRIP、日本新日本制铁公司的 HIKAR，其中纽柯钢铁公司的 CASTRIP 工业化水平最高[61]。在我国，2012 年宝钢宁波钢铁公司建立了示范工厂，于 2014 年 3 月验收成功；2015 年沙钢引进美国纽柯 CASTRIP 技术并结合自主创新，最终于 2019 年 3 月正式实现双辊薄带铸轧工业化生产，总能耗降到了传统热轧技术的1/5，二氧化碳排放量降到了1/4。与钢铁铸轧技术相比，铝、镁等有色金属铸轧技术更加成熟，工业化程度更高，以铝为例，目前已经实现工业化铸轧生产1系、3系、8系、5系和6系中的部分合金[62,63]。因此，随着绿色可持续发展进程的推进，铸轧技术已成为国际公认的金属短流程制备领域重点发展方向。

HAGA等[64-69]在液-液铸轧复合技术开发方面开展了大量实验研究，提出了一系列铸轧复合技术，例如拖拉式、溢流式双辊铸轧复合技术、带有刮板的铸轧复合技术、异径铸轧复合技术，以及多级串联式铸轧复合技术等，分析了高速铸轧技术的稳定性和关键技术问题，成功制备了两层、三层、五层复合板带，并且铸轧速度达到16~30m/min。HUANG等[70-72]在铸轧工艺数值模拟和材料种类开发方面开展了大量研究工作，建立了瞬态的热-力耦合生死单元法和稳态热-流耦合模型，揭示了应力场、温度场、流场的分布规律，并且成功制备了铜/铝、钛/铝、殷钢/铜/殷钢等多种复合板。VIDONI等[73]率先将固-液铸轧复合技术应用到异质钢种复合研究上，成功制备了奥氏体型不锈钢/低合金高强度钢复合板带，并对复合界面微观形貌、扩散层厚度和界面剪切强度进行了系统表征。随后MÜNSTER等[74,75]成功制备了长25m的高锰钢/奥氏体型不锈钢复合板带，并研究了轧制、热处理以及轧制加热处理等后续处理工艺对界面结合强度的影响。除此以外，层状金属复合板带的二次成形性及深加工性能也将成为未来研究的热点[76-78]。

然而，现有关于双辊铸轧技术的研究主要集中在板带类材料，即截面为矩形，只有少量研究涉及复杂截面材料，例如纵向变截面板带、横向变截面（Transverse variable profiled，TVP）板带以及圆形截面材料等。复杂截面材料具有鲜明的轻量化和功能化特点，可广泛用于航天工程、海洋工程、轨道交通等领域，而复杂截面材料铸轧技术因兼具复杂截面材料和双辊铸轧技术的双重优势，在未来将具有更广阔的市场需求和应用前景。本书在对现有研究工作梳理的基础上，系统分析了复杂截面材料铸轧技术的原理特征、技术难点和材料性能，并对未来发展方向进行了展望，旨在阐明复杂截面材料铸轧技术的组元金属性能及其均匀性调控策略。

1.4.2 横向变截面板带铸轧技术

横向变截面板带是指板带截面沿板宽方向（即与轧制方向垂直）发生变化，即本质是轧制过程中轧制孔型沿板宽方向发生变化。该技术的特点是，虽然轧制孔型沿板宽方向的分布不均匀，但在稳定轧制过程中，对于任意一个截面而言，可以将其简化为传统的轧制过程进行分析。轧制孔型最常见的构造方法是在轧辊表面沿辊身长度方向加工孔型，此外也可以在传统轧辊表面套装预加载的带状模具[79,80]，如图1-26所示。

为验证单质金属横向变截面板带铸轧技术的可行性，VIDONI等[81]在两个铸轧辊上加工对称凹槽孔型，以钢作为液态金属成功铸轧成形了边部和芯部厚度差

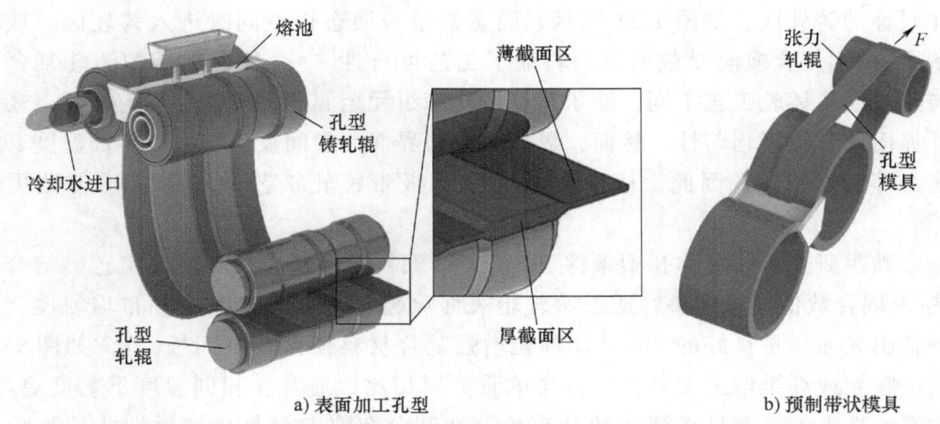

图 1-26　横向变截面板带宏观孔型铸轧技术原理示意图[79,80]

1mm，过渡段为 45°的横向变截面板，表面无热熔和裂纹等缺陷，但厚区和薄区的微观组织有明显区别，导致板带在板宽方向上性能不均。DAAMEN 等在此基础上对孔型形状进行了优化，结果表明通过降低厚区和薄区的厚度差异和采用更加平滑的过渡角度可以有效提高尺寸精度和改善板宽方向上的微观组织均匀性[82]。此外，DAAMEN 等通过对比焊接法、轧制法和铸轧法三者之间的优缺点，指出铸轧工艺制备横向变截面板带最大的约束即为在材料性能满足要求时厚区和薄区能够达到的最大高度差[83]。VIDONI 等通过数值模拟发现，对厚区和薄区分段调控铸轧辊和液态金属间的传热系数有助于提高铸轧区内温度分布和微观组织均匀性，因此在实验过程中对铸轧辊进行了选择性喷涂，即对薄区铸轧辊表面喷涂 NiCr 涂层来降低导热性能，红外热成像仪结果表明，厚区和薄区温度均匀性显著提高，并且配合后续的二次热轧可以显著降低缩孔率，提高板带的尺寸精度和力学性能[79,84]。

传统板带双辊铸轧工艺中铸轧区为楔形，沿板宽方向均匀分布，凝固点高度是工艺控制的核心，但它只是影响材料性能的间接因素。在热塑性加工工艺中，变形过程的温度、应变和应变速率才是影响产品性能的直接因素。因此，当控制板宽方向上的流动、换热和凝固均匀时，铸轧区内凝固点高度一致，其本质是变形过程的温度、应变和应变率均匀，从而保障材料性能均匀性，例如尺寸精度、表面质量、微观组织、力学性能等。对于横向变截面板带铸轧工艺而言，铸轧区几何轮廓在板宽方向上并非均匀分布，凝固点高度均匀度并不能等同于变形过程的温度、应变和应变速率均匀度。因此，该技术最大的技术难点是在板宽方向上几何形状非均匀情况下如何通过控制金属流动、传热和凝固来保证变形过程的温度、应变和应变速率均匀，进而保证材料性能均匀性。目前，复杂孔型下的凝固点高度调控策略仍有待进一步探索。

董伊康探索了横向变截面复合板带铸轧技术，在单个铸轧辊面上加工孔槽来构造非对称的铸轧区，如图 1-27 所示，固态铜带与液态铝液同时进入铸轧区，成功制备了铜/铝复合横向变截面板，验证了工艺可行性[85]。复合板带的铸轧复合工艺与单质金属铸轧工艺不同，除了保证铸轧态组元金属的力学性能均匀性外，还要保证界面结合强度均匀性。然而，界面结合与界面元素间反应扩散、界面温度、界面压力等密切相关，因此，横向变截面复合板带铸轧工艺中的质量均匀性更难保障。

宋胜鹏研究了非对称孔型条件下 SiC_p/Al 颗粒增强复合材料铸轧工艺，结合三维热-流耦合数值模拟结果，通过铸轧辊表面涂覆工艺来改善温度分布均匀性，成功制备出表面质量良好的 SiC_p/Al 颗粒增强复合材料横向变截面板[86]，如图 1-27 所示。颗粒或纤维增强类复合材料与单质金属相比，通常在相同温度下黏度更高，因此流动性更差，并且增强体的分布均匀性和分布取向对复合材料性能的影响显著，因此铸轧区内的金属流动、传热和凝固控制更为困难。

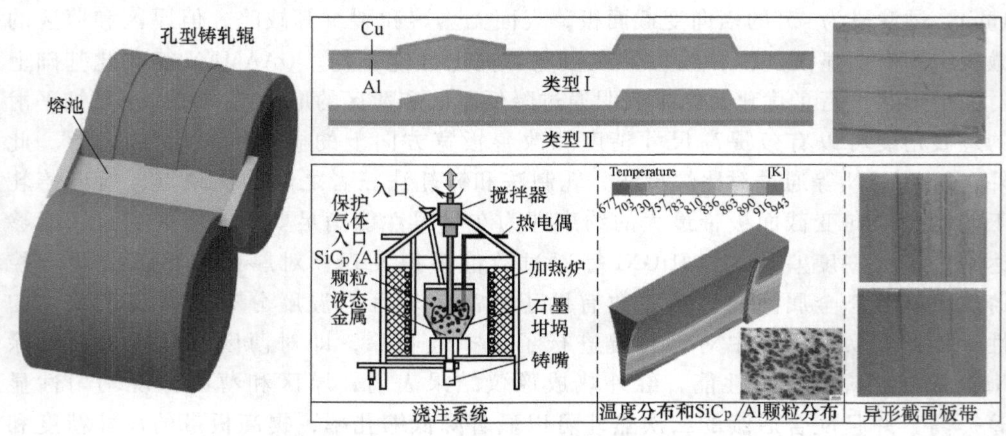

图 1-27　横向变截面复合板带孔型铸轧技术原理示意图[85,86]

从液态金属进入铸轧区开始与铸轧辊接触到完全离开铸轧区，要经历凝固和塑性变形两个过程，因此铸轧技术中微观孔型与宏观孔型的功能具有显著差异。垂直式双辊铸轧技术可以实现铝合金的高速制备，但是高速下铸轧辊与液态熔体接触不良，铸轧态板带表面容易产生裂纹和表面凹坑等缺陷。如图 1-28 所示，YAMASHIKI 等研究了 V 形微观孔型对改善铸轧辊与液态熔体间接触状态的影响，在 V 形孔型宽为 0.45mm，深为 0.2mm，凹槽间距为 0.1mm 时实现了稳定铸轧[87]。铸轧辊孔型凹槽处与液态金属初始接触时主要有三种情况，分别为全部填充、半填充和未填充。完全填充将会使凝固后的金属在离开铸轧区时无法与铸轧辊分离，导致粘辊。未填充时液态金属与铸轧辊的接触面积很小，即传热面积小，将导致无法凝固。因此，理想状态下应该是静压力作用下的高温液态熔体半填充，并且半填充状态时凹槽处在凝固点以下时会发生微观塑性变形，有利于进一步改善铸轧态板带的表面质量。

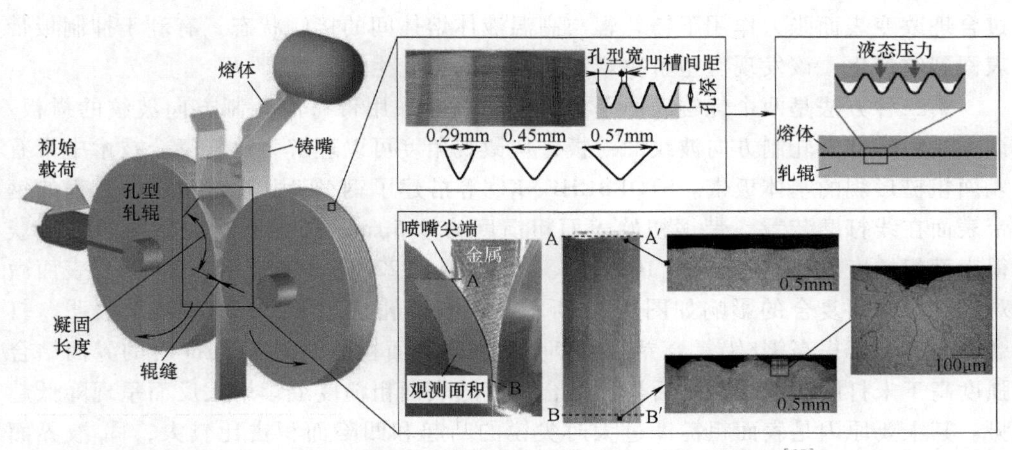

图 1-28　横向变截面板带微型孔型铸轧技术原理示意图[87]

1.4.3　纵向变截面板带铸轧技术

传统轧制技术轧辊辊身截面为圆形，并且轧辊位置可以近似认为不变，可以视为稳态过程。纵向变截面（Longitudinal Variable Profiled，LVP）板带是指板带截面沿轧制方向发生变化，因此该技术的核心是改变轧辊和板带的接触状态，即由传统的稳态轧制变为瞬态轧制。目前制备纵向变截面板带的方法主要有如下三种。

第一种方法是在一个或两个轧辊表面加工沿圆周方向分布的波纹状辊身纹理。HAGA 等研究了铸轧辊表面微型波纹方向对铸轧板带表面质量的影响，例如轧制方向、板宽方向或交叉方向等，如图 1-29 所示，结果表明可以通过铸轧技术直接生产带有表面纹理的板带，并且铸轧态板带表面的纹理可以通过后续冷轧技术轧平而不产生开裂[88]。结合 YAMASHIKI 等研究可以发现，无论是横向变截面板带铸轧技术还是纵向变截面板带铸轧技术，铸轧辊表面的微型孔型或波纹状辊身纹理，通

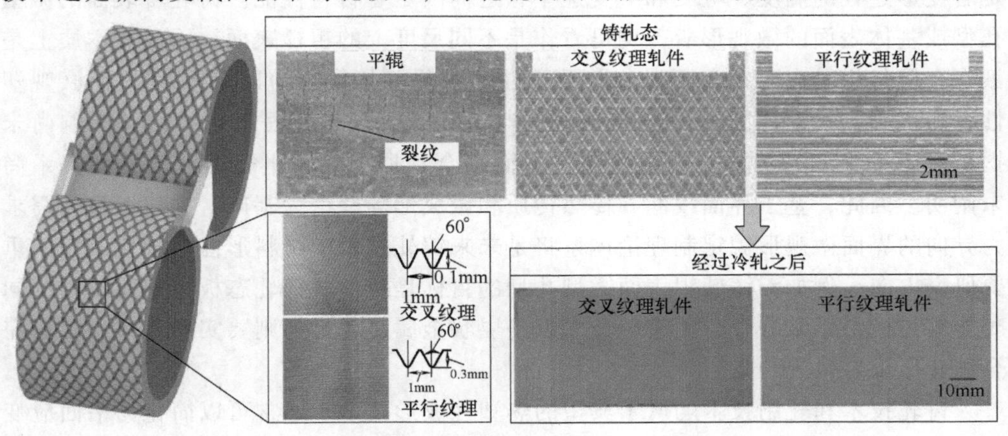

图 1-29　纵向变截面板带微型孔型铸轧技术原理示意图[88]

过合理改变表面张力作用下铸轧辊与高温液体熔体间的接触状态，有利于抑制板带表面裂纹产生，该发现有望解决难铸轧合金的铸轧生产问题。

第二种方法是两个轧辊表面平滑，但轧制时采用带有沿轧制方向波纹的衬板。该方法中带有沿轧制方向波纹的衬板，从微观角度可以理解为铸轧复合技术中带有表面粗糙形貌的基体板带。STOLBCHENKO 等搭建了钢/铝固-液铸轧复合过程的钢带表面在线打磨装置，带钢初始表面粗糙度为 0.5μm，利用不同规格的砂纸可获得表面粗糙度 *Ra* 为 4.2μm、10.9μm、19.8μm 和 22.1μm 的带钢表面[89]。表面微观形貌对界面复合的影响如图 1-30 所示，稳态铸轧状态下，EPMA 结果表明，打磨表面有利于提高钢/铝复合界面纯净度，因此表面粗糙度为 4.2μm 时的界面结合强度高于未打磨表面时，之后界面结合强度随表面粗糙度继续增大反而呈现降低趋势。其主要原因是表面粗糙度过大时尖锐的凸起和凹陷面积占比较大，固-液界面时表面张力作用下的填充效果和固-固界面时温度和压下共同作用下的界面扩散效果均会变差。

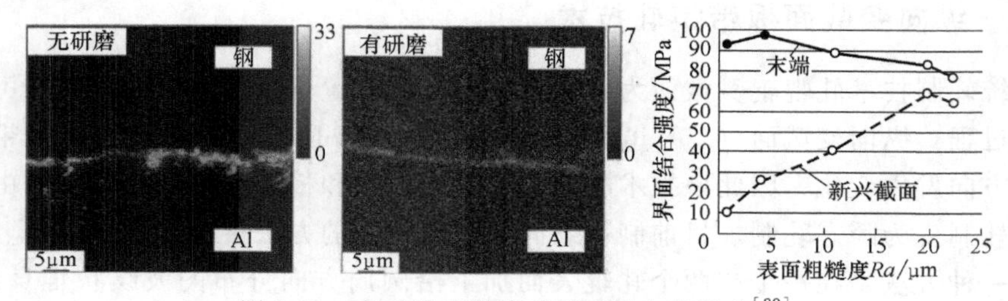

图 1-30　表面微观形貌对界面复合的影响[89]

综上所述，铸轧过程中金属经历了液态、半固体和固态的物理状态转变过程，并在高温高压下发生显著的塑性变形，属于典型的热-流-力-组织多场耦合问题，需要从多个角度分析问题和解释机理。如前所述，铸轧过程中的流动、换热和凝固决定着变形过程的温度、应变和应变速率，进而决定着材料性能。铸轧辊表面的微型孔型或基体表面的微观形貌，均可看作是不同尺度上的粗糙表面，因此其本质上是液态金属与粗糙表面在表面张力作用下的固-液界面接触行为以及固-固界面微观塑性变形机制。目前，固-液界面接触行为与流动、换热和凝固之间的相互影响尚未揭示，固-固界面微观塑性变形机制与界面结合判据和裂纹止裂机理之间的关系尚未阐明。因此，基于界面浸润、传热传质和微成形等理论为基础，构建以目标需求为导向的界面微观形貌定制理论体系将是未来铸轧技术中材料形性精细化调控的重要研究方向。例如，铸轧辊表面微型孔型的目标是在形成铸轧态板带表面纹理的同时能够与板带正常分开，而铸轧技术制备层状金属复合材料则要实现基体与覆层完全结合而没有微观缺陷。

铸轧技术和轧制技术均属于典型的热塑性成形技术，通常可以简化为平面应变问题，并且材料性能均主要取决于变形过程的温度、应变和应变速率。然而，二者

不同的是铸轧过程中铸轧区内的温度变化幅度远远大于轧制过程中轧制变形区内的温度变化幅度，并且工艺参数变化对铸轧过程温度场的影响远大于对轧制过程温度场的影响。辊面微型孔型或基体表面微观形貌，主要是影响温度场，进而改变应变和应变速率。但大型波纹或孔型则是直接改变温度、应变和应变速率，甚至改变应力状态，因此二者的影响具有显著差异。

在制备层状金属复合板带时，无论铸轧复合技术还是轧制复合技术，都存在着因基体和覆层变形不协调导致的严重翘曲问题。与第一种方法原理相同，WANG等基于宏观波纹提出了一种波纹轧+平轧的复合板制备复合技术[90]，包含两个阶段，原理如图1-31所示。首先利用一个波纹辊和一个平辊进行波纹轧制，制备带有宏观波纹的复合板坯，然后再利用两个平辊进行平整轧制，将带有宏观波纹的复合板坯再次轧平，即通过第一道次实现初步结合，通过第二道次实现冶金结合。WANG等在400℃时利用波纹轧+平轧技术在道次压下率分别为35%和30%时成功制备了板形平直的AZ31B/5052复合板[91,92]。分析表明，难变形金属应布置于波纹辊一侧，第一道次轧成波纹和第二道次轧平波纹两个过程中，波纹状金属的缓存和释放对于协调基体和覆层塑性变形起到关键作用，波峰波谷间产生的强烈剪切变形，可以细化晶粒、改善织构、提高金属组元间变形协调性和降低残余应力，形成的空间型结合界面提高了接触面积和机械咬合效果，二者共同作用从而提高复合板带整体综合性能。

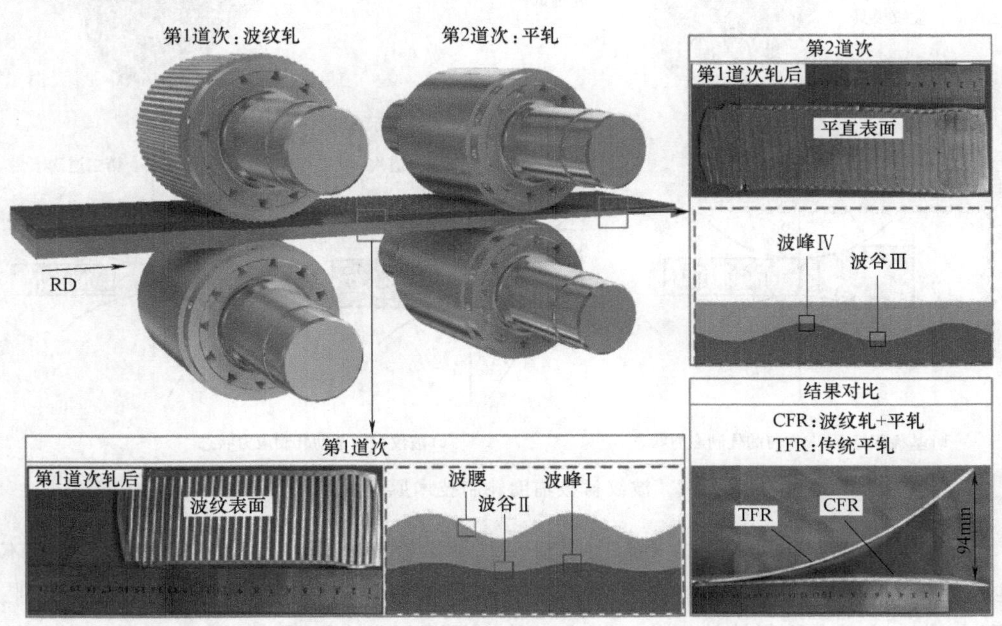

图1-31　波纹轧+平轧的复合制备复合技术原理示意图[90-92]

与第二种方法原理相同，WANG等提出了一种波纹衬板辅助轧制技术，原理示意图如图 1-32a 所示，利用该方法制备的 AT63 镁合金板材边缘无明显开裂，可以有效弱化镁合金轧板基面织构，从而获得更高的断裂伸长率，并且揭示了弱化轧制板材基面织构可以提高板材加工硬化能力的作用机制[93]。正常轧制时上下辊施加给试样的剪切应力对称分布，发生对称变形，使得轧制试样呈现出强烈的基面织构，即基极平行于 ND 方向。如图 1-32b，波纹衬板辅助轧制第一道次时，在轧件下表面和下轧辊之间带有波纹衬板，上轧辊和衬板施加给试样的应力不对称，从而发生非对称变形，使得第一道次波浪衬板轧制后，试样织构延 RD 方向扩展加剧而织构得到弱化，如图 1-32c 所示。第二道次轧制模式与正常轧制相同，不带有衬板，但因为轧件本身带有波纹，实际上也发生非对称变形。因此经两道次轧制成形后，波纹衬板辅助轧制相比正常轧制，前者可以实现轧件织构弱化。SUN 等[94]和 CHEN 等[95] 采用类似方法分析研究了 AZ31 镁合金和 Al/Ti/Al 复合板，同样得到很好效果。

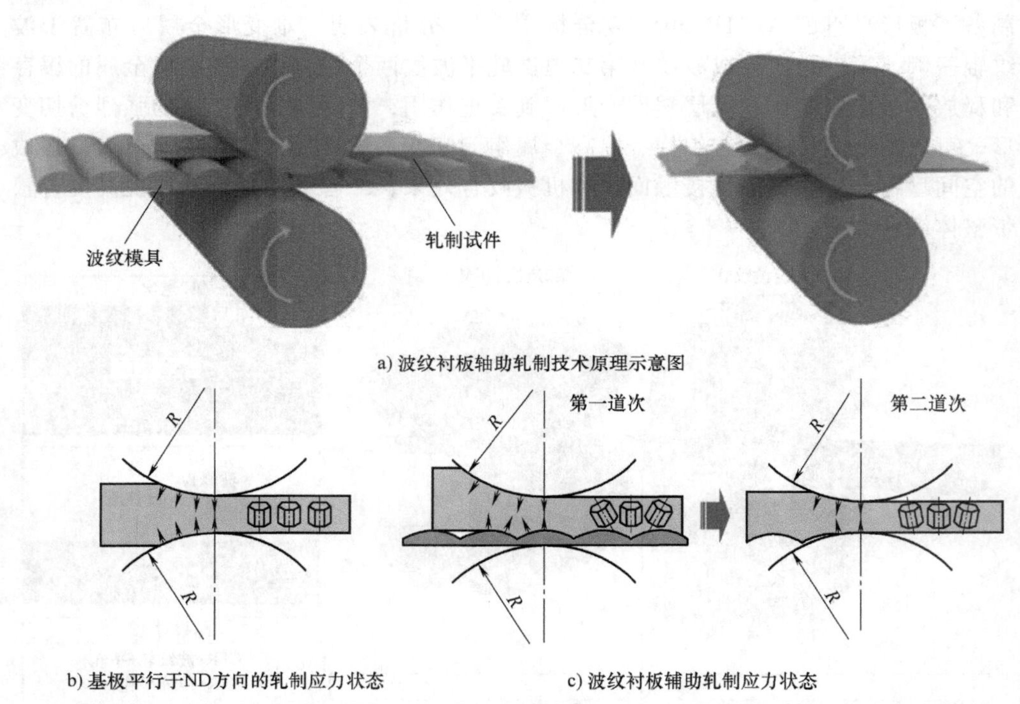

图 1-32　波纹衬板辅助轧制技术原理示意图[93]

第三种方法是两个轧辊表面为平滑，其中一个轧辊进行反复抬升和压下从而不断改变辊缝出口厚度。铸轧技术中主要有两种辊缝控制模式，一种是恒辊缝控制，即在铸轧过程中控制铸轧辊位置不变，从而保证板带出口厚度不变，另外一种是恒轧制力控制，即在铸轧过程中为了控制铸轧力不变。铸轧力主要取决于凝固点位置、出口板厚和材料变形抗力等，当工艺参数改变造成凝固点位置波动时，为了保

证轧制力恒定需要改变出口板厚，即一侧铸轧辊位置将发生微调。恒轧制力控制模式与第三种方法相似，但目前铸轧技术中均是为了保证板带厚度一致，而不是用来生产变厚度板带。然而，近些年第三种方法在轧制法生产变厚度板带方面取得很大进展[96-98]。

杜凤山等提出了一种振动铸轧技术，其原理示意图如图1-33a所示，两个结晶辊反向转动，并且右侧结晶辊上下往复微幅振动[99-101]。图1-33b为非振动和振动条件下铝合金铸轧区的宏观组织对比；非振动时柱状晶十分发达，导致铸轧板坯呈现各向异性，易出现中心层偏析，当振动条件为振幅0.2mm、振频30Hz时，晶粒沿垂直轧辊方向生长的趋势被终止，粗大柱状晶规模大幅度减小，熔池区心部出现了一定范围的细密等轴晶组织。图1-33c为不同振动频率下制备的铸轧带钢，从该图中可以看出带钢存在明显的振痕，并且随着振动频率增大，带坯表面振痕变密，即单位长度内搓轧次数增加，剪切变形效果增强，并且板带表面振痕可在后续精轧区完全消除。

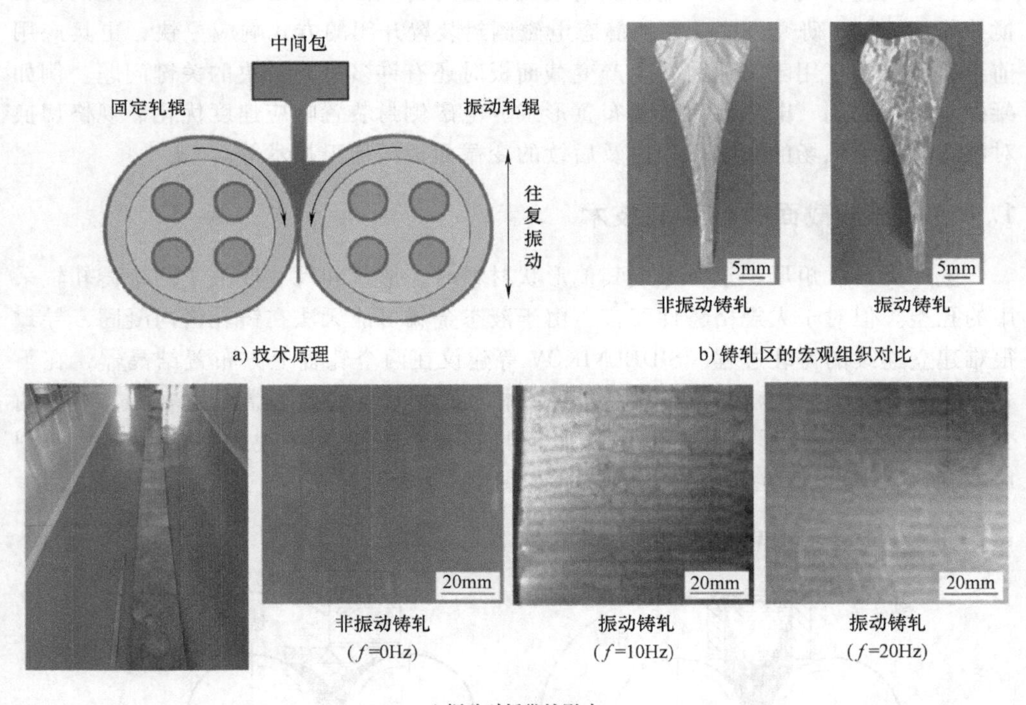

图1-33　振动铸轧技术[99-101]原理示意图

振动铸轧技术本质上同样属于非对称变形过程。在熔池的液相区，铸轧辊高频振动起到了一定的搅动效果，终止了晶粒沿铸轧辊表面法向的生长趋势，除了机械振动以外，电磁搅拌[102]、超声波振动[103]等外场辅助技术也可以起到相同效果。

在熔池的固相区，双向反复搓轧可以强化剪切变形，有利于促进动态再结晶和晶粒细化。因此，粗大柱状晶组织减少，细小等轴晶组织增多，从而抑制了偏析并提高了板带性能。GRYDIN 等通过单辊驱动的方式构造非对称铸轧技术，得到了相同的结论[104]。

为了解决铸轧生产中在线更改样品规格问题，SMITH 等率先提出了 FATA HUNTER OPTIFLOW 系统，通过将铸嘴和侧封分开，使得侧封可以滑入铸嘴并沿宽度方向横移，在实验室条件下成功实现了最大速度 1.5mm/s 时宽度递增 200mm 连续生产 2h 以上，验证了技术的可行性[105]。但在提高铸轧速度之后可能遇到的问题后续并未报导，例如金属液密封的可靠性、侧封运动对其寿命的影响、在降低宽度时侧封与凝固点以下固态金属的相互作用行为等。MARTIN 等提出了一种基于电磁侧封技术的变宽度板带铸轧技术，通过切换单侧静态电磁侧封装置的开闭实现板带宽度调整。研究过程发现，开启电磁侧封时响应会有一定延迟，但关闭电磁侧封时瞬间响应，同时指出，电磁侧封装置也会对铸轧区内液态金属产生一定的电磁搅拌作用[106]。研究表明，切换静态电磁侧封装置开闭的方式响应更快，更具应用前景，但在真正用于工业铸轧生产变截面板时还有许多需要解决的关键问题。例如凝固点精确控制、电磁侧封装置布置形式、电磁侧封装置响应速度优化、规格切换对温度场和组织场的影响机理以及后续的变截面板深加工技术等。

1.4.4 圆形截面材料铸轧技术

生产圆形、矩形、正方形或其他形状材料时，形状和尺寸取决于两个铸轧辊采用的孔型。但对于大规格铸件而言，由于液态金属可能无法在铸轧区内凝固，导致很难建立连续的铸轧过程。SIDELNIKOV 等建议在两个轧辊上方布置结晶器，在下方布置挤压模具，构建铸造-轧制-挤压一体化技术，经过结晶器控温凝固，并在两个铸轧辊间高速变形，最终经过挤压模具挤出，既可以在纯固态时加工，如图 1-34a 所示，也可以在固-液态时加工，如图 1-34b 所示[107]。

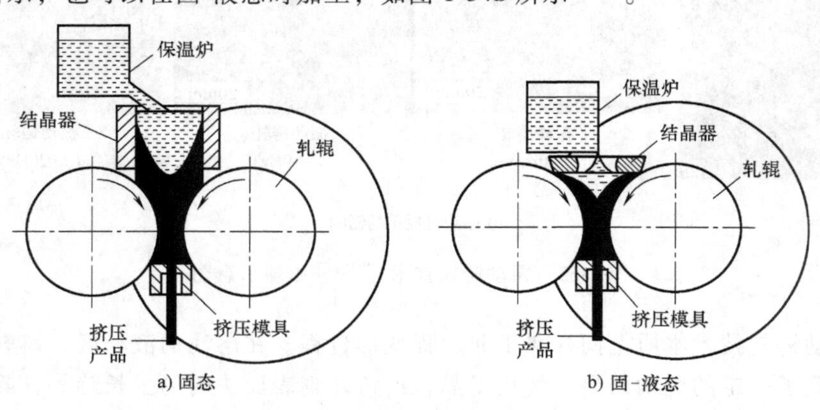

图 1-34　铸造-轧制-挤压一体化原理示意图[107]

铸轧技术作为整个生产流程中的一环，前面还有液态金属前处理技术，例如旋转结晶器或电磁结晶器，后面还有深加工技术，例如轧制、冲压等。因此，将液态金属直接浇注到两个旋转铸轧辊间并配合挤压技术使其完成结晶-变形过程的加工方法，称为铸轧-挤压技术。利用该技术可以生产复杂截面棒材，如图 1-35a 所示，或空心截面型材，如图 1-35b 所示。实验研究结果表明，通过铸轧-挤压技术制备的 6082 合金棒材经热处理后能够满足 EN 755-2 标准要求，在此基础上制备的线材也能满足 EN 754-2 标准要求。因此，铸轧-挤压技术与传统液压挤压技术相比生产成本更低，适合工业生产，未来具有良好发展前景。

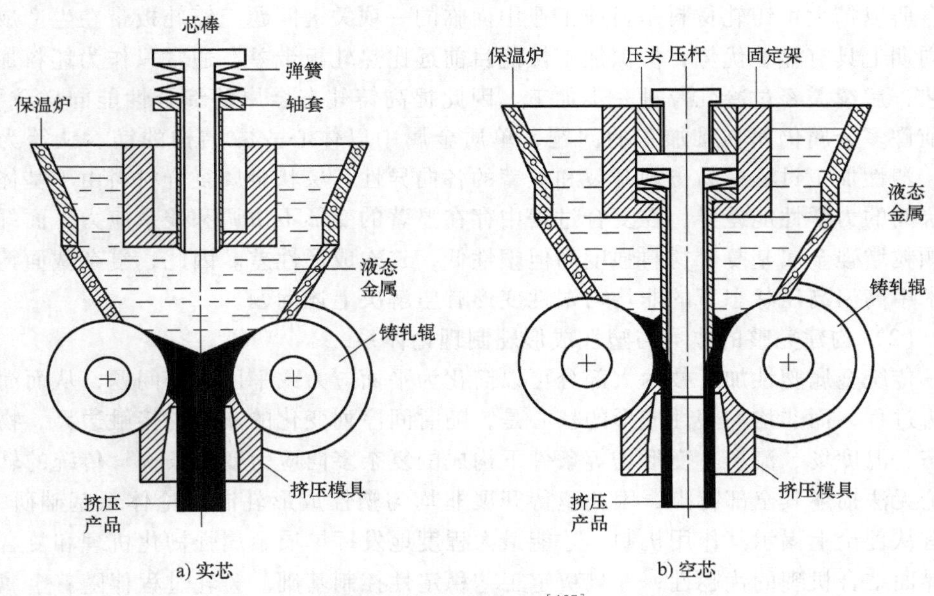

图 1-35 铸轧-挤压一体化技术[107] 原理示意图

1.4.5 复杂截面材料铸轧技术发展趋势

经过大量的理论和实验研究，复杂截面材料铸轧技术的可行性和优越性已经得到证实，引起了行业高度重视并成为研究的热点方向之一。从宏观角度，铸轧成形过程主要决定于两部分，即成形模具和浇注系统，成形模具主要包括相互配合的铸轧辊系，浇注系统主要包括布流装置和仿形侧封。复杂截面材料铸轧技术的本质是打破传统铸轧技术变形过程在时间序列上的稳态特性和空间分布上的均匀特性，将其转变为时间序列上的瞬态或空间分布上的非均匀性。因此，区别于传统轧制或铸轧技术，复杂截面材料铸轧技术本质是非均匀塑性变形，目前实现方法可以总结为改变铸轧辊辊型、铸轧辊布置模式、铸轧辊运动模式、布流系统与仿形侧封协调控制策略等。

随着对材料性能要求日益严苛和绿色可持续发展进程推进，非均匀塑性成形已经成为金属加工领域一个重要的发展方向，而复杂截面铸轧技术因具有显著的高效率和短流程特点，必然在未来将具有更强的市场竞争力。然而，作为整个产业链上的一环，复杂截面铸轧技术在真正投入工业生产并融入产业链前仍有大量关键问题亟待解决，未来的主要发展趋势如下。

（1）拓展可铸轧材料种类范围和提升性能

目前工业中铝合金的铸轧技术已经比较成熟，但由于结晶区长度和冷却强度限制，无法通过工艺优化来生产固液相线温差大的合金，因此实际可生产的品种较少。而世界范围内掌握钢铁铸轧技术的公司屈指可数，且主要为低合金高强度结构钢，所以扩大可铸轧材料是目前工业中面临的一项关键问题。铸轧板带在生产成本和周期上具有显著优势，但深加工性能目前远比热轧板带差，通常只作为坯料加工工艺，后续需经过冷轧等进一步加工，因此提高铸轧态金属的综合性能同样重要。目前许多金属仍面临难加工的问题，单质金属中以体心立方结构的镁、钛等为代表，塑性加工过程中易出现开裂和显著的各向异性，层状金属复合材料由于基体和覆层间的力学性能差异，在复合过程中存在显著的变形不协调和残余应力，而纤维或颗粒增强金属基复合材料强度高但塑性低，二次成形性差。因此，复杂截面铸轧技术中高温高压状态下的非均匀塑性变形有望解决上述问题。

（2）构建完整的非均匀塑性成形轧制理论体系

传统金属塑性加工技术大部分可以简化为平面应力或平面应变问题，从而简化分析过程，而非均匀塑性成形的核心是，随时间序列变化的非均匀接触边界、物理状态、温度场、流场、变形场等条件下构成的复杂多向应力变形条件。传统的轧制理论无法描述其全部特点，因此亟待开展非均匀塑性成形轧制理论体系基础研究。只有从理论上揭示其作用机制，才能最大程度地发挥单质金属强韧化机理和复合材料界面结合机理的优越性，并且奠定工艺稳定性控制基础。铸轧过程伴随着金属由液态向半固态和固态的转变，但由于边部侧封的遮挡无法直观获得凝固点位置。根据轧制力虽然可以反推凝固点位置，但若要实现位置精确控制，还需要深入分析铸轧区内多场耦合分布规律，构建铸轧态金属的“半固态-固态”流变本构方程。此外，分析非对称的摩擦边界有助于揭示翘曲变形和残余应力的产生机理与协调变形控制理论。

（3）调控非均匀边界下的成形-组织-界面-性能均匀性

非均匀几何边界必然导致非均匀的传热边界，进而决定着铸轧区内的温度场、流场和变形场，亦即凝固点的时间-空间分布规律，而铸轧过程的热流传递决定着凝固过程的组织场均匀性，多场耦合作用并最终影响铸轧态材料质量。因此，设计相应的复杂截面产品性能均匀性表征方法，并基于冷却水道优化、孔型优化、辊面涂层热阻定制等技术，以材料“成形-组织-界面-性能”均匀性为目标制定非均匀几何边界时的热-流-力-组织多场耦合调控策略至关重要。铸轧技术具有效率高的特点，但目前其产能主要取决于铸轧过程的连续性，一是铸轧辊的磨损和侧封的热损，二是铸轧辊表面防粘黏涂覆均匀性。生产周期取决于最薄弱环节，因此，针对非均匀边界条件，其有效寿命评估方法、表面磨损修复方法、铸轧辊再制造技术、表面防粘黏涂覆技术等十分关键，直接决定着生产率和生产成本。

（4）促进复杂截面材料铸轧技术产业链协同发展

市场决定需求，服役要求决定着材料性能，因此拓展复杂截面材料的潜在应用领域有助于加快推进工业化进程。复杂截面材料铸轧技术处于产业链的上游，还需经过控制冷却和热处理等工艺，并且通常主要作为热轧、冷轧、冲压等生产过程的原材料，但由于材料几何结构特殊性，现有技术标准并不完全适用，处于产业链下游的加工技术均需进行一定程度的配套技术创新。因此，以材料服役性能需求为目标的铸轧-热处理-深加工一体化全产业链协同发展模式将成为复杂截面材料铸轧技术真正迈入工业应用的必经阶段。

1.5　金属包覆材料固-液铸轧复合技术

1.5.1　技术原理与核心优势

为解决双金属复合管固-固相复合存在的预装配工艺烦琐问题以及固-液相复合和液-液相复合存在的组织不致密等问题，同时兼顾生产率和结合产品质量，本课题组基于层状金属复合板带固-液铸轧复合技术和孔型轧制技术领域的实践经验，率先提出了双辊布置模式的金属包覆材料固-液铸轧复合技术（发明专利：ZL201210300999.2；ZL201510480916.6），如图1-36所示。铸轧辊表面开设圆形孔型，为了避免孔型侧壁处产生金属液侧漏现象，采用无过渡的正圆孔型。孔型铸轧辊、仿形侧封和基体金属共同构成近似环形熔池，基体金属由导位装置喂入孔型中，并利用特殊的环形布流器将液态覆层金属连续且均匀地向熔池浇注，在较高的温度和轧制压力共同作用下实现界面结合，具有固-液柔性复合特征和显著的高效率、短流程等优点。由于金属包覆材料的截面封闭特征，当覆层包覆基体之后，即使彼此只形成机械结合，由于内外层之间存在配合应力，二者也不会发生分离，产品既可以作为成品使用也可以作为后续深加工技术的原材料。

金属包覆材料由基体金属和覆层金属通过界面复合形成，基体金属性能、覆层金属性能和复合界面性能共同决定着样品综合性能，因样品通常具有典型圆形截面特征，制备过程中的周向性能均匀性已经成为金属包覆材料真正进入服役阶段之前亟待解决的关键问题。然而，由于双辊布置模式时，铸轧区几何结构周向分布不均，传热、凝固和变形均匀性很难调控，周向性能均匀性成为技术提升瓶颈，样品能够满足机械结构和热交换器等一般用途的要求，但难以满足高导电金属包覆材料对周向性能均匀性的要求，亟待围绕成形机理开展周向性能均匀性控制策略研究。因此，基于多辊孔型轧制技术提出了三辊布置模式和四辊布置模式（发明专利：

ZL202010537004.9)，原理示意图如图 1-36 所示。改进核心是通过增加铸轧辊数量调控铸轧区几何结构，由多个铸轧辊共同组成圆形孔型，成形原理和复合机理与双辊布置模式相同，但多辊布置模式周向的传热、传质、凝固和变形的连续性和均匀性显著改善，从而最终保障周向性能均匀性。

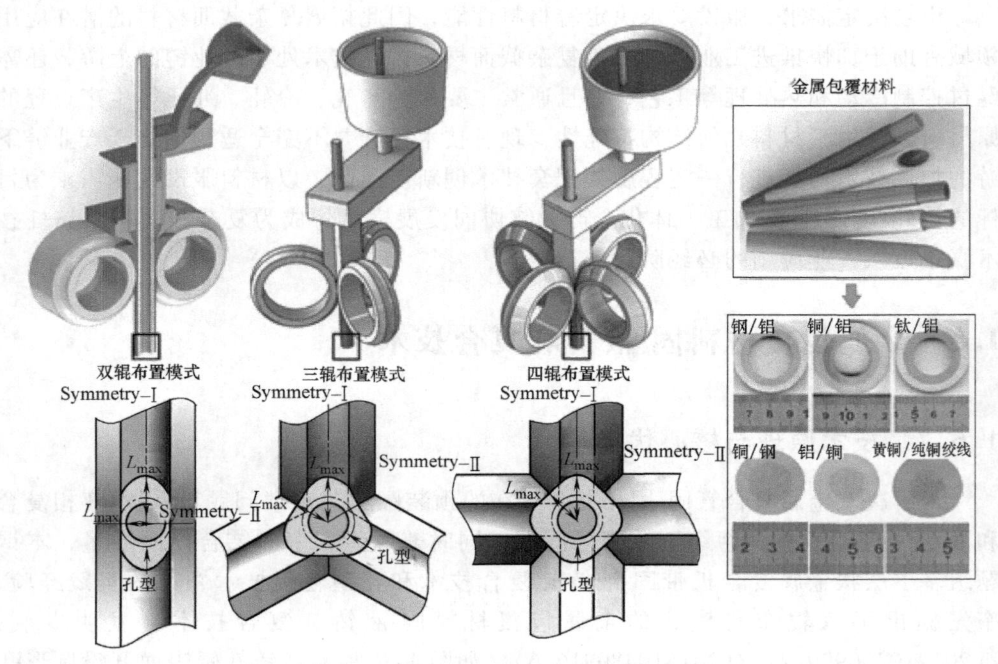

图 1-36　金属包覆材料固-液铸轧复合技术原理示意图

1.5.2　各章节主要内容

金属包覆材料固-液铸轧复合技术属于典型的学科交叉问题，涉及传热学、材料科学、金属凝固理论、扩散相变原理和金属塑性变形理论等，在理论上有较高的难度。本书采用"数理建模-过程仿真-实验验证-性能表征"的研究思路，开展样机设计、过程仿真、工艺优化、性能表征、机理分析等系统研究工作分析其中的基础科学问题与共性关键技术，主要章节具体安排如下。

(1) 第 2 章验证双金属复合管双辊固-液铸轧复合技术可行性：完成双辊固-液铸轧复合技术所需的孔型铸轧辊系、环形布流器、导卫装置、在线加热装置等核心零部件设计，搭建实验平台；利用 FLUENT 软件建立环形布流器稳态流场分析模型，确定结构参数；利用 ProCAST 软件建立堵流开浇阶段的充型模型，确定工艺参数；最后利用铝/铅固-液铸轧复合实验验证技术可行性。

(2) 第 3 章探索固-液铸轧复合技术适用样品类型与复合效果：针对钢/铝、铜/铝、钛/铝等典型组元搭配开展双金属复合管固-液铸轧复合实验研究，探索合理工艺参数并分析主要缺陷类型及其产生原因，利用 SEM、EDS 等微观表征技术及宏观性能测试方法综合表征固-液铸轧复合样品的界面结合效果。

（3）第 4 章研究铸轧复合技术的工艺因素影响规律与铸轧区相互作用力学行为：利用 FLUENT 软件建立铸轧区稳态热-流耦合模型，分析熔池高度、覆层金属浇注温度、铸轧速度对凝固点高度和铸轧区出口平均温度的影响规律，建立相应的预测模型；利用 MARC 软件建立简化的凝固点以下轧制复合过程的热-力耦合模型，分析复合界面温度和接触压力演变，确定芯管周向受力分布，为研究芯管形状保持条件奠定基础。

（4）第 5 章确定金属包覆材料多辊固-液铸轧复合技术合理布置方案：建立基体和覆层材料基础热物性参数及热塑性流变本构模型，分析铸轧区内复杂传热行为；建立耦合多因素的完整热阻网络，分析不同铸轧辊布置模式时铸轧辊名义半径、孔型半径和熔池高度对传热传质均匀性的影响；基于 FLUENT 软件建立多辊固-液铸轧复合技术的热-流耦合数值仿真模型，优化工艺布置方案及原理样机雏形，分析孔型设计准则。

（5）第 6 章设计金属包覆材料三辊固-液铸轧复合实验原理样机：主要包括铸轧机主机座、熔炼浇注系统、主传动系统等，并基于有限差分法和数值仿真优化原理样机结构，研究熔池高度、名义铸轧速度、覆层金属浇注温度、基体金属预热温度、基体金属半径等工艺参数对凝固点高度和铸轧区出口平均温度的影响规律，建立凝固点高度和出口平均温度工程计算模型，获得合理工艺窗口，完成原理样机试制。

（6）第 7 章开展三辊固-液铸轧复合实验研究与性能表征分析：结合理论分析获得的工艺窗口，开展铜包钢复合棒制备实验和性能表征，分析典型缺陷及其产生原因；基于 ProCAST 软件建立热-流-组织多场耦合仿真模型，分析工艺布置模式和体形核参数对铸轧区凝固组织周向均匀性的影响，研究复合界面宏微观形貌，表征样品性能周向均匀性。

（7）第 8 章建立金属包覆材料固-液铸轧复合轧制力计算模型：建立铸轧区内覆层金属接触边界方程，揭示截面演变过程及其几何特性，分析覆层金属应力应变状态及金属流动规律；忽略凝固点以上液态区对轧制力的影响，将变形区轧制复合过程视为纯减壁的随动芯棒轧管过程，推导多辊固-液铸轧复合技术的轧制力工程计算模型，并基于 DEFORM 软件建立有限元模型验证其可靠性，分析单一变量时各工艺参数对轧制力的影响规律。

（8）第 9 章研究金属包覆材料固-液铸轧复合成形原理与复合机理：采用急停轧卡方式获得铸轧区试样，根据铸轧区截面轮廓形状演变，分析固-液铸轧复合过程宏观成形机理；通过对铸轧区复合界面轴向取样观察，研究界面微观形貌演变，揭示复杂孔型系统下的金属成形原理、界面反应机制和界面演化过程；探索固-液铸轧复合技术制备典型金属包覆材料的优势与难点，构建先进复合材料铸轧技术理论体系雏形。

第2章

双金属复合管双辊固-液铸轧复合原理样机设计

双金属复合管双辊固-液铸轧复合技术具有显著高效、短流程等优点，然而，要实现该技术，首先要解决铸轧技术的三大基础问题，即边部侧封问题、均匀布流问题以及铸轧辊特性问题。更为特殊的是，由孔型和芯管围成的铸轧区近似为圆环形，与传统板带铸轧的楔形熔池存在很大差异，在较高的名义铸轧速度下完成液面波动控制、金属液流动和温度的均匀控制具有很高的难度。

为此，本章基于燕山大学国家冷轧板带装备及工艺工程技术研究中心的两辊板带铸轧机进行设计改造，开发满足双金属复合管双辊固-液铸轧复合技术需求的原理样机，并利用数值模拟技术进行优化，包括孔型铸轧辊系、导卫装置、环形布流器、环形加热装置、堵流浇铸装置等。最后，利用铝/铅固-液铸轧复合实验进行验证。

2.1 固-液铸轧复合原理样机设计

2.1.1 孔型铸轧辊系设计

目前，轧管机轧辊孔型形状主要有圆孔型、椭圆孔型以及多弧边孔型三种，侧壁处一般利用圆角或直线过渡，两辊间孔型未完全贴合。然而，针对双金属复合管双辊固-液铸轧复合技术而言，孔型侧壁处易产生金属液侧漏现象。因此，铸轧辊应采用无过渡的正圆孔型，三维模型如图 2-1a 所示，加工装配如图 2-1b 所示。

2.1.2 环形布流器设计

均匀布流问题，是铸轧复合技术的核心，也是产品质量的关键。在确定铸轧辊孔型后，针对固-液铸轧复合技术近似环形的铸轧区，设计了特殊的环形布流器，其设计理念及结构如图 2-2 所示。传统板带铸轧布流器采用分级布流系统，如图 2-2a 所示，可以起到均匀布流和减少液流对熔池的冲击作用，对铸轧板的质量改善明显。

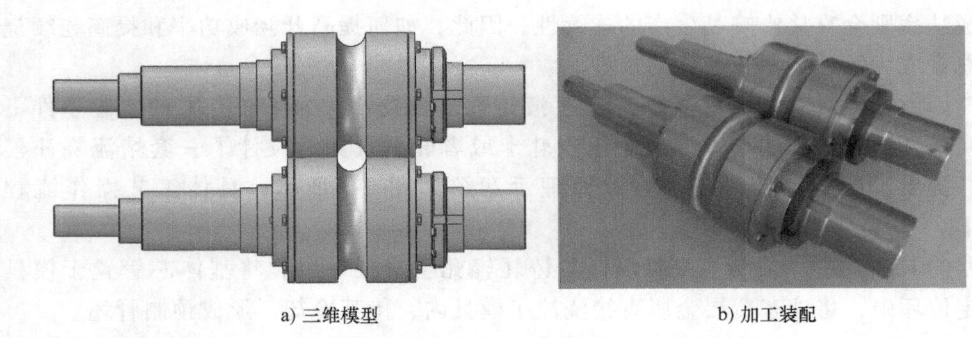

a) 三维模型　　b) 加工装配

图 2-1 固-液铸轧复合铸轧辊孔型设计

因此，借鉴该思想设计的环形布流器三维模型结构如图 2-2b 所示，主要由内壳、剖分式外壳、仿形模具和各级分流块四部分组成。内壳为带有分流块定位螺纹孔的圆柱套筒，各级分流块对应开有沉头孔，利用沉头螺钉将分流块固定在内壳上；外壳为剖分式，方便拆卸，和各级分流块紧密贴合，并且与内壳构成圆环；仿形模具与内壳形成锥形缓冲区，并与两个孔型铸轧辊形成铸轧区熔池。以上四个部分共同构成覆层金属液的容腔，最终加工的环形布流器装配图如图 2-2c 所示。

环形布流器工作原理：采用单侧浇注，经三级环形阶梯分流，最终分为周向均匀的八个出口，随后经锥形缓冲区汇流，最终在布流器出口处实现环形均匀布流。

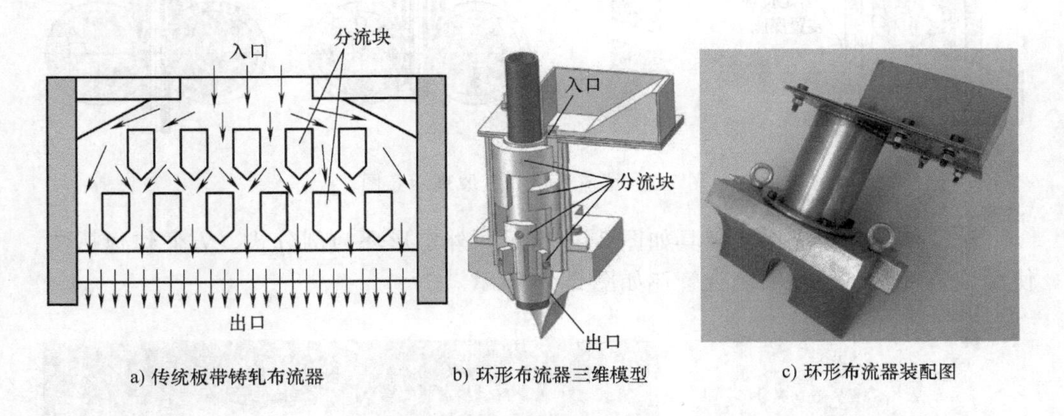

a) 传统板带铸轧布流器　　b) 环形布流器三维模型　　c) 环形布流器装配图

图 2-2 环形布流器设计理念和结构

2.1.3 堵流开浇工艺及装置设计

目前，板带铸轧因具有高效率、短流程等优点，在铝、镁等轻金属制造领域应用已经较为成熟，宝钢等在钢铁铸轧工业化上也开展了大量工作并取得一定进展，其产品可以用来制作集装箱板等产品。虽然生产过程具有很高的效率，但开浇阶段的成功率则会直接影响其生产的连续性，因此，如何提高开浇成功率和提高连续浇注总量成为铸轧技术工业化的核心。

因此，针对双金属复合管双辊固-液铸轧复合技术，为了在有限的实验条件下提高其开浇过程的成功率，避免出现轧卡或者轧漏现象，设计了一套堵流浇注模具，提出了一种堵流开浇方案，原理示意图如图 2-3 所示，具体工艺操作流程如下。

（1）首先，堵流浇注模具内径与铸轧辊孔型直径一致，将基体芯管置于模具内定位环中，将液态覆层金属直接浇注于模具内，待其冷却，形成预制管坯。

（2）随后，将预制管坯由底部反向轧制，穿过导卫装置以保证基体芯管与孔型中心重合，并且使浇注堵头恰好堵住铸轧区辊缝出口。

（3）最终，通过环形布流器浇注覆层金属液，当熔池内液位达到设定值时，开启铸轧机并继续连续浇注覆层金属，在冷却和轧制作用下覆层金属与基体芯管一同轧出，形成双金属复合管，达到稳定生产状态。

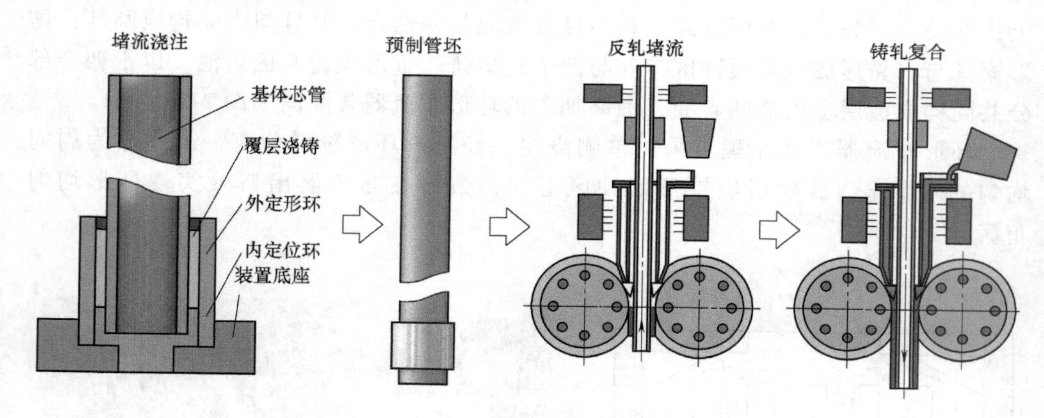

图 2-3　堵流开浇方案原理示意图

设计加工的堵流浇注模具如图 2-4a 所示，外定形环为剖分式，方便快速拆装，使用该装置制备的预制复合管坯如图 2-4b 所示。

a) 堵流浇注模具

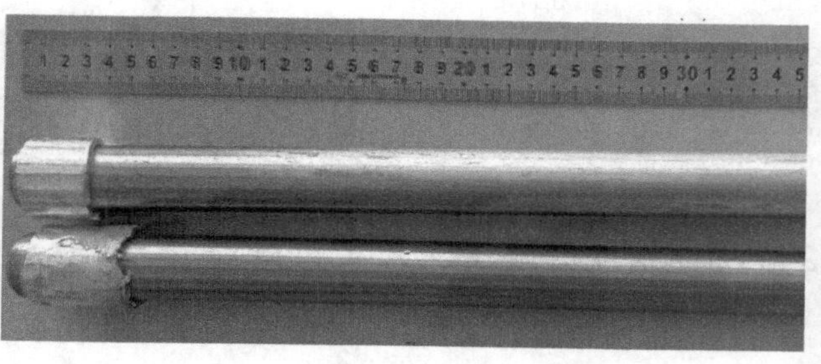

b) 预制复合管坯

图 2-4　堵流浇注模具及预制复合管坯

2.1.4　固-液铸轧复合原理样机总装配

为实现双金属复合管双辊固-液铸轧复合技术，基于燕山大学国家冷轧板带工程技术研究中心的双辊板带铸轧机进行了整体升级改造，改造后的双金属复合管双辊固-液铸轧复合原理样机的总装配三维模型如图 2-5a 所示。按照设计模型输出工程图，定制所需零部件共 40 余件，最终对整体设备进行了安装和运行调试，如图 2-5b 所示，设备运行良好，满足预期设计要求。双金属复合管双辊固-液铸轧复合原理样机的设计和改造，为后续开展固-液铸轧复合实验奠定了基础。

a) 三维模型

b) 原理样机

图 2-5　双金属复合管双辊固-液铸轧复合原理样机

2.2　环形布流器稳态流场模拟优化

针对自主设计的环形布流器，采用计算流体动力学（CFD）方法，结合实际工况，分析布流器内部结构参数和布流工艺条件对环形出口流场的影响，优化布流器布流效果，并将其结果作为理论指导，应用于双金属复合管固-液铸轧复合实验。

2.2.1　模型网格划分及前处理

流体容腔三维模型较为复杂，如图 2-6a 所示，为保证网格质量，首先对模型简化并分段，分别利用 ICEM 软件划分六面体网格，然后进行网格组装，导入 FLUENT 软件中进行流场分析，网格模型及边界条件如图 2-6b 所示。边界条件主要有入口边界、壁面边界及出口边界，并且在出口边界的截面上建立 3 条等距边界 Outside、Middle 和 Inside。稳定状态下，进出口流量相同，且入口速度根据名义铸轧速度确定，参考板带铸轧速度，确定的模拟工况名义铸轧速度 v_{NCast} 分别为 1m/min、2m/min、3m/min、4m/min。

在实际生产中，环形布流器将覆层金属提前预热至熔点附近，以保证布流的顺利进行。液态时不同液体温度与黏度的关系见表 2-1，由于常温下纯水的黏度与

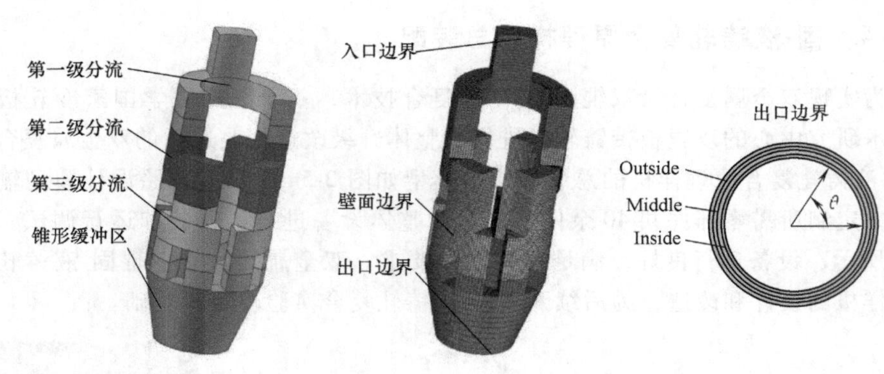

a) 流体容腔三维模型　　b) 网格模型及边界条件

图 2-6　流体容腔三维模型和网格模型及边界条件

钢、铝等金属液态时的黏度相近，根据相似性原理，可以将纯水作为模拟介质，配合后续的物理模拟实验，来研究环形布流器的布流效果。

表 2-1　不同液体温度与黏度的关系

材　料	温度/℃	液体黏度/($kg\cdot m^{-3}\cdot s^{-1}$)
纯水	20	1.0×10^{-3}
铝液	700	1.18×10^{-3}
钢液	1500	5.1×10^{-4}

布流器模拟优化判据：①通过模型内流体迹线图来分析流体流动过程及是否存在速度死区；②通过分析出口边界的 3 条等距边界不同角度 θ 处的周向出口速度 v_θ 变化情况来判断经锥形缓冲后的环形出流是否均匀。

2.2.2　模拟结果分析

分流通道高宽比 I（通道高度 H 与宽度 W 的比值）对分流效果影响示意图如图 2-7 所示。浇注速度一定，当 I 小于 1 时极易出现沿浇注速度入口方向的偏流现象，如图 2-7a 所示；当 I 等于 1 时较易出现遇到分流块后反向偏流现象，如图 2-7b 所示；当 I 大于 1 时有利于平衡浇注入口速度的方向性，使之垂直分流，保证分流的均匀性，如图 2-7c 所示。

经结构优化后，不同名义铸轧速度下环形布流器内的流场迹线和速度云图如图 2-8 所示。由此图可以看出，当名义铸轧速度提高时，布流器内部速度整体提高，虽然容腔内部尖角处均存在速度死角，但是各级分流块起到了缓冲和均匀分流作用，锥形收口处起到了稳定液位作用，布流器出口处流场迹线及周向的速度大小分布基本均匀，满足环形均匀出流设计构想。

图 2-9 所示为不同名义铸轧速度下布流器环形出口处 3 条等距边界周向速度分

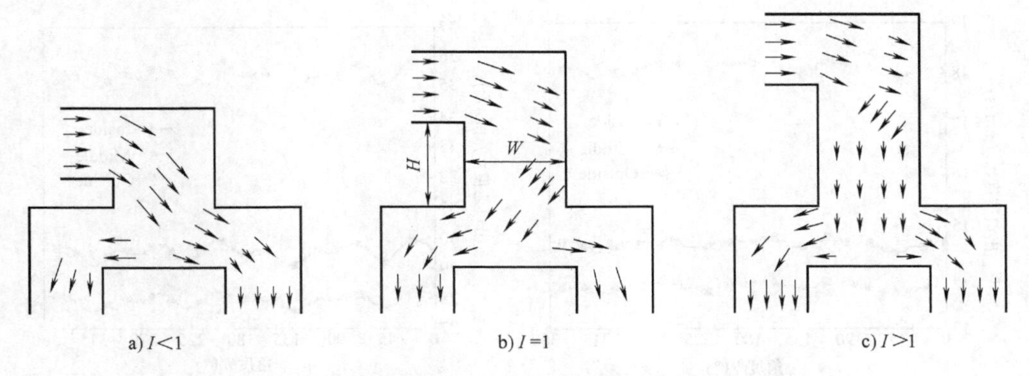

图 2-7　分流通道高宽比 I 对分流效果影响的示意图

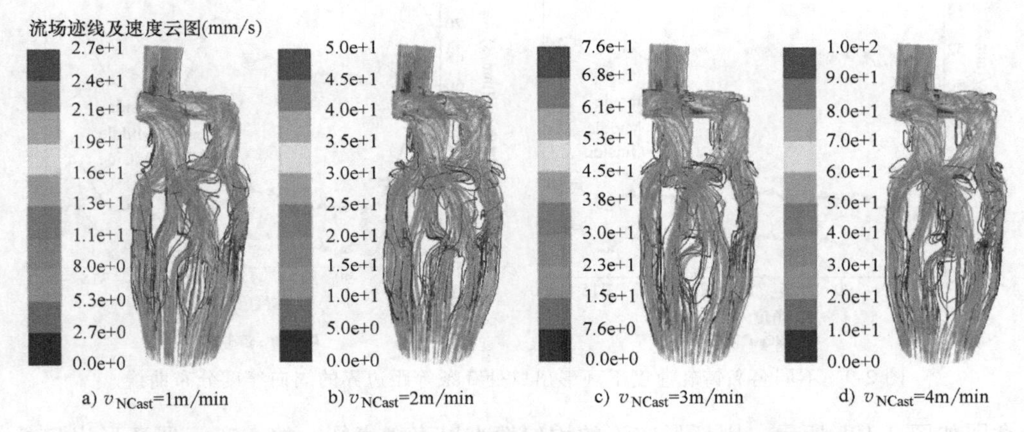

图 2-8　不同名义铸轧速度下环形布流器内的流场迹线和速度云图

布曲线。如图 2-9a 所示，当入口速度较低时，经锥形缓冲作用，3 条出口边界周向的速度分布波动很小，可以实现环形均匀出流；但当入口速度逐渐提高时，遗留速度会对出口处的锥形段产生一定的冲击作用，当超出锥形段缓冲能力时，将导致周向的速度分布波动较大，如图 2-9b、c、d 所示。

因此，影响布流器出口周向速度波动的原因主要有两方面：一是名义铸轧速度一定时，分流通道高宽比 I 对分流效果有较大影响；二是名义铸轧速度提高时，各级分流缓冲能力及锥形缓冲区长度有限，入口速度遗留到锥形缓冲区的速度过大时，均流能力将减弱。

2.2.3　水模实验验证

根据环形布流器设计了等比例水模实验装置，以验证环形布流器的布流效果。水模型实验装置如图 2-10a 所示，内壳采用不锈钢管，堵块采用防水塑料，外壳采用透明的 PMMA（亚克力）管，以方便观察内部流动情况。对应流量检测方法示

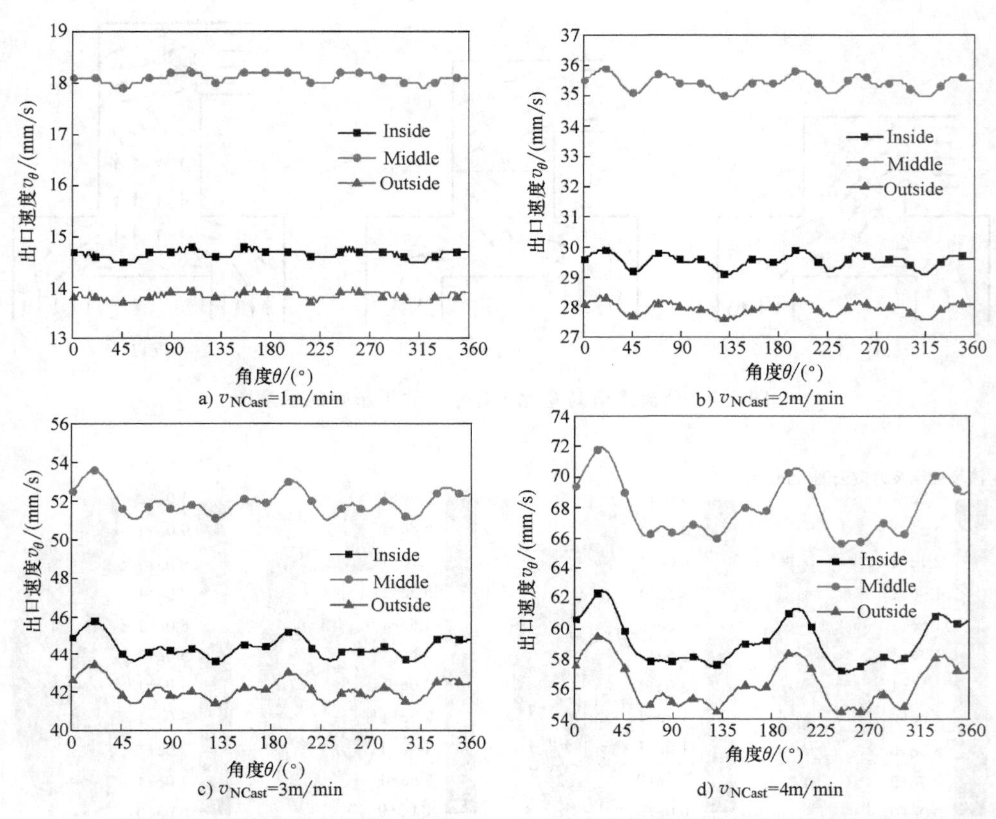

图 2-9　不同名义铸轧速度下环形出口处 3 条等距边界的周向速度分布曲线

意图如图 2-10b 所示，因环形布流的均匀性难以直接表征，故在布流器环形出口处均布 8 个扇形吸水块，各扇形块之间用隔水板隔开，通过各吸水块前后的质量差来近似表征是否实现环形均匀布流。

周向均分块流量检测结果如图 2-11 所示，水模实验结果表明环形布流效果基本与数值模拟规律一致，周向分布虽有一定的波动，但基本满足设计要求。

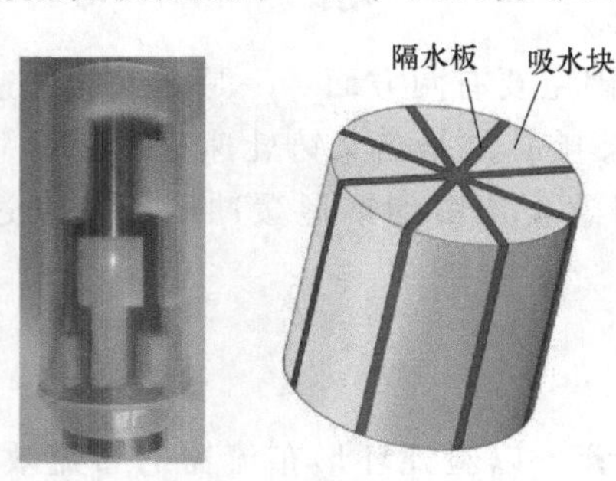

a) 水模实验装置　b) 流量检测方法示意图

图 2-10　水模实验装置及检测方法

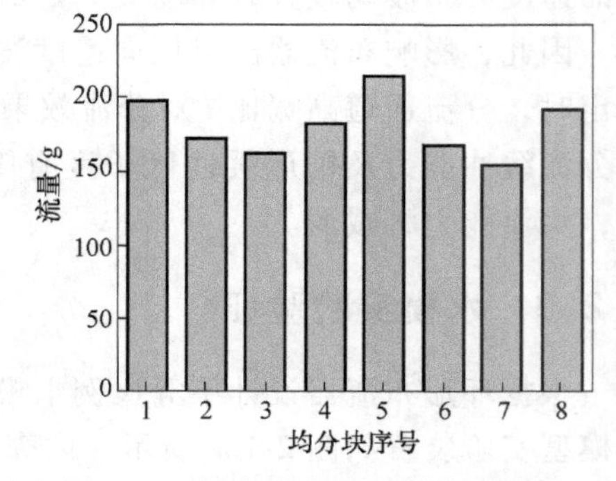

图 2-11　周向均分块流量检测结果

2.3　开浇阶段瞬态充型模拟优化

如前所述，开浇阶段对固-液铸轧技术的成败起着决定性作用。因此，在验证了自主设计的环形布流器的可行性后，结合提出的开浇堵流方案，利用 ProCAST 软件建立了开浇阶段的三维充型模型，研究环形布流器内部结构参数和布流工艺条件对开浇充型时铸轧区内流场的影响，并将其结果用于指导双金属复合管固-液铸轧复合实验。

2.3.1　模型简化及假设

开浇阶段涉及的装置主要有环形布流器、仿形侧封模具、孔型铸轧辊以及基体芯管，如图 2-12a 所示，以上四部分共同组成了覆层金属液的流体容腔，考虑模型的对称性，典型的流体容腔网格模型如图 2-12b 所示，该模型采用自动划分四面体网格。通道厚度 T 一般和宽度 W 一致，以保证通道截面为矩形或者正方形，保证流体顺利通过，因此只考虑宽度 W 和高度 H 的影响。

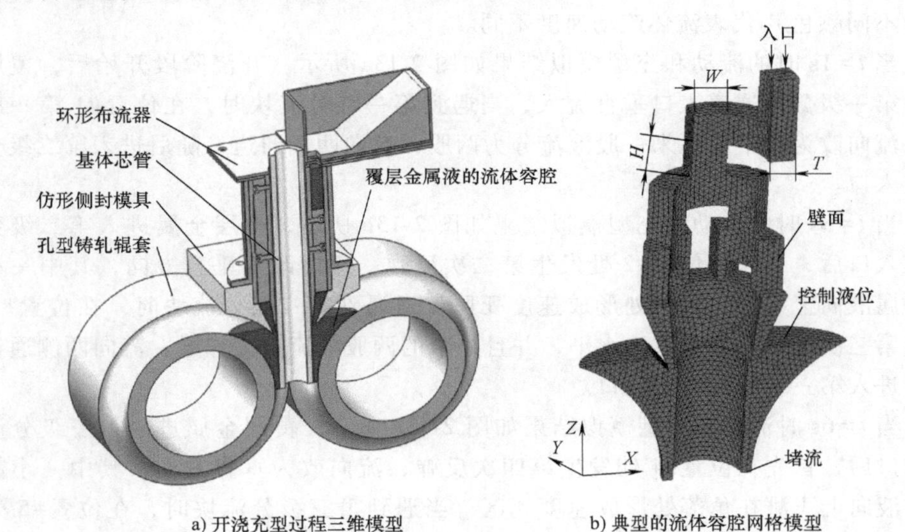

a) 开浇充型过程三维模型　　b) 典型的流体容腔网格模型

图 2-12　开浇充型过程三维热-流耦合模型

根据实际工艺方案，模拟中做出了如下假设：①开浇前布流器将预热至覆层金属熔点附近，因此在模拟中忽略了布流器与浇注金属液间的换热；②基于堵流开浇工艺，铸轧区熔池底部被反轧的浇注堵头堵住，因此设置为壁面边界；③由于开浇阶段时间较短，因此忽略了轧辊与空气、内部冷却水间的对流换热；④环形布流器入口处 Z 方向的速度根据质量守恒计算。

工业纯铝和钢管分别被选为覆层和基体材料，模拟所用工业纯铝热物性参数见

表2-2。其他结构及工艺参数为：辊套外径为170mm、内径为100mm，宽度为180mm，孔型直径为ϕ38mm，初始温度为20℃；芯管外径为ϕ30mm，壁厚为4mm，初始温度为20℃；覆层外径为ϕ38mm，壁厚为4mm；仿形侧封模具初始温度为20℃；铝液浇注温度为700℃；名义铸轧速度v_{NCast}为1m/min、5m/min和10m/min。

表2-2 工业纯铝热物性参数

材料状态	临界温度/℃	液体黏度/[kg/(m^{-3}·s^{-1})]	凝固潜热/(kJ/kg)	密度/(kg/m^3)	比热容/[J/(kg·K)]	热导率/[W/(m·K)]
液态	660	1.18×10^{-3}	—	2380	1090	211
固态	658	—	397.5	2702	1180	93

2.3.2 开浇阶段流动及充型特性数值模拟

首先分析了使用环形布流器开浇阶段流体流动和充型特性。当高径比一定时，开浇后，不同时间时的流动和充型模拟结果如图2-13所示，不同灰色深度（软件中为不同颜色）代表流体流动速度不同。

当t=1s时的流动和充型模拟结果如图2-13a所示。开浇阶段开始后，覆层金属沿第一级分流通道入口垂直流入，当遇到第一级分流块时，在位置#1第一次反弹，流向改为水平，原来一股液流分为两股，流向两侧通道，随后进入第二级分流通道入口。

当t=3s时的流动和充型模拟结果如图2-13b所示，覆层金属进入第二级分流通道入口后，首先在位置#2处发生第二次反弹，流向改为垂直方向，其中一小部分金属液向上飞溅在角落处形成速度死区，当遇到第二级分流块时，在位置#3处发生第三次反弹，流向改为水平，并且原来的两股液流分为四股，流向两侧通道后开始进入第三级分流通道入口。

当t=6s时流动和充型模拟结果如图2-13c所示，覆层金属进入第三级分流通道入口后，首先在位置#4处发生第四次反弹，流向改为垂直方向，其中一小部分金属液向上飞溅在角落处形成速度死区，当遇到第三级分流块时，在位置#5处发生第五次反弹，流向改为水平，并且原来的四股液流分为八股，流向两侧通道并进入第三级分流通道出口，开始流入锥形缓冲区。

当t=8s时流动和充型模拟结果如图2-13d所示，分散的八股液流首先在锥形缓冲区底部汇聚，逐渐形成液位，并且开始向铸轧区内充型。

当t=10s时流动和充型模拟结果如图2-13e所示，随着覆层金属的持续浇注，锥形缓冲区内的液位逐渐升高，形成较为稳定的布流，并且铸轧区内的液位也逐渐升高，底部金属液开始稳定，速度降低。

当t=12s时流动和充型模拟结果如图2-13f所示，铸轧区内液位逐渐达到设定

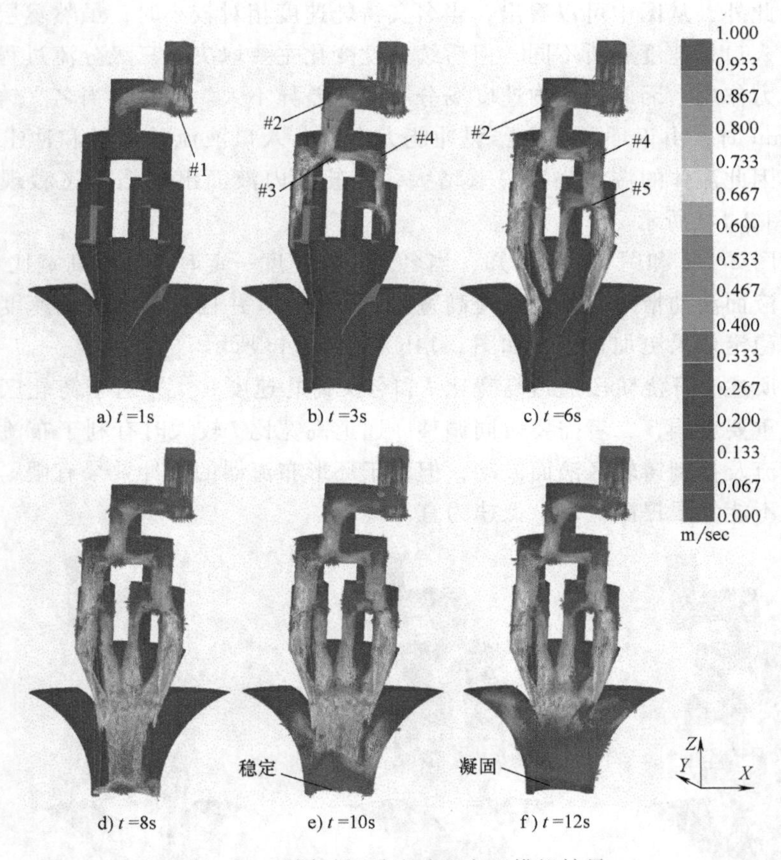

图 2-13　不同时间时流动和充型模拟结果

值，液位表面会存在一定的速度波动，但基本平稳。并且从图中可以看出熔池底部速度较为平稳，且最底部无速度值，这是因为熔池底部持续与孔型铸轧辊、芯管以及仿形模具接触换热，最先凝固，堵住铸轧区出口。

因此，在达到设定液位高度后即可起动铸轧机，开始固-液铸轧复合过程，并且逐渐提高名义铸轧速度到设定值。

2.3.3　开浇阶段铸轧区液位波动分析

为了研究通道高宽比 I 和名义铸轧速度 v_{NCast} 对开浇阶段铸轧区液位波动的影响，结合实际原理样机的尺寸及能力，通道高宽比 I 选为 1 和 2，名义铸轧速度 v_{NCast} 选为 1m/min、5m/min 和 10m/min，模拟结果如图 2-14 所示。

图 2-14a 与 b 和图 2-14d 与 e 表明，在结构参数一定时，名义铸轧速度提高，通道角落处由流体碰撞壁面反弹飞溅引起的速度死区将逐渐变大，但各通道内部的流动情况变得更为均匀，锥形缓冲区内的液位也因此升高，环形出口处速度分布更

为合理。此外，从图中可以看出，当名义铸轧速度相对较小时，虽然覆层金属在环形布流器入口处速度有所不同，但后续速度变化主要取决于三级分流过程的反弹作用以及重力作用，因此通道内速度场分布规律差异不大。但是，当名义铸轧速度达到 10m/min 时，由于环形布流器缓冲能力有限，入口液流的喷射和冲击作用占主导地位，因此流体的湍流强度显著增大，铸轧区内液面出现强烈飞溅现象，如图 2-14c 和图 2-14f 所示。

对比图 2-14a 和图 2-14d 可知，当名义铸轧速度一定时，通道高宽比 I 为 2 时，铸轧区内液面波动情况要好于通道高宽比 I 为 1 时，并且当名义铸轧速度提高时铸轧区液面稳定效果更加显著，如图 2-14b 和图 2-14c 所示。

综上所述，开浇阶段通道高宽比 I 和名义铸轧速度 $v_{Casting}$ 对于铸轧区液面波动控制均有重要影响，二者需要协同调整。通道高宽比 I 较大时有利于布流器通道内的均匀分流及控制铸轧区液面波动，但由于环形布流器的缓冲效果有限，因此名义铸轧速度不能无限提高，以中低速为宜。

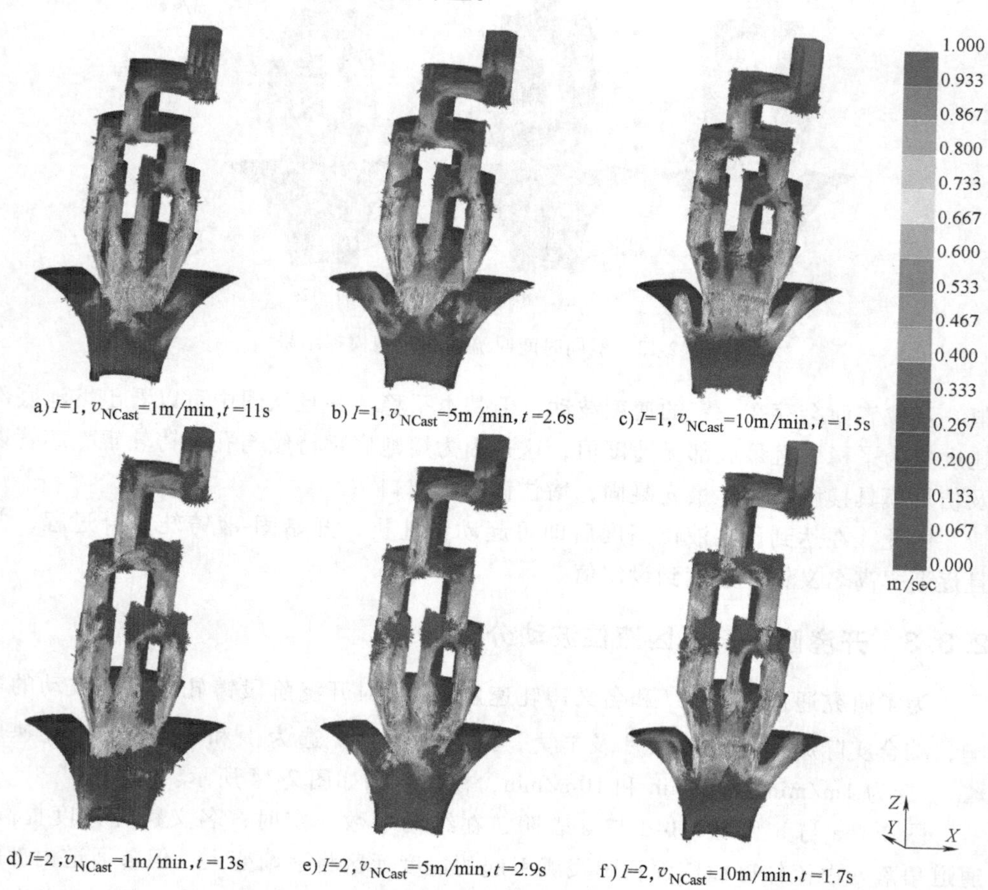

a) I=1, v_{NCast}=1m/min, t=11s　b) I=1, v_{NCast}=5m/min, t=2.6s　c) I=1, v_{NCast}=10m/min, t=1.5s

d) I=2, v_{NCast}=1m/min, t=13s　e) I=2, v_{NCast}=5m/min, t=2.9s　f) I=2, v_{NCast}=10m/min, t=1.7s

图 2-14　通道高宽比 I 和名义铸轧速度 v_{NCast} 对铸轧区液位波动的影响

2.4　双辊固-液铸轧复合可行性验证

综合考虑环形布流器稳态布流模拟及开浇阶段流动充型模拟结果，最终确定的环形布流器设计方案为混合通道高宽比模式，即三级分流通道的高宽比分别为1、1.5、2，并且名义铸轧速度范围初始设定在1~3m/min。在完成对固-液铸轧复合原理样机的调试后，首先以低熔点的铅和铝管分别作为覆层和基体材料，开展了环形布流器及双金属复合管双辊固-液铸轧复合技术的可行性验证实验。

2.4.1　环形布流器布流效果验证

为了验证环形布流器的布流效果，选用低熔点的铅作为浇注材料，并且布流器未进行预热处理，通过快速冷却的方式获得铅液在布流器内部的流动状态。

图2-15所示为不同浇注速度下的环形布流器内部流动情况结果。由图可知，三种速度下基本都实现了入口的单股液流分为八股液流；但是低速时容易出现不连续情况，且锥形缓冲区难以形成稳定液位，如图2-15a所示；当浇注速度逐渐提高时，通道内的充型效果更好，分布更均匀，锥形缓冲区更容易形成稳定液位，如图2-15b所示；当速度较高时，会在通道角落处形成速度死区，如图2-15c所示。以上现象与模拟结果基本相同，但也存在一些差异，其原因主要在于为保留铅液流动情况，环形布流器没有预热，铅液在接触到通道壁面时，会发生换热而温度降低，流动性变差，并且铅液和壁面间的摩擦因数增大，最终影响流动效果。

图2-16所示为环形布流器对称通道内的流动情况，从图中可以看出，对称侧通道的流动情况基本对称，流线方向相同，并且在角落处均存在速度死区，数量和大小一致。上述表明，布流器能够实现近似的环形均匀布流，满足设计要求。

a) 低速

b) 中速

c) 高速

图2-15　不同浇注速度下的环形布流器内部流动情况

a) 对称面左侧

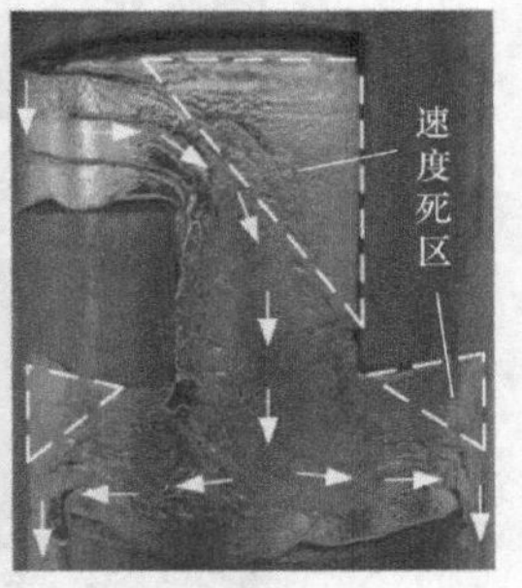

b) 对称面右侧

图2-16　环形布流器对称通道内的流动情况

2.4.2 铝/铅固-液铸轧复合实验

验证了环形布流器的布流效果后，以铝管和铅分别作为基体和覆层材料开展铝/铅固-液铸轧复合实验研究，以验证双金属复合管双辊固-液铸轧复合技术的可行性。

利用固-液铸轧复合法，在名义铸轧速度为1.2m/min时成功制备了长约600mm，外径为ϕ38mm、内径为ϕ26mm的铝/铅复合管，如图2-17所示。在长度上可以分为三个区域，分别是开始区、稳定轧制区和结束区。开始阶段和结束阶段由于铸轧区内液面不稳定，因此复合效果及表面质量较差；稳定轧制区表面质量较好，但边部间断性出现侧耳，主要原因是两个铸轧辊孔型间有狭小间隙，而铅在高温下变形抗力较低，因此会从缝隙处挤出，出现侧耳现象，但厚度很薄，容易清理。

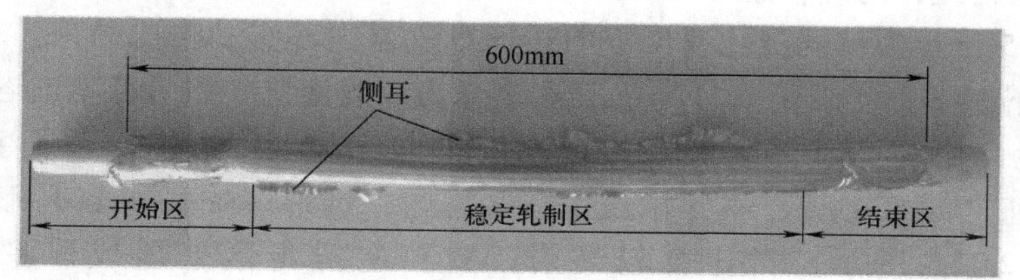

图2-17 固-液铸轧复合技术制备的铝/铅复合管

2.4.3 存在的问题及改进方案

对制备的铝/铅复合管进行了切片，典型截面类型如图2-18所示。

图2-18a所示为压扁截面，其产生的主要原因有两个。一是两个铸轧辊间孔型错位，导致图中出现覆层外径突变现象，进而使芯管受力不均匀而产生压扁和缝隙；二是铸轧区内凝固点较高，即压下量较大，芯管受力失稳发生压扁。

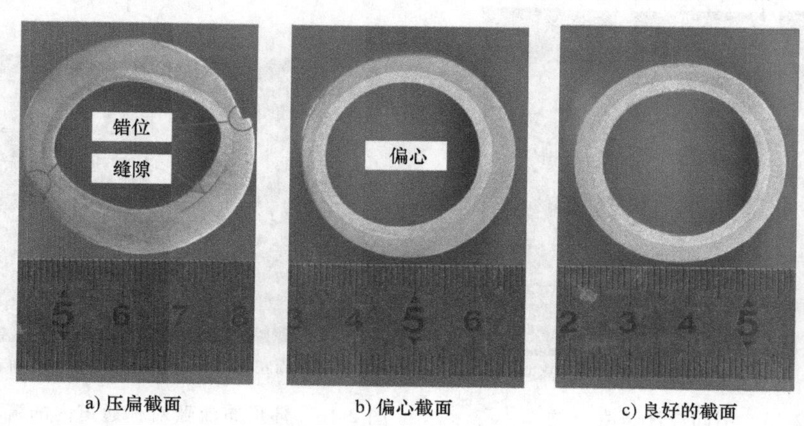

a) 压扁截面　b) 偏心截面　c) 良好的截面

图2-18 铝/铅复合管典型截面类型

图 2-18b 所示为偏心截面，其产生主要原因有两个，一是顶端导卫装置与孔型中心未重合，二是铸轧区内周向上布流显著不均匀。

图 2-18c 所示为效果良好的截面，基本不存在压扁及偏心现象，并且复合截面处无缝隙，结合效果较好。

此外，如图 2-19a 所示，在实验过程中发现，当覆层金属浇注过多导致轧卡时，铸轧区和环形布流器内残留金属液凝固后，即使能把试件从孔型中反轧出来，但由于仿形模具出口为锥形段，而下方同样被覆层金属包裹，上下方向均无法取出，导致实验无法继续开展，极大影响连续性。

为解决该问题，将仿形模具改造成剖分式，如图 2-19b 所示，利用线切割将其从中间切开，两侧利用螺杆连接，并且将原有复杂的相贯线也改为方形，使铸轧区形状更加规则，同时增大了铸轧区容积。

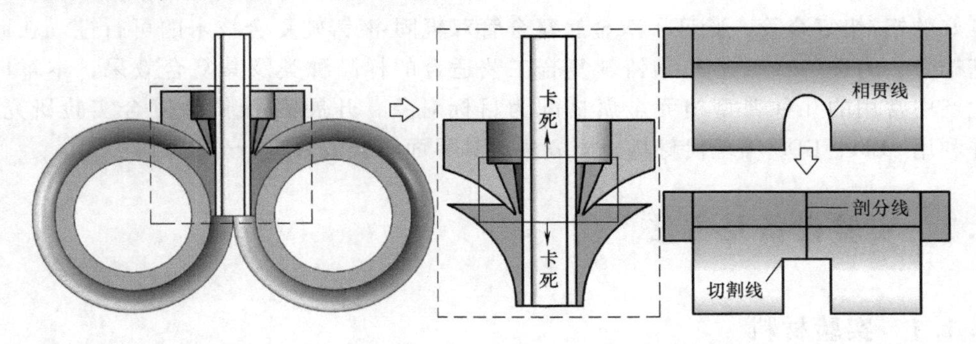

a) 轧卡后试件无法取出原因分析　　b) 仿形模具改造

图 2-19　轧卡后试件无法取出原因分析及改造

后续重点围绕导卫装置与孔型间的对中问题对双金属复合管固-液铸轧复合原理样机进行了调整，并开展了相关的实验研究，最后成功制备了外形精度、表面质量以及结合效果均较为理想的铝/铅复合管，如图 2-20 所示。

图 2-20　较为理想的铝/铅复合管

综上所述，经原理样机设计、数值模拟、实验等研究，环形布流器及双金属复合管双辊固-液铸轧复合技术的可行性得以验证，并且最终制备的复合管结合质量、生产率等均较为理想，满足工艺设计目标，也体现了双金属复合管固-液铸轧复合技术高效、短流程的优点。

第3章

双金属复合管双辊固-液铸轧复合实验研究

第2章经原理样机设计、数值仿真模拟与实验研究，最终成功制备了结合效果良好的铝/铅复合管，验证了双金属复合管双辊固-液铸轧复合技术的可行性。在此基础上，为进一步研究固-液铸轧复合工艺适合的样品种类及其复合效果，本章以生产中常用的几种典型组元金属搭配为目标对象，开展固-液铸轧复合实验研究，并利用SEM、EDS等现代材料检测方法对其界面结合效果进行分析。

3.1 实验设备及方法

3.1.1 实验材料

工业纯铝1050化学成分见表3-1。

表3-1 工业纯铝1050化学成分（质量分数，%）

成分	Al	Si	Fe	Cu	Mn	Mg	Zn	Ti	其他
含量	99.60	0.20	0.25	0.05	0.03	0.03	0.05	0.03	0.03

不锈钢316L化学成分见表3-2。

表3-2 不锈钢316L化学成分（质量分数，%）

成分	Fe	Cr	Ni	Mo	Mn	Si	P	C	N	S
含量	99.90	0.001	0.002	0.002	0.005	0.005	0.005	0.021	0.032	0.002

工业纯铜T2化学成分见表3-3。

表3-3 工业纯铜T2化学成分（质量分数，%）

成分	Cu	Bi	Sb	As	Fe	Pb	S
含量	99.90	0.001	0.002	0.002	0.005	0.005	0.005

工业纯钛TA1化学成分见表3-4。

表 3-4　工业纯钛 TA1 化学成分（质量分数,%）

成分	Ti	Fe	C	N	H	O
含量	99.50	0.2	0.08	0.03	0.015	0.18

3.1.2　熔炼设备

实验所用的覆层材料主要为应用广泛的铝及铝合金，为满足实验需求，定制了电动侧翻式电阻熔炼炉，如图 3-1a 所示，其容量最大为 10kg，配有控温装置。其他辅助工具主要有石墨坩埚及坩埚钳，如图 3-1b、c 所示。首先，将切割好的铝块加入石墨坩埚中，熔炼炉加热至 750℃，将铝块熔化，然后调整至浇注温度并保温；当开始实验时，可通过遥控器或操作面板控制熔炼炉炉门向下翻转，将铝液倒入石墨坩埚中；当石墨坩埚将满时，控制熔炼炉炉门向上翻转，调整至初始位置。

a) 电动侧翻式电阻熔炼炉

b) 石墨坩埚

c) 坩埚钳

图 3-1　熔炼设备及工具

3.1.3　界面分析设备及方法

为分析固-液铸轧复合后界面结合情况，实验中用到了以下界面分析设备。

1）Phenom ProX 台式扫描电镜，如图 3-2a 所示，由 Phenom Word BV 公司生产。该装置的能谱仪（EDS）完全嵌入电镜主机中，集成的能谱仪采用半导体制冷技术，无须额外冷却设备，简单易用、维护成本低。

2）Hitachi-3400N 扫描电子显微镜，如图 3-2b 所示，该设备具有最新开发的电子光学系统，具有更多的自动化功能，操作界面更友好，具有五轴马达，倾斜角度可达-20°~90°，样品最高可达 80mm，可用于样品表层微区的点、线、面元素的定性、半定量及定量分析。

3.1.4　压扁实验设备

管材在使用中最可能承受的是径向载荷，双金属复合管界面在径向压力作用下的变形协调性是表征界面结合效果的重要方式之一。因此基于 INSPEKT TABLE

a) Phenom ProX能谱一体化台式扫描电镜

b) Hitachi-3400N扫描电子显微镜

图 3-2　界面分析设备

100 型电子万能试验机开展了双金属复合管压扁实验，如图 3-3 所示，该试验机最大试验力为 100kN，实验速度范围为 0.01～400mm/min。

图 3-3　万能试验机

3.1.5　复合管取样分析位置

对于双金属复合管双辊固-液铸轧复合技术，铸轧区内覆层金属在轧辊孔型、仿形模具以及芯管共同作用下发生高温塑性变形，铸轧区形状如图 3-4a 所示。铸轧区俯视图垂直于轧制方向（RD），近似为椭圆形，如图 3-4b 所示。该截面内变形主要有两个方向，一个是与轧制方向相垂直的方向（ND），即孔型处；另一个是截面内与该方向相垂直的横向（TD），即侧封处。周向上的变形分布可能存在差异，因此重点对复合管的孔型处和侧封处取样，分别记为 ND 取样和 TD 取样，如图 3-4c 所示。

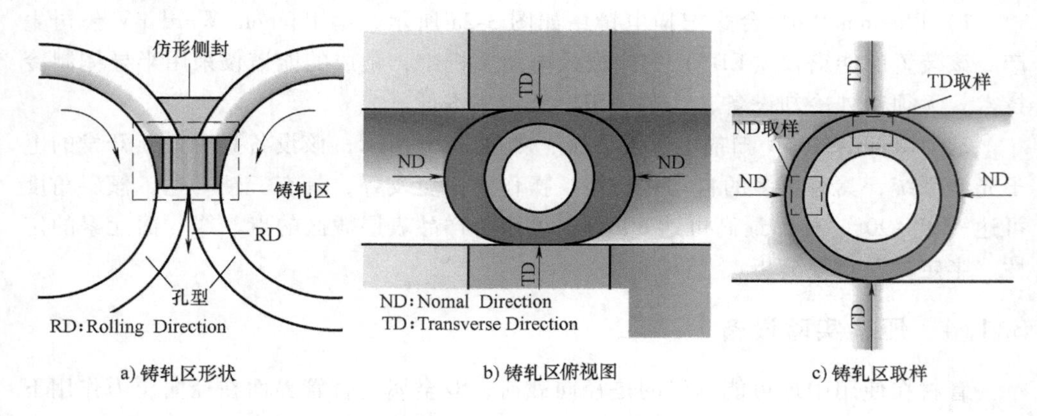

a) 铸轧区形状　　b) 铸轧区俯视图　　c) 铸轧区取样

图 3-4　复合管截面取样位置示意图

3.2　钢/铝固-液铸轧复合

3.2.1　钢/铝复合材料应用背景

钢/铝复合管，主要可以分为普碳钢/铝复合管以及不锈钢/铝复合管两类。前者主要是利用普碳钢作为刚性基体材料，而铝覆层具有很好的耐腐蚀和抗氧化性能，可延长使用寿命，主要用来做结构件或装饰材料；后者不锈钢自身强度、刚度以及耐蚀性均较好，而铝覆层具有很好的导热、散热性能，可广泛用作散热或制冷系统。

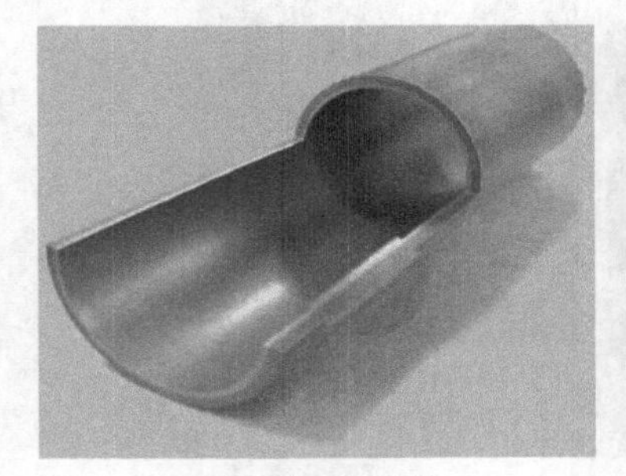
a) 钢/铝复合管道管

b) 钢/铝复合排管蒸发器

c) 钢/铝复合翅片管

图 3-5　钢/铝复合管及深加工样品案例

图 3-5a 为钢/铝复合管道管，可用于液体输送等领域，大大降低了使用成本；图 3-5b 所示为钢/铝复合排管蒸发器；图 3-5c 为钢/铝复合翅片管，均为钢/铝复合管的深加工样品。其中钢/铝复合排管可用于氨制冷系统以及冷库制冷等领域，使用更安全、耐腐蚀，无泄漏，寿命延长；而钢/铝复合翅片管是将钢/铝复合管再轧制出翅片的散热管，具有结合紧密，热阻小，传热性能好、强度高、流动损失小、耐蚀性强，在长期冷热工况下不易变形、工作寿命长等优点。

3.2.2　钢/铝复合管铸轧复合及界面形貌

利用固-液铸轧复合技术，在名义铸轧速度为 2.2m/min 时成功制备了长约 500mm 的钢/铝复合管，如图 3-6 所示。该管的表面质量较好，直线度较好，由于

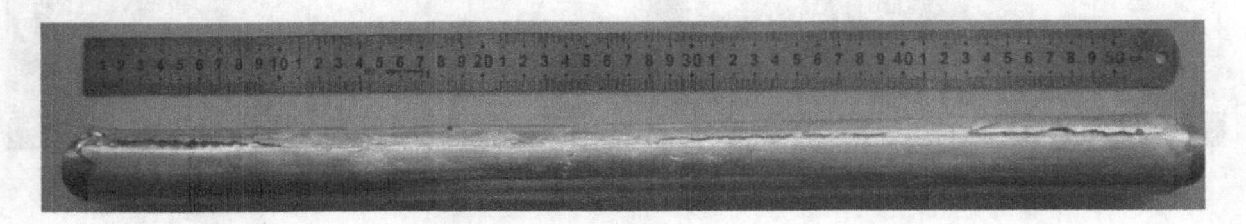

图 3-6　钢/铝复合管

铝的变形抗力要大于铅，因此钢/铝复合管边部侧耳要较铝/铅复合管小很多。

利用线切割对制备的钢/铝复合管进行切片，得到的宏观截面切片如图 3-7 所示。其中图 3-7a 所示为标准截面，界面处无孔洞、裂缝等缺陷，界面结合良好。实验中发现，浇注工艺控制至关重要，当浇注不均匀时，会导致孔型两侧受力不一致，进而导致偏心现象，如图 3-7b 所示。此外，当凝固点过高时，会导致轧制力过大，芯管受压产生轻微变形，如图 3-7c 所示。

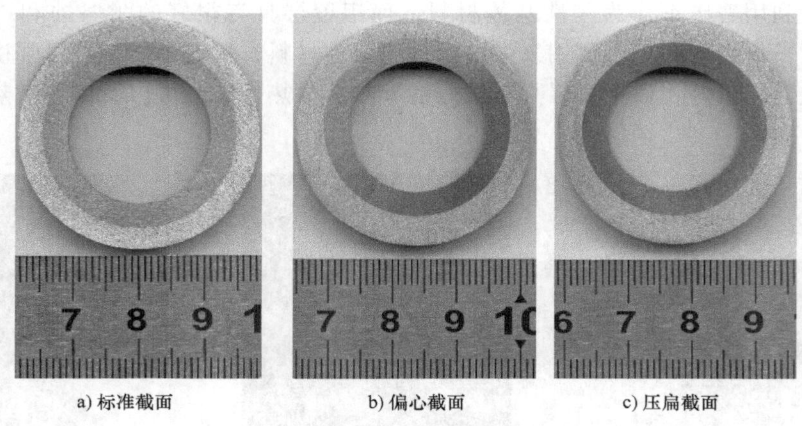

a) 标准截面　　b) 偏心截面　　c) 压扁截面

图 3-7　钢/铝复合管宏观截面切片

对复合管标准截面的轧制方向和侧封方向分别进行了取样，并利用 Phenom ProX 扫描电镜对 ND 取样和 TD 取样的复合界面微观形貌进行了扫描，形貌如图 3-8 所示。由图可知，ND 取样和 TD 取样界面微观形貌并无明显区别，结合效

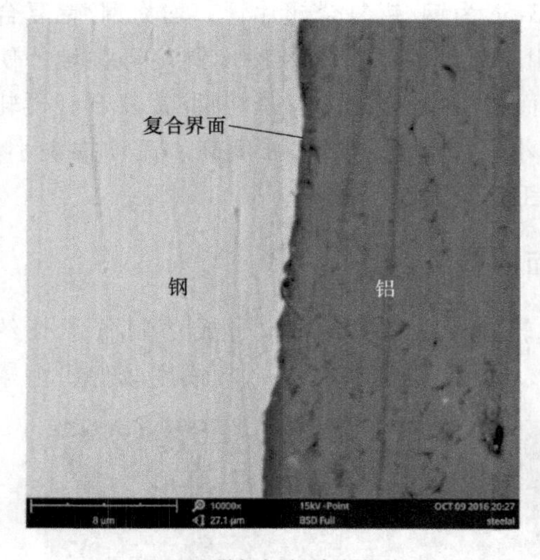

a) ND取样复合界面扫描形貌

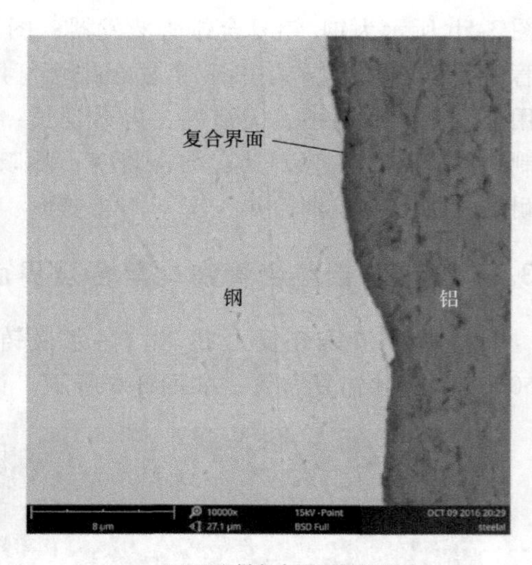

b) TD取样复合界面扫描形貌

图 3-8　钢/铝复合管 ND 取样和 TD 取样复合界面微观扫描形貌结果

果均较好，复合界面连续清晰，两侧基体较为致密，无明显缩孔或疏松。

为确定在复合界面处是否产生扩散层，利用 Hitachi-3400N 扫描电子显微镜对 ND 取样和 TD 取样的复合界面进行了线扫描，界面元素分布结果如图 3-9 所示。从图中可以看出，两个区域均有明显的扩散层，且厚度差异并不显著，ND 取样界面扩散层厚度约为 4.3μm，ND 取样界面扩散层厚度约为 3.3μm。此外，元素分布曲线均变化平滑，无明显成分平台，因此可以推断出复合界面只有元素扩散，无中间化合物生成。

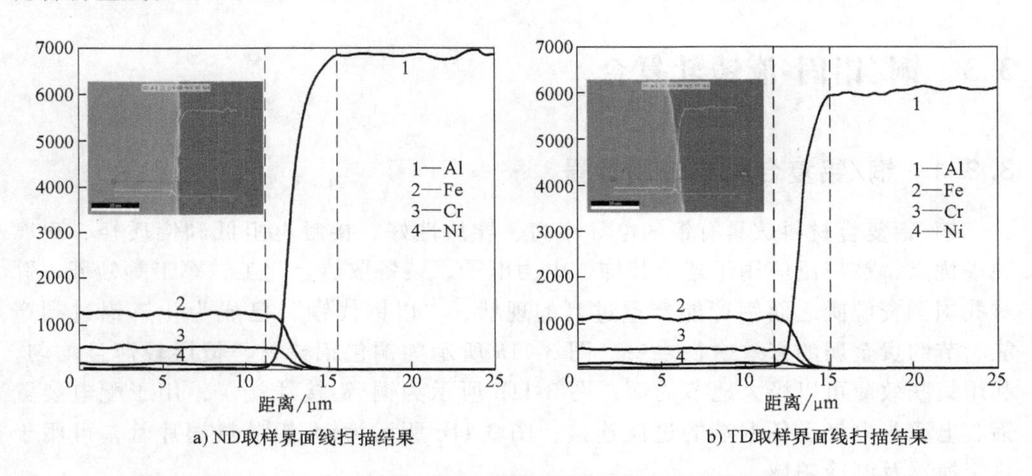

a) ND取样界面线扫描结果　　b) TD取样界面线扫描结果

图 3-9　钢/铝复合管 ND 取样和 TD 取样复合界面线扫描结果

3.2.3　钢/铝复合管结合性能测试

将固-液铸轧复合技术制备的钢/铝复合管进行了切片，如图 3-10a 所示，结果表明，即使在切片较小时，界面依然没有出现开裂，界面宏观结合效果良好。对钢/铝复合管截面切片施加一定径向载荷使其发生轻微压扁，复合界面可以协调变形，并未出现开裂等宏观缺陷，如图 3-10b 所示。继续施加载荷，当变形量达到一定程度时两侧复合界面发生开裂，如图 3-10c 所示。

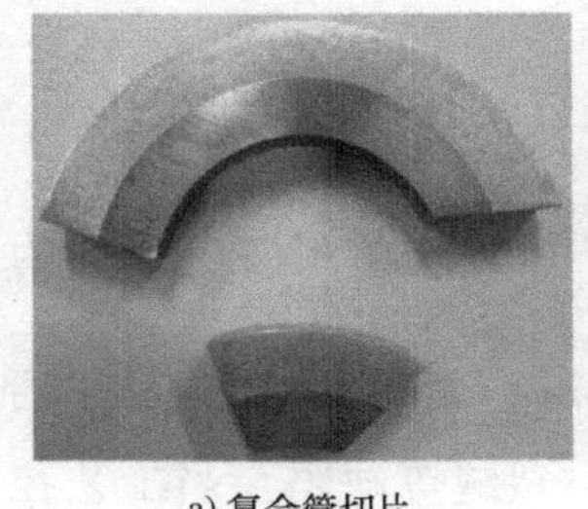

a) 复合管切片

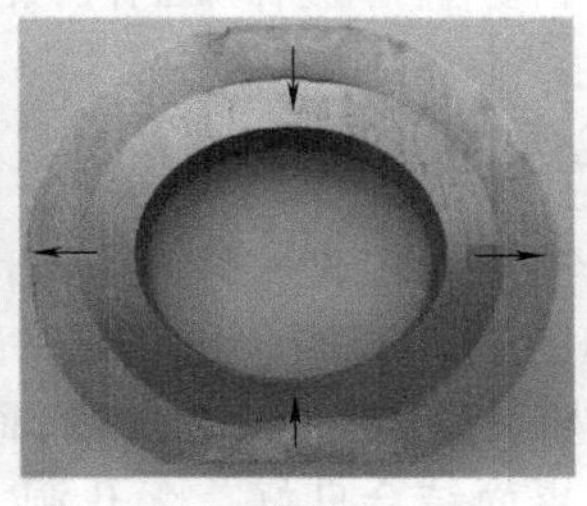

b) 轻微压扁

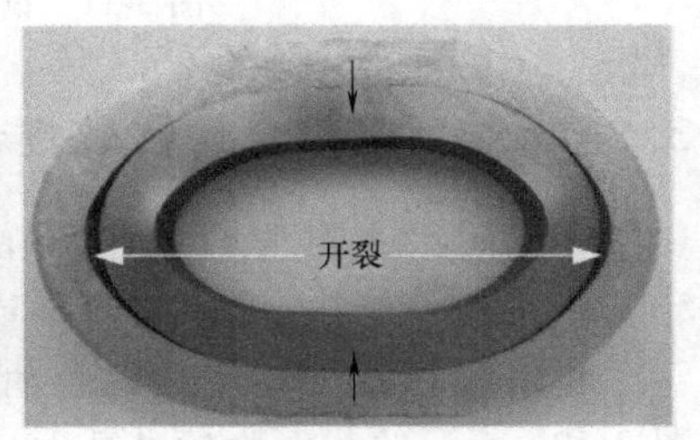

c) 重度压扁

图 3-10　钢/铝复合管压扁实验结果

如果复合管结合界面产生的仅仅是机械套合效果，在将复合管截面沿径向切开后，接触应力释放，界面将出现分离或脱落。结合界面线扫结果，可以推断出复合界面形成了冶金结合，其压扁变形行为可以解释为：

1）开始承受径向变形时，由于钢和铝的性能差异，复合界面处会产生分离力，但界面结合强度大于因变形引起的界面分离力，因此覆层与基体可以在界面结合力作用下协调变形。

2）随着径向变形继续增大，当界面分离力大于界面结合强度时，出现开裂。

3.3　铜/铝固-液铸轧复合

3.3.1　铜/铝复合材料应用背景

铜/铝复合材料兼具有铜的电导率高、导热性好、接触电阻低和铝质轻、耐腐蚀等优点，被广泛应用于建筑装饰、电力电子、装备散热、化工、军工等领域。针对我国铜资源匮乏而铝产能严重过剩的现状，“以铝代铜”已成为化解铝过剩产能、节约贵金属的有效途径之一。图 3-11a 所示为铜包铝棒材，覆层较薄且均匀，利用集肤效应可以极大地节约铜；图 3-11b 所示为铜/铝接线端子，用于配电装置铝芯电缆与电气设备铜端的过渡连接；图 3-11c 所示为铜/铝散热翅片管，可用于热交换器及制冷领域。

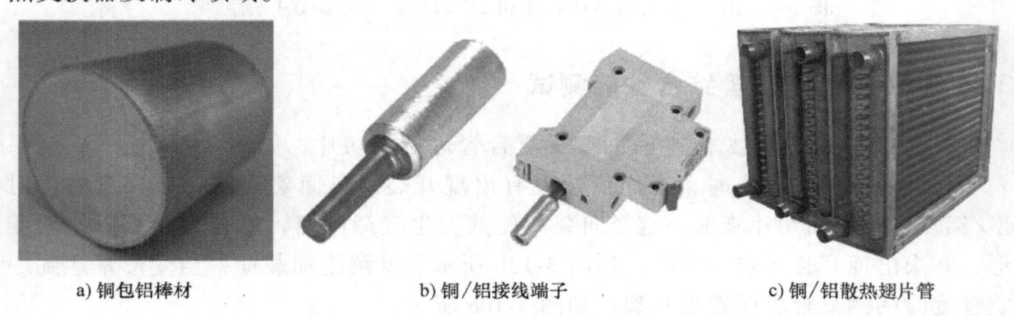

a) 铜包铝棒材　　b) 铜/铝接线端子　　c) 铜/铝散热翅片管

图 3-11　铜/铝复合材料及深加工样品案例

3.3.2　铜/铝复合管铸轧复合及界面形貌

利用固-液铸轧复合技术，在名义铸轧速度为 2.2m/min 时成功制备了长约为 500mm 的铜/铝复合管，如图 3-12 所示，表面质量较好，直线度较小。

利用线切割将铜/铝复合管切片，得到的宏观截面如图 3-13 所示，其中图 3-13a 所示的截面为标准截面，界面结合良好，无孔洞、裂缝等缺陷。当工艺控制不合理时，也会出现偏心和压扁现象，如图 3-13b、c 所示，其产生原因如前所述。此外，由于铜的变形抗力比钢低，所以铜管更易出现压扁现象。

图 3-12　铜/铝复合管

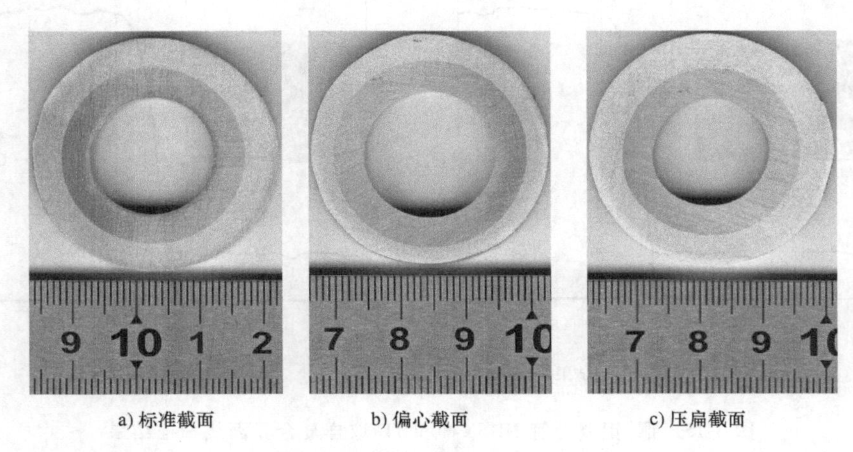

a) 标准截面　　b) 偏心截面　　c) 压扁截面

图 3-13　铜/铝复合管截面

ND 取样和 TD 取样的复合界面微观形貌扫描结果分别如图 3-14 所示。从图中可以看出，ND 取样和 TD 取样复合界面无明显区别，无缝隙或孔洞等缺陷出现，存在明显且均匀的扩散层，主要呈现层片状，局部位置会出现间断。

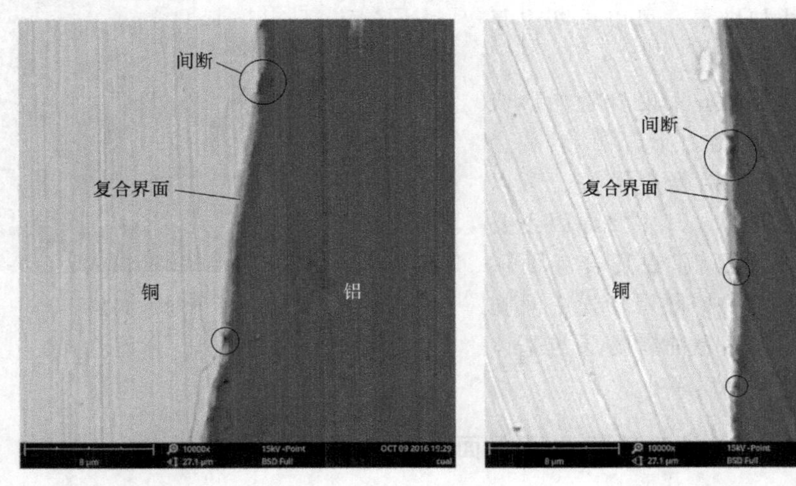

a) ND取样复合界面扫描形貌　　b) TD取样复合界面扫描形貌

图 3-14　铜/铝复合管 ND 取样和 TD 取样复合界面微观形貌扫描形貌结果

ND 取样和 TD 取样的复合界面元素分布结果如图 3-15 所示，从图中可以看出，两个取样区扩散层厚度差异并不明显，其中 ND 取样界面扩散层厚度约为 4.3μm，TD 取样界面扩散层厚度约为 4.2μm。此外，复合界面元素分布曲线均变化平滑，无明显成分平台，因此可以推断出复合界面只有元素扩散，无中间化合物生成。

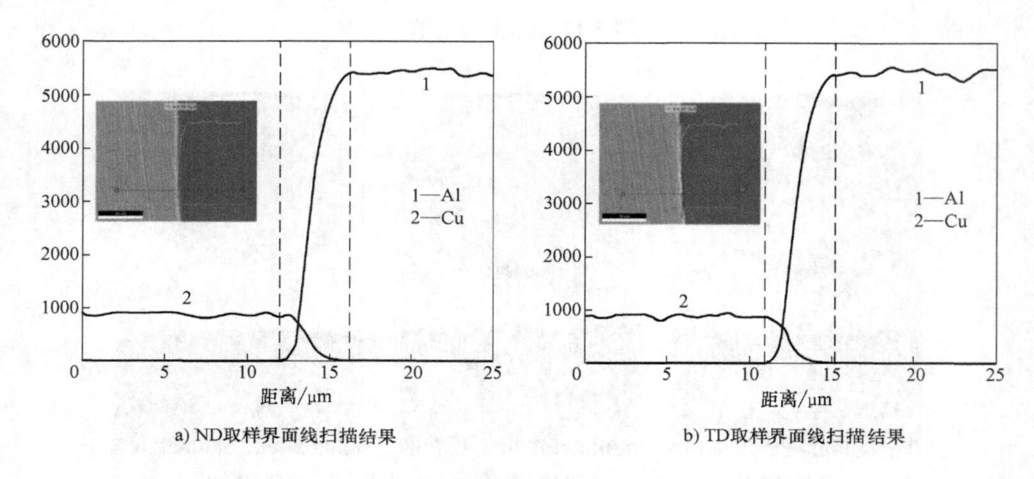

a) ND取样界面线扫描结果

b) TD取样界面线扫描结果

图 3-15　铜/铝复合管 ND 取样和 TD 取样复合界面线扫描结果

3.3.3　铜/铝复合管结合性能测试

铜/铝复合管压扁实验结果如图 3-16 所示，在承受较大的径向变形时，铜/铝复合界面无开裂和分层等宏观缺陷出现，结合界面线扫结果，可以推断出复合界面形成了冶金结合。

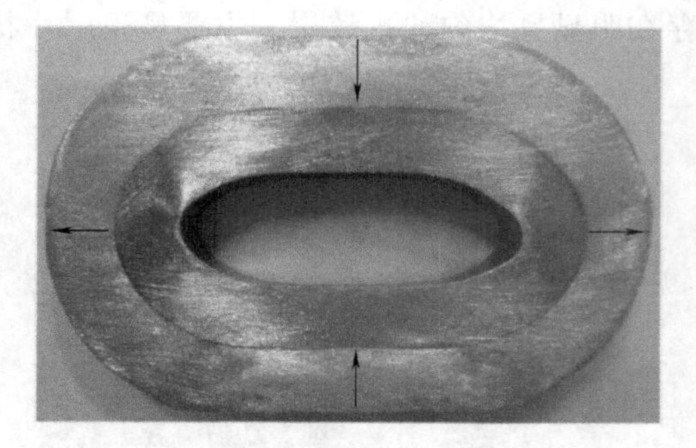

图 3-16　铜/铝复合管压扁实验结果

铜/铝复合管和钢/铝复合管均形成了冶金结合，但相比之下，铜/铝复合管变形协调性比钢/铝复合管好，可以承受更大的径向变形，其主要原因主要有两方面：一方面是铜/铝复合界面形成了厚度较为均匀的扩散层，无中间脆性相生成；另一方面是前者覆层与基体的力学性能差异要比后者小。

3.3.4　铜/铝复合棒铸轧复合及界面形貌

利用固-液铸轧复合技术，尝试了铜/铝复合棒材的生产，同样在名义铸轧速度为 2.2m/min 时成功制备了铜/铝复合棒，与制备复合管相比，基体棒材为实心，

因此不用考虑是否会出现压扁问题。制备的标准截面如图 3-17a 所示，界面结合良好，铝侧无缩孔缩松等缺陷，但当工艺控制不合理时，同样会出现偏心现象，如图 3-17b 所示。

a) 标准截面

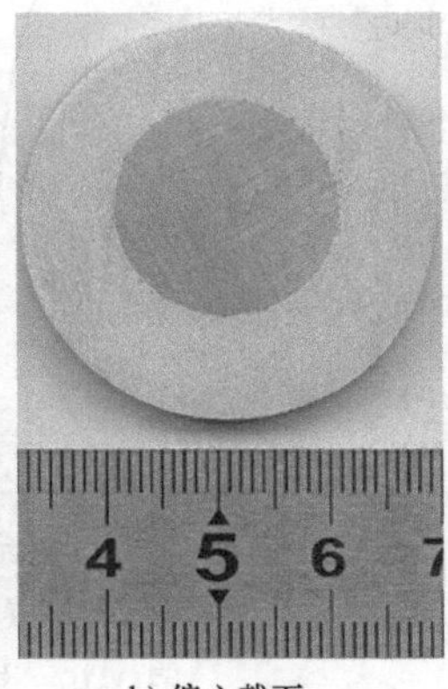

b) 偏心截面

图 3-17　铜/铝复合棒截面

铜/铝复合棒 ND 取样和 TD 取样的复合界面微观形貌扫描结果分别如图 3-18 所示，复合界面无缝隙或孔洞等缺陷出现，且存在明显的扩散层，其形式以层片状为主，点胞状为辅。总体而言，铜/铝复合棒界面扫描结果与铜/铝复合管类似，但前者界面扩散层间断点更多，其主要原因可能是相同长度时铜棒体积比铜管较大，铸轧区内吸收的热量更多，进而导致凝固点较高，压下量较大，变形温度较低。

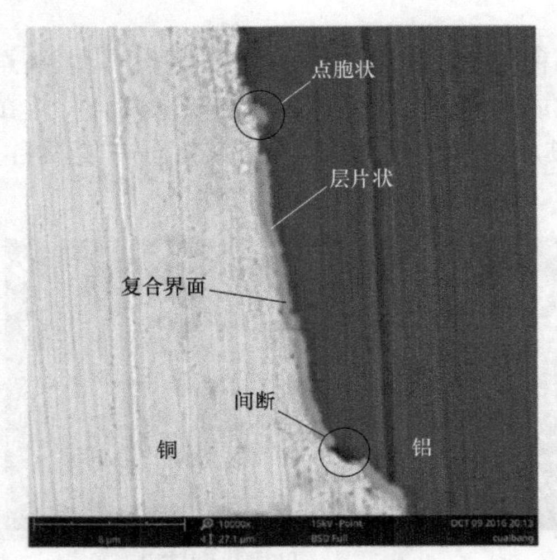

a) ND取样复合界面扫描形貌

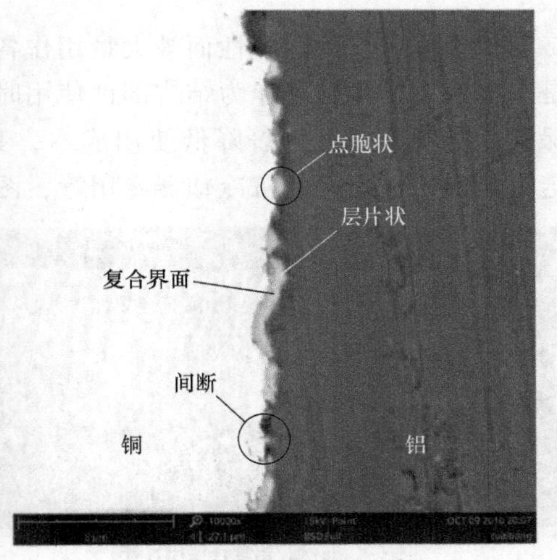

b) TD取样复合界面扫描形貌

图 3-18　铜/铝复合棒 ND 取样和 TD 取样复合界面微观扫描形貌结果

铜/铝复合棒 ND 取样和 TD 取样的复合界面元素分布结果如图 3-19 所示。从图中可以看出，两个取样区扩散层厚度差异并不明显，其中 ND 取样界面扩散层厚度约为 4.9μm，TD 取样界面扩散层厚度约为 4.8μm。此外，复合界面元素分布曲线均变化平滑，无明显成分平台，因此可以推断出复合界面只有元素扩散，无中间化合物生成。

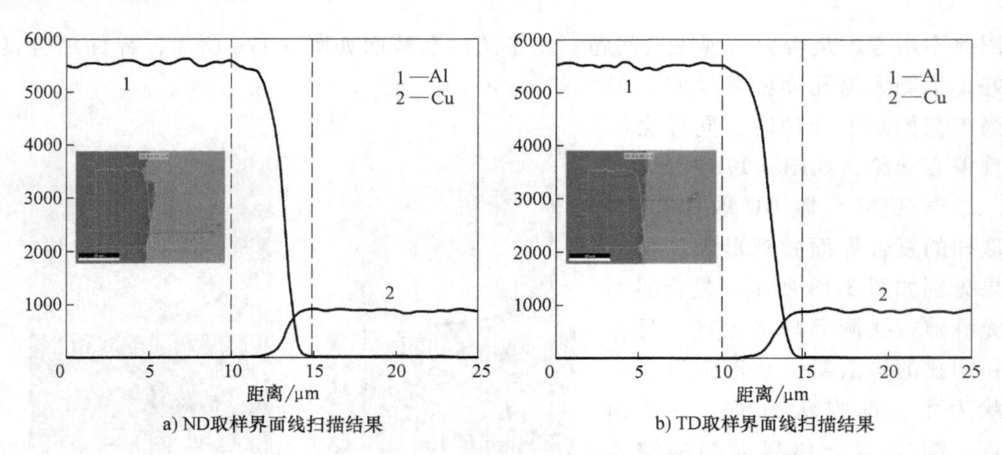

a) ND取样界面线扫描结果　　b) TD取样界面线扫描结果

图 3-19　铜/铝复合棒 ND 取样和 TD 取样复合界面线扫描结果

3.4　钛/铝固-液铸轧复合

3.4.1　钛/铝复合材料应用背景

钛因其优良的耐蚀性而被大量用作各种化学反应容器、热交换器材料，但缺点是成本较高，特别是作为结构部件使用时成本问题尤为突出。钛基层状复合材料在保证性能的同时可显著降低使用成本，其中，钛/铝复合管为国家重点开发项目，定为秦山核电站发电机冷却器专用管，图 3-20 所示为钛/铝复合翅片管。

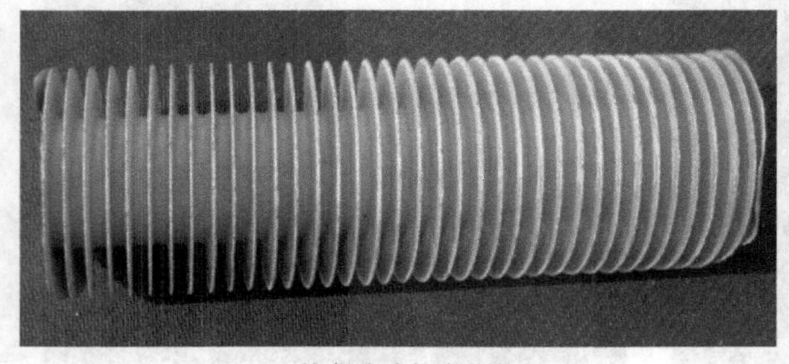

a) 钛/铝复合翅片直管

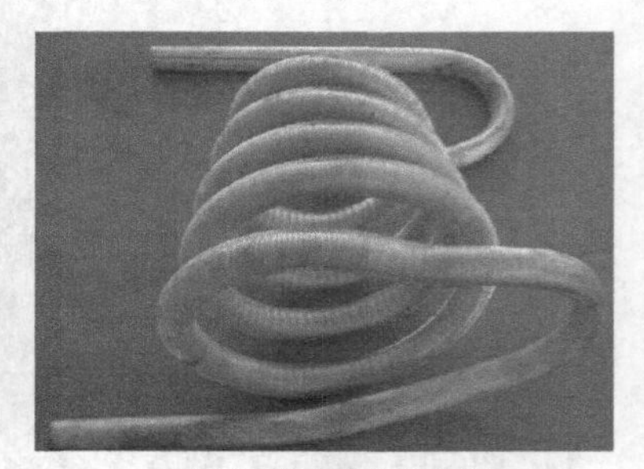

b) 钛/铝复合翅片弯管

图 3-20　钛/铝复合翅片管

3.4.2　钛/铝复合管铸轧复合

利用固-液铸轧复合技术，同样在名义铸轧速度为 2.2m/min 时成功制备了钛/铝复合管，标准截面如图 3-21a 所示，界面结合良好，无开裂或分层现象，切片轴向无松动，铝侧无缩孔疏松等缺陷。从宏观角度来看，与钢/铝、铜/铝等类似，结合效果良好。

然而在利用线切割进行切片制备金相试样过程中，沿钛/铝复合管截面径向切开后，钛/铝界面即会分离，内外圈产生松动，如图 3-21b 所示，在钛侧界面处只有局部粘有铝。其主要原因是钛的化学性能更稳定，短时间内较难与铝发生反应扩散，因此制备的钛/铝复合管界面处主要以机械结合为主。若要实现冶金结合，后续可以对制备的钛/铝复合管进行合理的热处理。

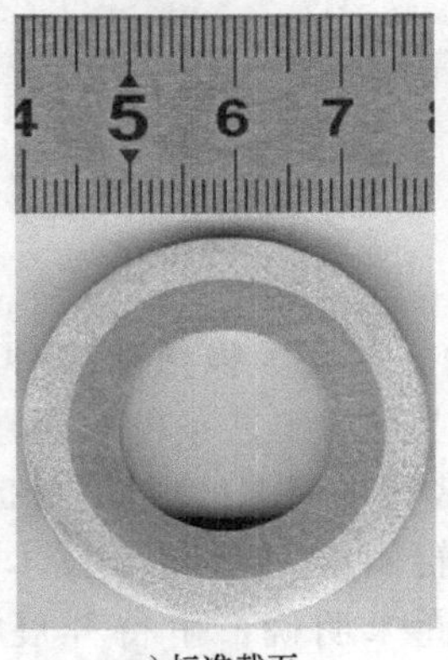

a) 标准截面

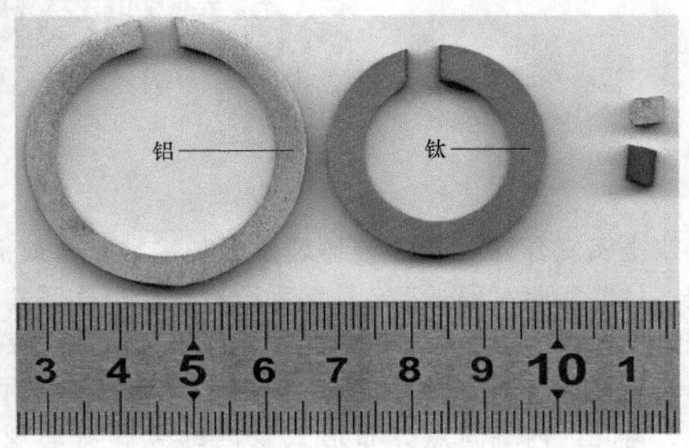

b) 截面切片

图 3-21　钛/铝复合管截面

第 4 章 双金属复合管双辊固-液铸轧复合过程模拟

双金属复合管双辊固-液铸轧复合技术涉及金属流动、凝固、换热等多种复杂过程，目前实验室现有工艺控制手段有限，可实现稳定生产的工艺条件较为单一，无法开展大量的变参数实验。此外，凝固点通常指液态区与半固态区或固态区的分界线，是铸轧技术的控制核心，但由于双金属复合管双辊固-液铸轧复合技术的特殊性，铸轧区内凝固点分布形式及内部金属流动规律尚未明确，亟待开展深入研究。

随着计算机技术的发展，数值模拟技术为工艺规律研究提供了一种高效便捷的方法，并且可以直观展示固-液铸轧复合过程中参数的变化。因此，本章通过对双金属复合管双辊固-液铸轧复合技术进行合理简化，分别利用 FLUENT 软件和 MARC 软件建立热-流耦合模型和热-力耦合模型，分析各工艺因素对温度场、流场的影响规律及铸轧区内的相互作用力学行为，为进一步研究复合机理奠定基础。

4.1 铸轧区稳态热-流耦合数值模拟

4.1.1 固-液铸轧区几何模型

层状金属复合板带固-液铸轧复合技术铸轧区熔池近似为楔形，而双金属复合管双辊固-液铸轧复合技术铸轧区熔池由孔型铸轧辊、仿形模具、基材芯管三部分共同围成，如图 4-1a 所示，其中铸轧区熔池局部放大图如图 4-1b 所示。由于两侧铸轧辊带有对称孔型，因此熔池形状近似为“Y”形，除熔池自由表面的对流换热外，还与铸轧辊孔型、仿形模具和基体芯管发生接触换热。

然而，当熔池中液位显著高于环形出口时，如图 4-1b 中带剖面线部分所示，由于两侧同时受到仿形模具和轧辊孔型的冷却作用，温降较快，不利于金属流动，因此仿形模具锥形段下方需要一段圆柱形延伸段，以调整环形出口位置，进而实现熔池液位高度控制。

图 4-2 所示为不同熔池高度 H 时的熔池形状，从图中可以看出，熔池形状基本

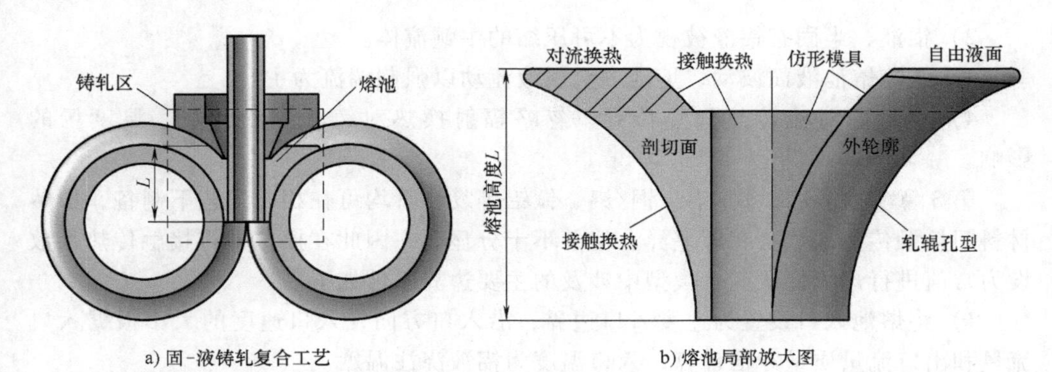

图 4-1　双辊固-液铸轧复合技术铸轧区熔池形状

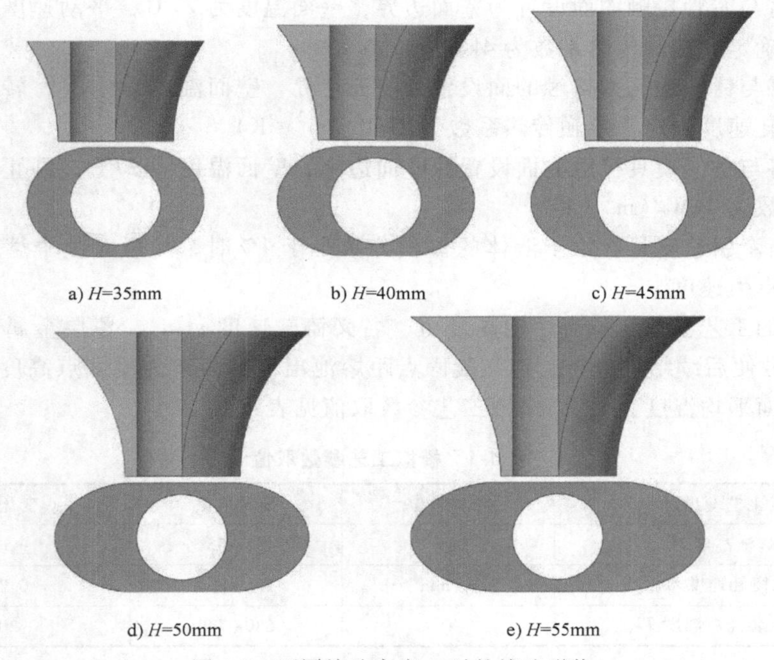

图 4-2　不同熔池高度 H 时的熔池形状

相似，近似为“倒锥”形，并且随着熔池高度增大，孔型处与侧封处之间的空间大小差异显著增大。

4.1.2　模型简化及边界条件

工业纯铝的热物性参数及设备结构参数与第 2 章瞬态充型模拟时所用参数一致，在此不再赘述。同时，为简化数学模型、工艺参数和边界条件，提出如下假设。

1）铸轧辊和芯管视为刚体，不发生塑性变形，且铸轧辊做匀速转动。

2）铝液、半固态铝液被视为不可压缩的牛顿流体。

3）忽略熔池液面波动，熔池内金属液流动以强制湍流为主。

4）只考虑对流传热和热传导，忽略辐射换热对铸轧过程流场、温度场的影响。

第3章实验表明，钢/铝、铜/铝、钛铝等复合管均可在相同工艺下制备，虽然材料间接触传热系数会有所差异，但并不十分显著，因此在模拟中将接触传热系数设为常值进行规律性研究。模型中涉及的主要边界条件如下。

1）将熔池入口设置为速度入口边界，沿入口方向，入口速度的大小根据入口流量和出口流量质量守恒计算，入口温度为铝液浇注温度。

2）将熔池出口设置为速度出口边界，沿出口方向，根据名义铸轧速度确定。

3）将与芯管接触的面设置为壁面边界，壁面温度为27℃，平动速度根据名义铸轧速度确定，接触传热系数为4kW/(m^2·K)。

4）将与铸轧辊孔型接触的面设置为壁面边界，壁面温度为27℃，转动速度根据名义铸轧速度确定，接触传热系数为8kW/(m^2·K)。

5）将与仿形模具接触的面设置为壁面边界，壁面温度为27℃，静止壁面，接触传热系数为4kW/(m^2·K)。

6）当牵引速度只作用于液体的体积分数小于1%时，故可对整个熔池设置连续铸轧的牵引速度。

主要的工艺参数变量有熔池高度H、名义铸轧速度v_{NCast}、覆层金属浇注温度T_{Cast}，为方便后续结果分析，定义凝固点距熔池出口的距离为凝固点高度H_{KP}，熔池出口截面平均温度为t_{out}，模拟工艺参数取值见表4-1。

表4-1 模拟工艺参数取值

工艺变量	单 位	变量取值	变化量
熔池高度H	mm	35~55	5
名义铸轧速度v_{NCast}	m/min	1.5~2.5	0.25
覆层金属浇注温度T_{Cast}	℃	680~740	20

4.1.3 凝固点周向分布及分区

当熔池高度为40mm，名义铸轧速度为2m/min，覆层金属浇注温度为700℃时，铸轧区凝固点周向分布和流场模拟结果如图4-3所示。从图中可以看出，凝固点高度在周向上的分布虽然有差异，但并不明显，近似呈环形。

在固-液铸轧复合过程中，根据基体和覆层金属物理状态的不同以及对应的受力情况，沿变形区高度方向上可以分为三个区：固-液冷凝换热区、固-半固态（糊状）铸造扩散区、固-固轧制复合区。各区域主要特点如下。

1）固-液冷凝换热区：液态覆层金属由布流器环形出口浇注进入铸轧区后，在

凝固点上方形成环流，与铸轧辊及基体芯管进行剧烈换热，在接触表面附近形成较薄的半固态。

2）固-半固态（糊状）铸造扩散区：覆层金属内部固态与半固态并存，与基体在高温下发生反应扩散，并且随着换热进行，铸轧辊孔型及基体芯管表面逐渐形成较薄的凝固坯壳，但中低速时该区域所占比例较小[80]。

3）固-固轧制复合区：覆层金属全部凝固，在铸轧辊孔型、仿形侧封和基体芯管共同的压力作用下致密化变形，与基体芯管复合后形成双金属复合管。

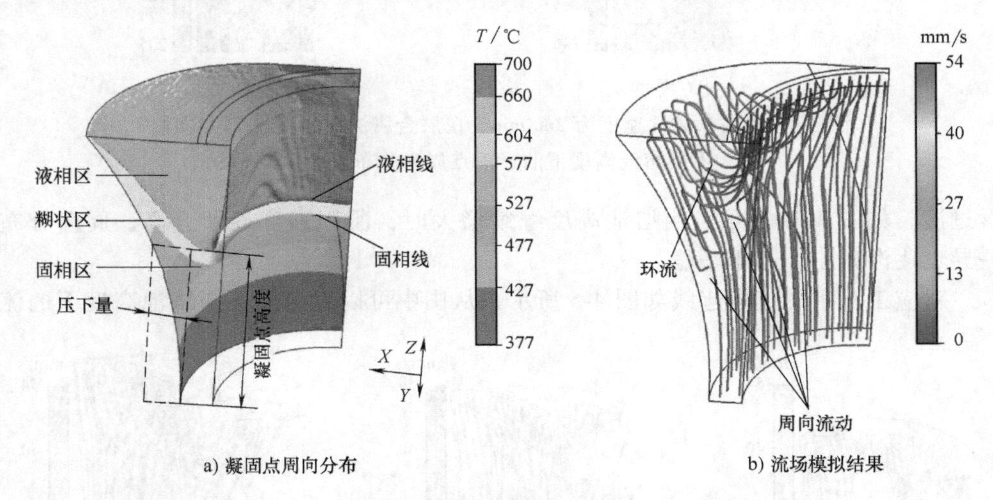

a) 凝固点周向分布　　b) 流场模拟结果

图 4-3　铸轧区凝固点周向分布和流场模拟结果

4.1.4　熔池高度对凝固点周向分布和流场影响

当名义铸轧速度为 2m/min，覆层金属浇注温度为 700℃时，不同熔池高度下凝固点周向分布如图 4-4 所示。从图中可以看出，当熔池高度为 35mm 时，凝固点高度最低，并且周向上差异较大，孔型处明显高于侧封处，凝固点高度在此之间平

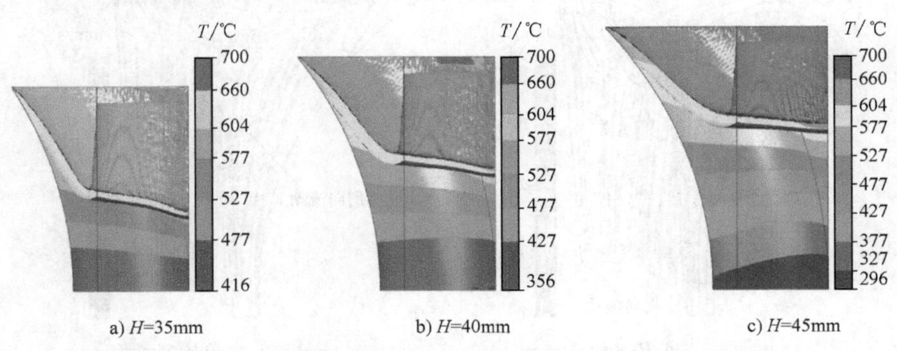

a) H=35mm　　b) H=40mm　　c) H=45mm

图 4-4　当名义铸轧速度为 2m/min，覆层金属浇注温度为 700℃时，不同熔池高度下的凝固点周向分布

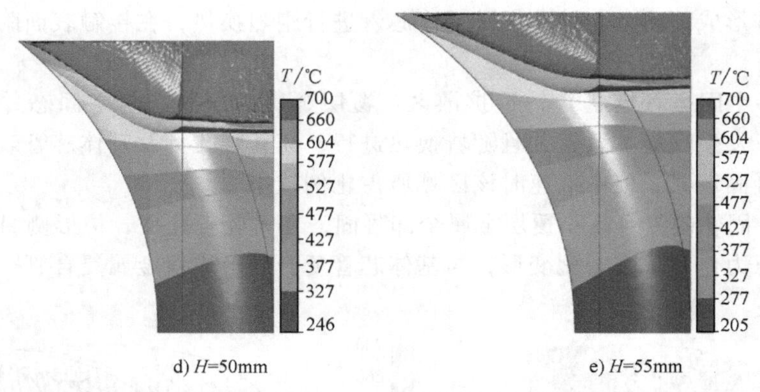

d) H=50mm　　e) H=55mm

图 4-4　当名义铸轧速度为 2m/min，覆层金属浇注温度为 700℃时，不同熔池高度下的凝固点周向分布（续）

滑过渡，如图 4-4a 所示。当熔池高度继续增大时，凝固高度逐渐升高，周向分布差异也逐渐减小，趋于平稳。

对应工况下的流场迹线如图 4-5 所示，从图中可以看出，不同熔池高度下的流

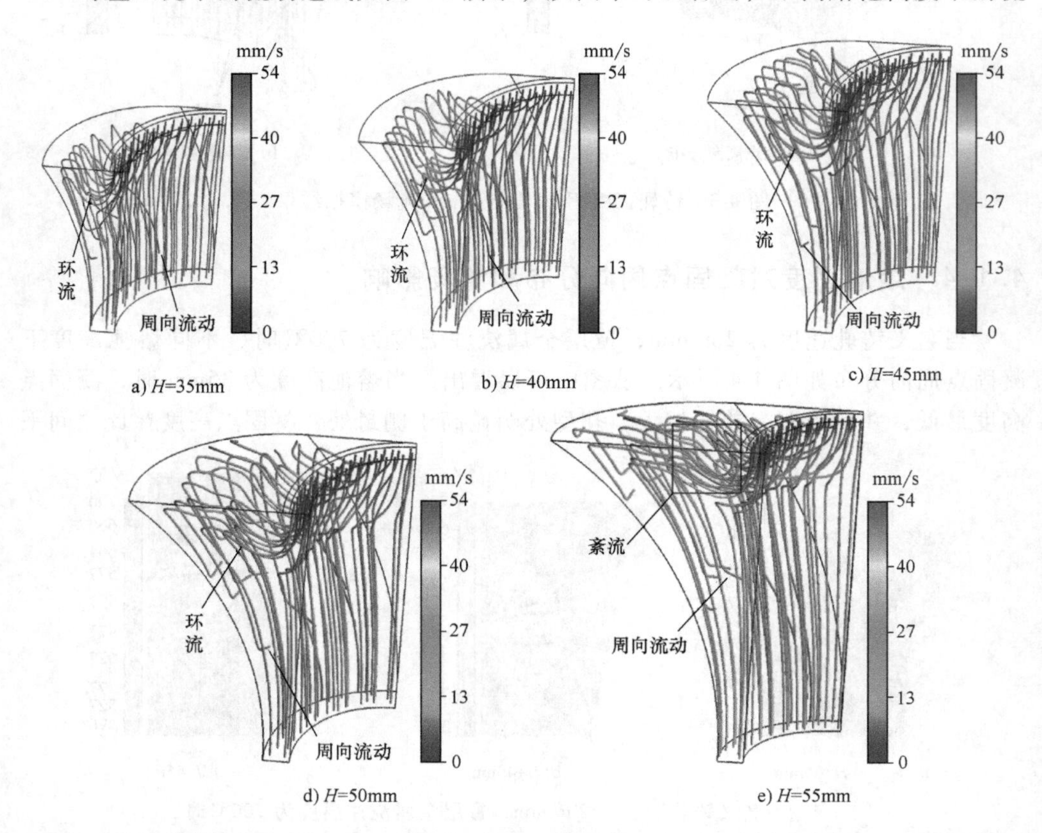

a) H=35mm　　b) H=40mm　　c) H=45mm

d) H=50mm　　e) H=55mm

图 4-5　当名义铸轧速度为 2m/min，覆层金属浇注温度为 700℃时，不同熔池高度下的流场迹线

场规律基本一致。在入口处的液相区均会有一定程度的环流形成，由于孔型处空间比侧封处大，因此环流主要集中在孔型处，并且会产生从孔型处向侧封处的周向流动现象。此外，随着熔池高度的增加，凝固点深度降低，环流深度减小，湍流强度增大。尤其当熔池高度为 55mm 时，紊流现象较为强烈，内部产生较多小漩涡，如图 4-5e 所示。

4.1.5　名义铸轧速度对凝固点周向分布和流场影响

当熔池高度为 40mm，覆层金属浇注温度为 700℃ 时，不同名义铸轧速度下凝固点周向分布如图 4-6 所示。从图中可以看出，当名义铸轧速度较低时，凝固点较高，周向分布较为均匀，如图 4-6a 所示；随着名义铸轧速度的提高，凝固点高度逐渐下降，并且周向分布差异越来越明显，侧封处逐渐低于孔型处，其主要原因是侧封处覆层金属体积比孔型处小，当名义铸轧速度改变时，该区域温度变化更大，如图 4-6b～图 4-6d 所示；当名义铸轧速度较高时，孔型处和侧缝处凝固点高度差异更加显著，并且凝固点周向分布存在一定波动，如图 4-6e 所示。

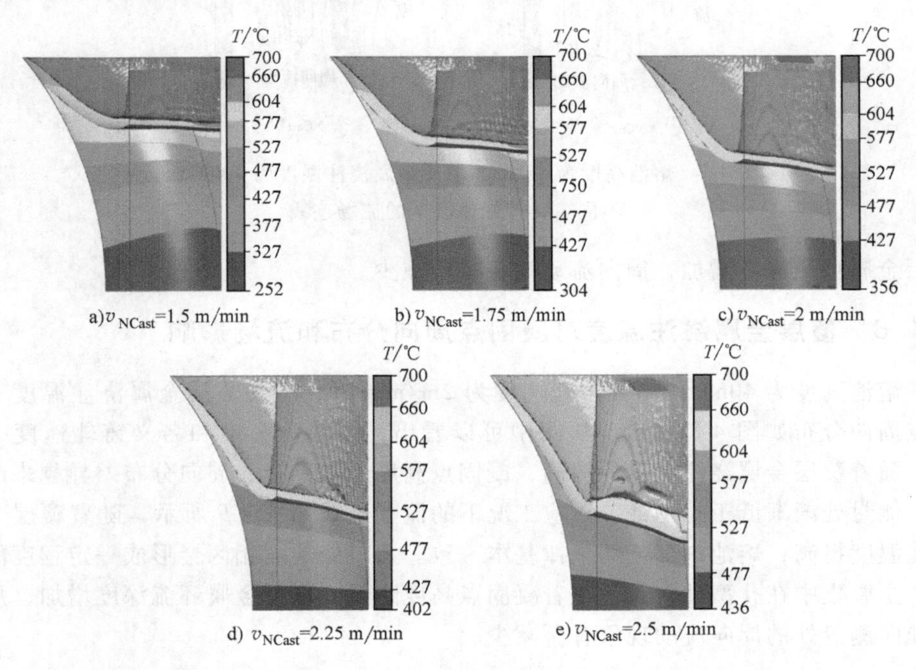

a) v_{NCast}=1.5 m/min　b) v_{NCast}=1.75 m/min　c) v_{NCast}=2 m/min

d) v_{NCast}=2.25 m/min　e) v_{NCast}=2.5 m/min

图 4-6　当熔池高度为 40mm，覆层金属浇注温度为 700℃ 时，不同名义铸轧速度下的凝固点周向分布

对应工况下的流场迹线如图 4-7 所示，从图中可以看出，随着名义铸轧速度增加，熔池内部流场规律基本一致。入口处的液相区会形成一定程度的环流，主要集中在孔型处，覆层金属会从孔型处向侧封处周向流动，并且凝固点高度逐渐降低，

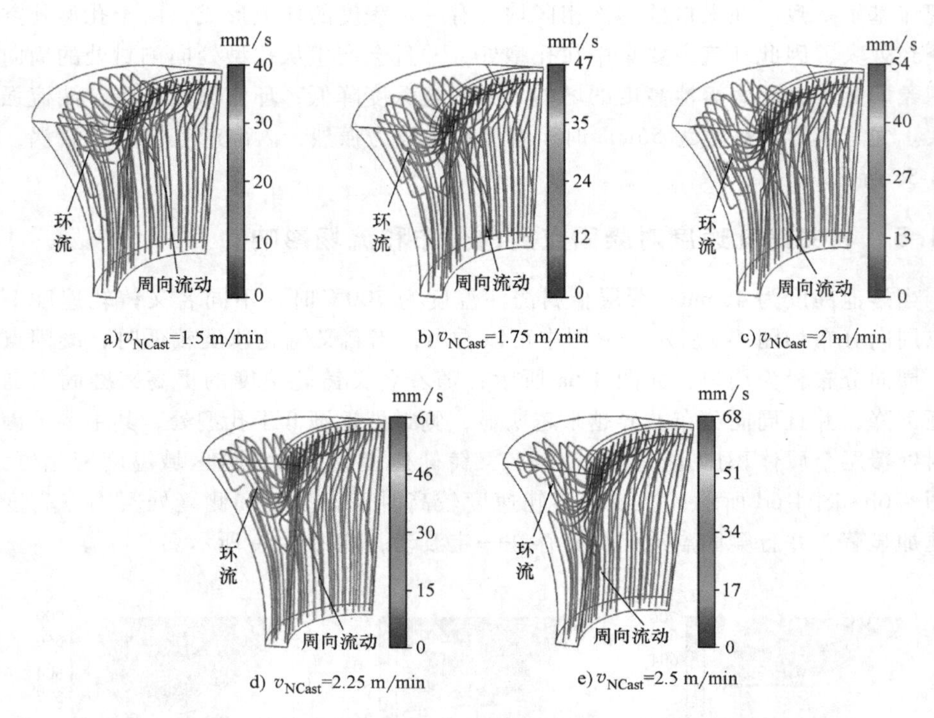

a) v_{NCast}=1.5 m/min b) v_{NCast}=1.75 m/min c) v_{NCast}=2 m/min

d) v_{NCast}=2.25 m/min e) v_{NCast}=2.5 m/min

图 4-7 熔池高度为 40mm，覆层金属浇注温度为 700℃时，不同名义铸轧速度下的流场迹线

覆层金属环流深度增加，周向流动现象有所减少。

4.1.6 覆层金属浇注温度对凝固点周向分布和流场影响

熔池高度为 40mm，名义铸轧速度为 2m/min 时，不同覆层金属浇注温度下凝固点周向分布如图 4-8 所示。从图中可以看出，当熔池高度和名义铸轧速度一定时，随着覆层金属浇注温度的提高，凝固点高度逐渐下降，周向分布差异越来越明显，侧封处渐渐低于孔型处。对应工况下的流场迹线如图 4-9 所示，随着覆层金属浇注温度提高，熔池内部流场规律基本一致。入口处的液相区会形成一定程度的环流，主要集中在孔型处，并且随着凝固点高度降低，覆层金属环流深度增加，从孔型处向侧缝处的周向流动现象有所减少。

4.1.7 凝固点高度及铸轧区出口平均温度预测模型

当名义铸轧速度为 2m/min，覆层金属浇注温度为 700℃时，不同熔池高度下的凝固点高度 H_{KP} 和铸轧区出口平均温度 T_{Out} 变化曲线如图 4-10 所示。结果表明，在名义铸轧速度和覆层金属浇注温度一定时，随熔池高度增大，凝固点高度近似线性增大，铸轧区出口平均温度近似线性减小，对两条曲线进行线性拟合，得到的关

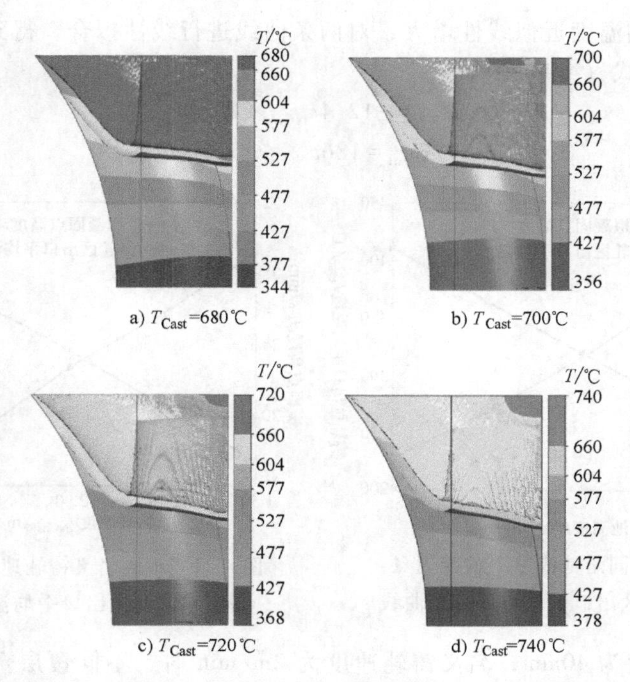

a) T_{Cast}=680℃ b) T_{Cast}=700℃ c) T_{Cast}=720℃ d) T_{Cast}=740℃

图 4-8 熔池高度为 40mm，名义铸轧速度为 2m/min 时，不同覆层金属浇注温度下的凝固点周向分布

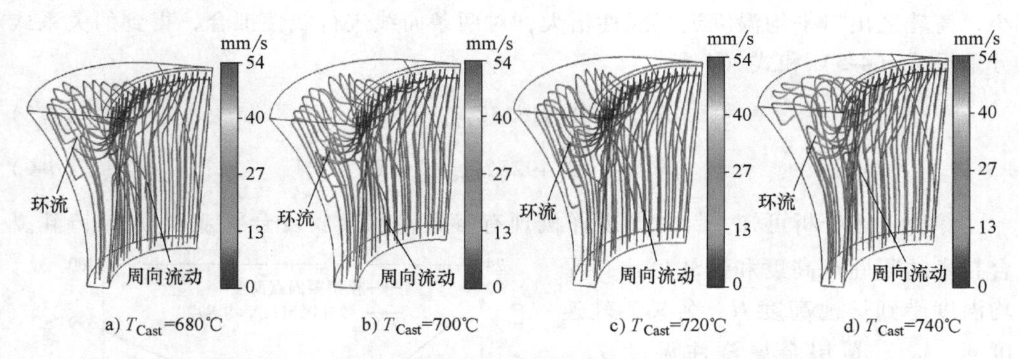

a) T_{Cast}=680℃ b) T_{Cast}=700℃ c) T_{Cast}=720℃ d) T_{Cast}=740℃

图 4-9 熔池高度为 40mm，名义铸轧速度为 2m/min 时，不同覆层金属浇注温度下的流场迹线图

系式分别见式（4-1）和式（4-2）。

$$H_{KP}=1.409H-34 \tag{4-1}$$

$$T_{Out}=-10.19H+781.15 \tag{4-2}$$

当熔池高度为 40mm，覆层金属浇注温度为 700℃时，不同名义铸轧速度下的凝固点高度和铸轧区出口平均温度变化曲线如图 4-11 所示。结果表明，在熔池高度和覆层金属浇注温度一定时，随名义铸轧速度增大，凝固点高度近似线性减小，

铸轧区出口平均温度近似线性增大，对两条曲线进行线性拟合，得到的关系式分别见式（4-3）和式（4-4）。

$$H_{KP}=-12.4v_{NCast}+47.41 \tag{4-3}$$

$$T_{Out}=186v_{NCast}-5.6 \tag{4-4}$$

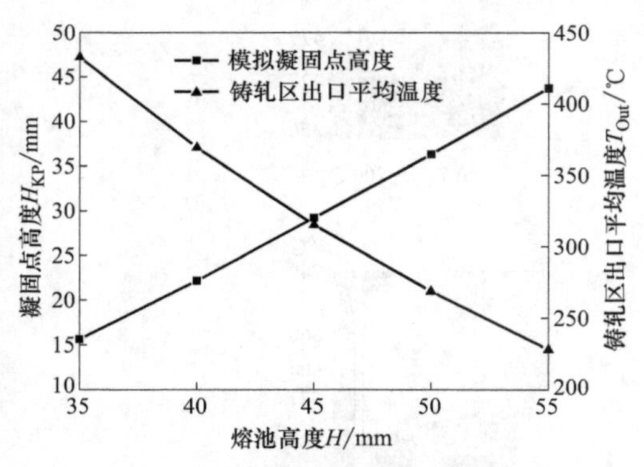

图 4-10　不同熔池高度下的凝固点高度和铸轧区出口平均温度变化曲线

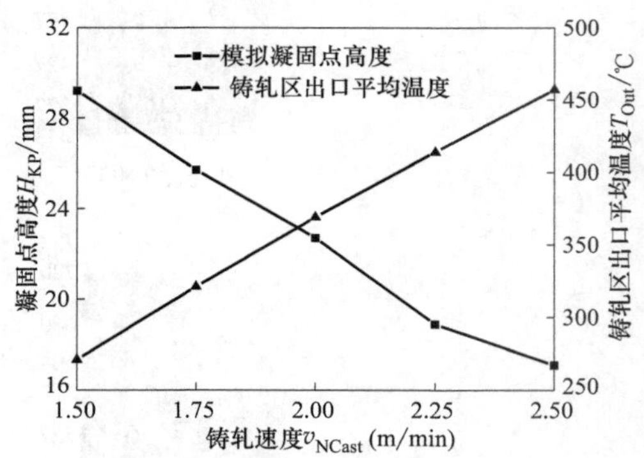

图 4-11　不同名义铸轧速度下的凝固点高度和铸轧区出口平均温度变化曲线

当熔池高度为 40mm，名义铸轧速度为 2m/min 时，不同覆层金属浇注温度下的凝固点高度和铸轧区出口平均温度变化曲线如图 4-12 所示。结果表明，在熔池高度和名义铸轧速度一定时，随覆层金属浇注温度提高，凝固点高度近似线性减小，铸轧区出口平均温度近似线性增大，对两条曲线进行线性拟合，得到的关系式分别见式（4-5）和式（4-6）。

$$H_{KP}=-0.05625T_{Cast}+61.65 \tag{4-5}$$

$$T_{Out}=0.4925T_{Cast}+24.2 \tag{4-6}$$

综合上述分析可知，针对原理样机现有参数，双金属复合管双辊固-液铸轧复合技术的凝固点高度和铸轧区出口平均温度受到熔池高度 H、名义铸轧速度 $v_{NCasting}$、覆层金属浇注温度 T_{Cast} 的综合影响，并且近似呈现出单变量下的线性变化。

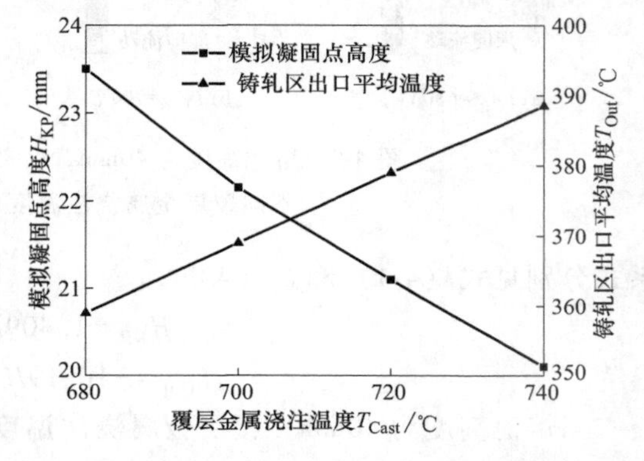

图 4-12　不同覆层金属浇注温度下的凝固点高度和铸轧区出口平均温度变化曲线

因此，为预测对应工况下的凝固点高度和铸轧区出口平均温度值，通过拟合得到了凝固点高度与铸轧区出口平均温度与熔池高度、名义铸轧速度、覆层金属浇注温度间的关系式，分别见式（4-7）和式（4-8）。

$$H_{KP}=1.967\times10^{-3}\times(1.409H-34)\times(-12.4v_{NCast}+47.52)\times(-0.05625T_{Cast}+61.65) \quad (4\text{-}7)$$

$$T_{Out}=7.307\times10^{-6}\times(-10.19H+781.15)\times(186v_{NCast}-5.6)\times(0.4925T_{Cast}+24.2) \quad (4\text{-}8)$$

4.2　固-液铸轧复合过程热-力耦合模拟

4.2.1　模型及边界条件

铸轧区内金属液态、半固态和固态共存，属于典型热-流-力多场耦合问题，并且是从瞬态开浇逐渐达到稳态铸轧的动态演化过程，数值建模过程难度极大。目前，基于 MARC 软件中的生死单元法可以建立板带铸轧过程中的二维热-力耦合仿真模型，通过预制单元的“激活”与“失效”实现动态演化过程模拟。但是双金属复合管固-液铸轧复合过程属于典型三维变形，涉及网格重划分，无法采用生死单元法。此外，虽然凝固点高度和熔池高度、名义铸轧速度与覆层金属浇注温度等因素有关，但在不同工况组合下，只要凝固点高度相同时，覆层金属的变形一致，各部分受力情况相近。

因此，为确定覆层金属的变形及芯管受力情况，忽略了凝固点以上液态金属对变形的影响，建立了简化的凝固点以下轧制复合热-力耦合模型。同时为保证能够获得一定时间的稳定轧制阶段，构造了一段等截面延伸区，如图 4-13a 所示。为了区别于传统的铸轧区，在此将其称之为等效铸轧区。考虑对称性，最终利用 MARC 软件建立的四分之一热-力耦合模型如图 4-13b 所示，为降低计算量，铸轧辊孔型和仿形侧封均为刚性面。为了展示铸轧区详细结构，对称面 Sym-TD 和 Sym-ND 未在模型中显示。

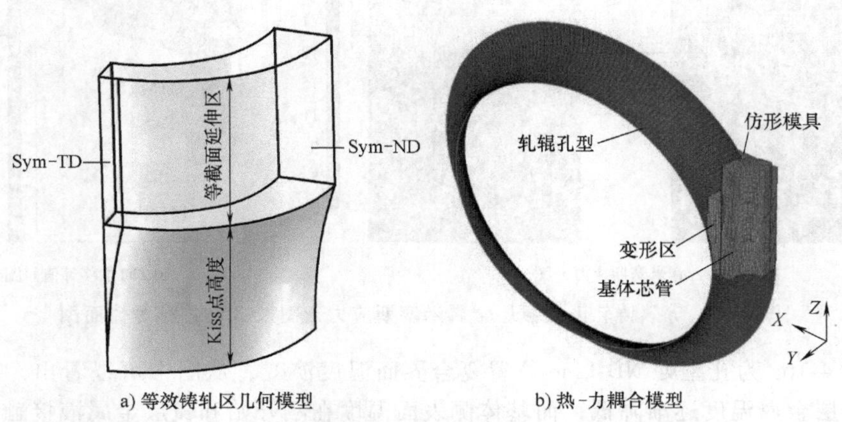

a) 等效铸轧区几何模型　　b) 热-力耦合模型

图 4-13　简化的凝固点以下轧制复合热-力耦合模型

4.2.2 轧制力变化曲线

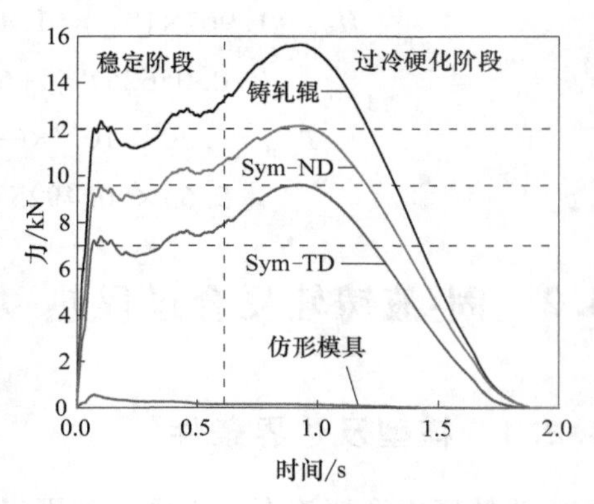

图 4-14 受力变化曲线

铸轧辊、Sym-ND、Sym-TD 以及仿形模具受力变化曲线如图 4-14 所示，从图中可以看出，约 0.6s 前基本为稳定轧制阶段，而之后由于覆层与芯管和铸轧管间换热，铸轧区温度下降显著，出现明显的过冷硬化阶段，最后的迅速下降则是由于覆层金属被轧出。此外，铸轧辊受力，即轧制力，约为 12kN，由于是四分之一模型，总轧制力约为 48kN。对称面 Sym-ND、Sym-TD 受力情况表明在孔型处和侧封处均有较大压力作用，但侧封处比孔型处略小一些，仿形模具处受力较小，其主要原因是接触面积很小。

4.2.3 复合界面温度和应力分布

等效铸轧区内覆层金属米塞斯应力云图如图 4-15a 所示，从图中可以看出，变形区内的米塞斯应力距离变形区出口高度 L_d 上分布较为均匀，但侧封处金属高度显著低于孔型处。通过铸轧区 Z 向位移等值面可以看出，侧封处金属流动强于孔型处，因此铸轧区内金属会由孔型处向侧封处流动，如图 4-15b 所示，与热-流耦合模拟结果一致。

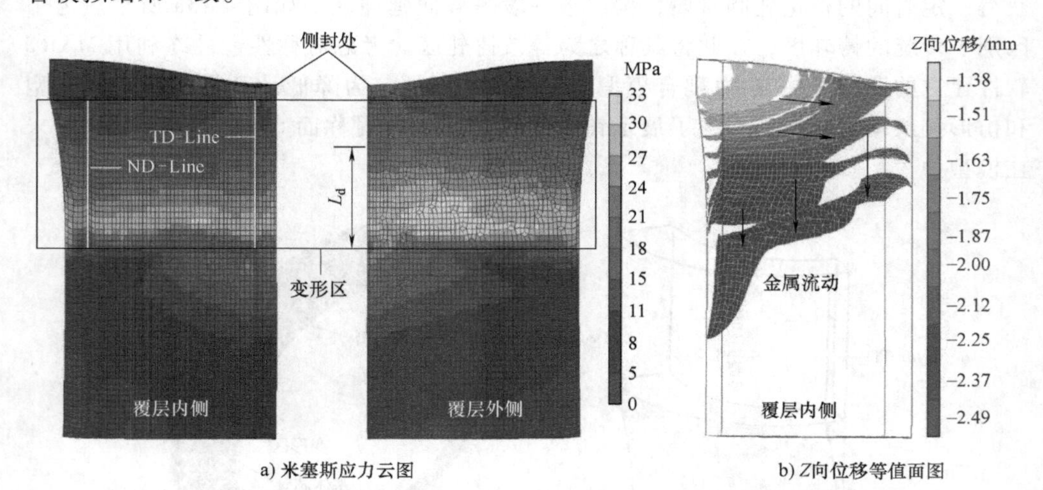

图 4-15 等效铸轧区内覆层金属米塞斯应力云图及 Z 向位移等值面图

图 4-16a 为孔型处 ND-Line 位置复合界面温度演变，从图中可以看出，凝固点以下覆层金属温度逐渐降低，而基体侧表面温度在刚开始和覆层金属液接触时迅速升高，但后续二者间温差逐渐减少，且基体表层温度逐渐向芯部传递，因此后期趋

于平稳。复合界面接触应力演变如图 4-16b 所示，呈现渐强式接触，在凝固点附近时绝对压下量最大，但覆层金属的变形抗力很低。随着变形的进行，铝侧温度不断降低并且会出现一定的加工硬化现象，因此变形抗力逐渐增大，大致在凝固点高度的 1/3 位置达到最大值。此后绝对压力基本很小，变形抗力开始降低。

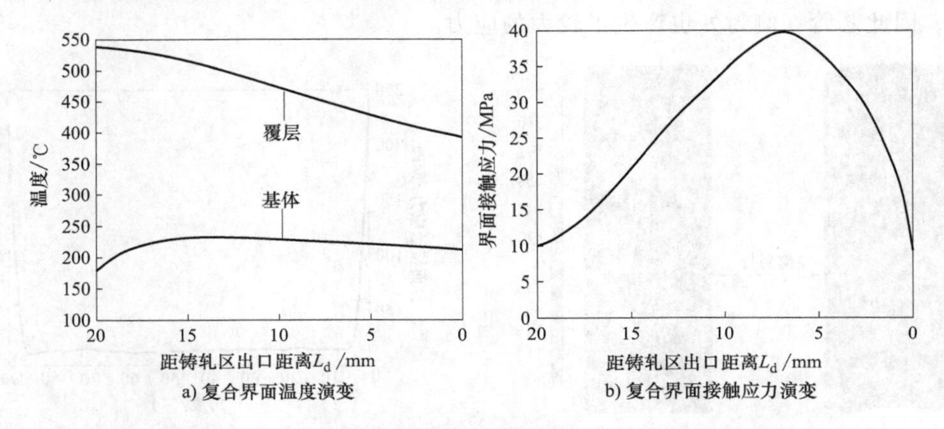

a) 复合界面温度演变　　b) 复合界面接触应力演变

图 4-16　孔型处 ND-Line 位置复合界面温度和接触应力演变

侧封处 TD-Line 位置复合界面温度及接触应力变化规律如图 4-17 所示，其规律基本与孔型处相同，界面接触应力主要是在铝从孔型处向侧封处流动过程中产生的，因此侧封处截面接触应力约是孔型处的一半，且峰值略低于孔型处。

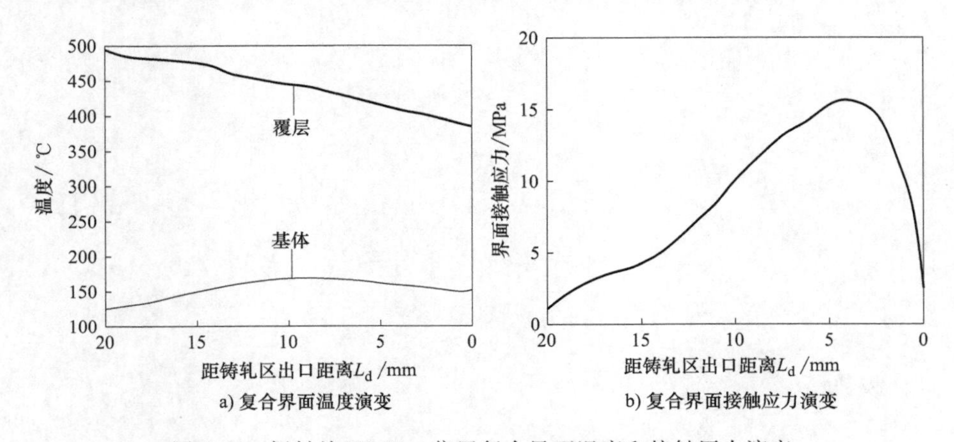

a) 复合界面温度演变　　b) 复合界面接触应力演变

图 4-17　侧封处 TD-Line 位置复合界面温度和接触压力演变

4.2.4　芯管周向接触应力分布

芯管接触应力云图如图 4-18 所示，从图中可以看出，芯管的接触应力最大位置主要集中在孔型处和侧封处，且主要处于芯管外侧，孔型处的接触应力起始位置略高于侧封处，与之前分析的凝固点高度规律一致。

提取的芯管外侧接触应力分布情况如图 4-19 所示，从图中可以看出，除了孔型处和侧缝处的局部区域外，其他位置的接触应力分布较为均匀，并且远小于孔型处和侧封处。从变形角度来看，覆层金属在铸轧辊孔型作用下产生塑性变形，首先在孔型处产生较大的应力，随后覆层金属向侧封处流动，对芯管产生挤压和约束作用，因此芯管在侧封处也产生了较大的应力。

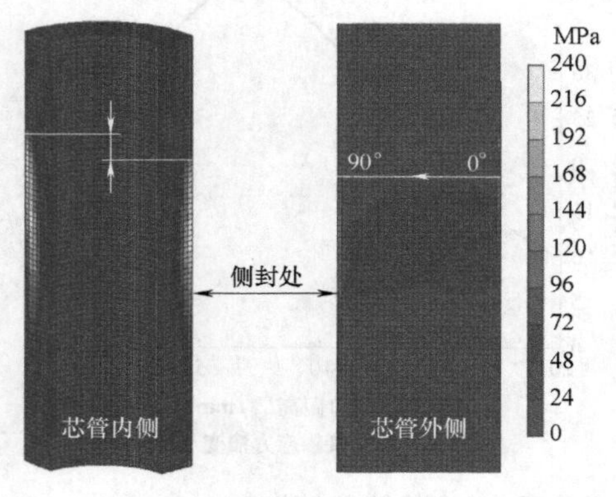

图 4-18 芯管接触应力云图

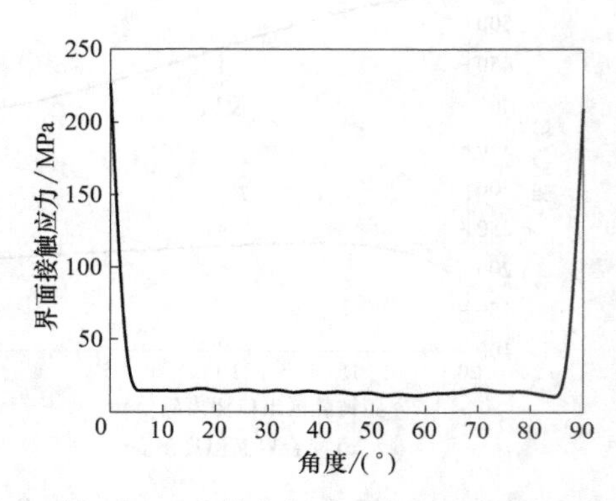

图 4-19 芯管外侧接触应力分布情况

第5章 金属包覆材料多辊固-液铸轧传热行为分析

为解决双辊固-液铸轧复合工艺中样品性能周向不均匀问题，基于前期研究工作提出了改进的多辊固-液铸轧复合工艺，即圆形孔型由两个、三个或四个圆弧段组成。目前，多辊轧制工艺已成功应用于无缝钢管的工业化生产，与双辊轧相比，其孔槽更浅、孔槽表面速度和冷却均匀性更高、孔型封闭性更好，轧制变形过程更加均匀稳定，且具有高产量、低能耗和壁厚精度高等显著优点。

服役环境决定材料性能需求，进而决定工艺特点，最终依靠设备功能来实现。因此，实现探索多辊固-液铸轧复合工艺的基础是确定多辊固-液铸轧复合工艺合理布置方案并开发成套原理样机。本章通过文献调研和理论计算建立了材料性能数据库，为仿真分析和理论计算奠定数据基础；构建多辊固-液铸轧复合工艺的热阻网络，建立换热边界条件，分析铸轧区关键几何参数对其几何均匀性的影响，分析传热传质均匀性控制策略；并基于 FLUENT 软件建立多辊固-液铸轧复合技术的热-流耦合仿真模型，对比分析不同布置模式时的工艺特点，优化工艺方案并确定最终成套原理样机雏形，为后续研究奠定理论基础。

5.1 材料性能参数

铜包钢生产过程中的原材料除了覆层纯铜外，还有基体钢芯。铜包钢类别较多，强度范围较大，产品强度要求不同时则需选用不同钢号的基体钢芯，因此 SJ/T 11411-2010《铜包钢线》标准中对基体钢芯的牌号未作具体规定，便于生产企业根据已有经验灵活选用[108]。

涉及的材料主要包括工业纯铜 T2、低合金高强度结构钢 Q355B 以及铸轧辊辊套材料 42CrMo。因制备工艺属于热加工，需考虑材料热物性参数随温度变化的影响。

5.1.1 工业纯铜 T2

根据 GB/T 5231—2012 规定，工业纯铜 T2 的标准化学成分见表 5-1。

表 5-1　工业纯铜 T2 的标准化学成分（质量分数,%）

成分	Cu	Bi	Sb	As	Fe	Pb	S
含量	99.90	0.001	0.002	0.002	0.005	0.005	0.005

铸轧复合过程中涉及液态、半固态和固态的转变，工业纯铜 T2 的热导率和比热容见图 5-1。此外，固相密度为 8920kg/m^3，液相密度为 7930kg/m^3；固相线温度为 1080.85℃；液相线温度为 1082.85℃；凝固潜热值为 205kJ/kg，黏度为 0.00341kg/(m·s)。

铸轧复合过程是一个复杂的热-流-力-组织等多场耦合变形过程，流变应力与变形温度 T、应变 ε、应变速率 $\dot{\varepsilon}$、材料成分、热处理制度、晶粒尺寸以及变形历程等多种条件有关，见式（5-1）。

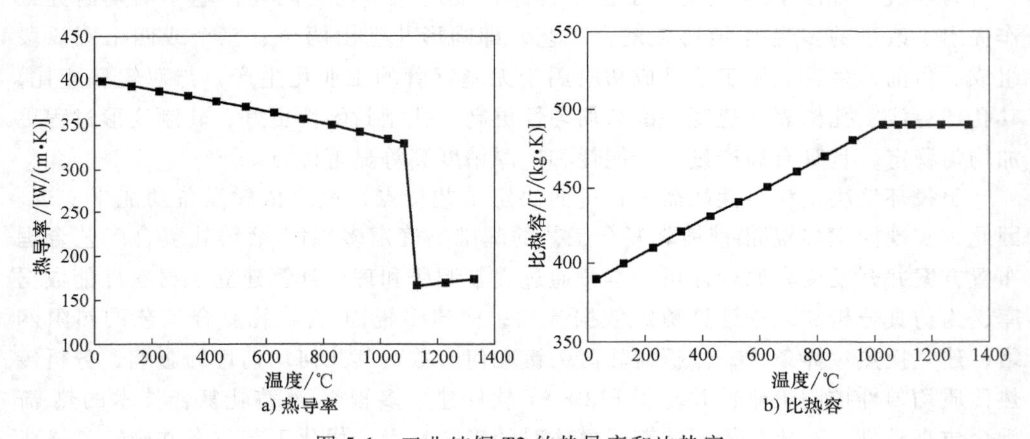

图 5-1　工业纯铜 T2 的热导率和比热容

$$\sigma = f(T, \varepsilon, \dot{\varepsilon}, c) \tag{5-1}$$

式中　c——除 T，ε，$\dot{\varepsilon}$ 以外的其他条件。

赵瑞龙等对纯铜高温塑性变形过程中的动态再结晶行为进行了研究，结果表明，纯铜高温流动应力-应变曲线主要以动态回复和动态再结晶软化机制为特征，峰值应力随变形温度的降低或应变速率的升高而增加[109]，如图 5-2 所示。

金属材料的高温塑性变形存在热激活过程，流变应力强烈地取决于变形温度和应变速率，因此在真应力-真应变曲线基础上，基于 Arrhenius 方程构建的纯铜热塑性流变应力方程如下：

$$\dot{\varepsilon} = e^{22.4238} [\sinh(0.01734\sigma)]^{5.3152} \exp\left(-\frac{209455}{8.3147}\right) \tag{5-2}$$

5.1.2　低合金高强度结构钢 Q355B

根据 GB/T 1591—2018 规定，Q355B 钢的标准化学成分见表 5-2。

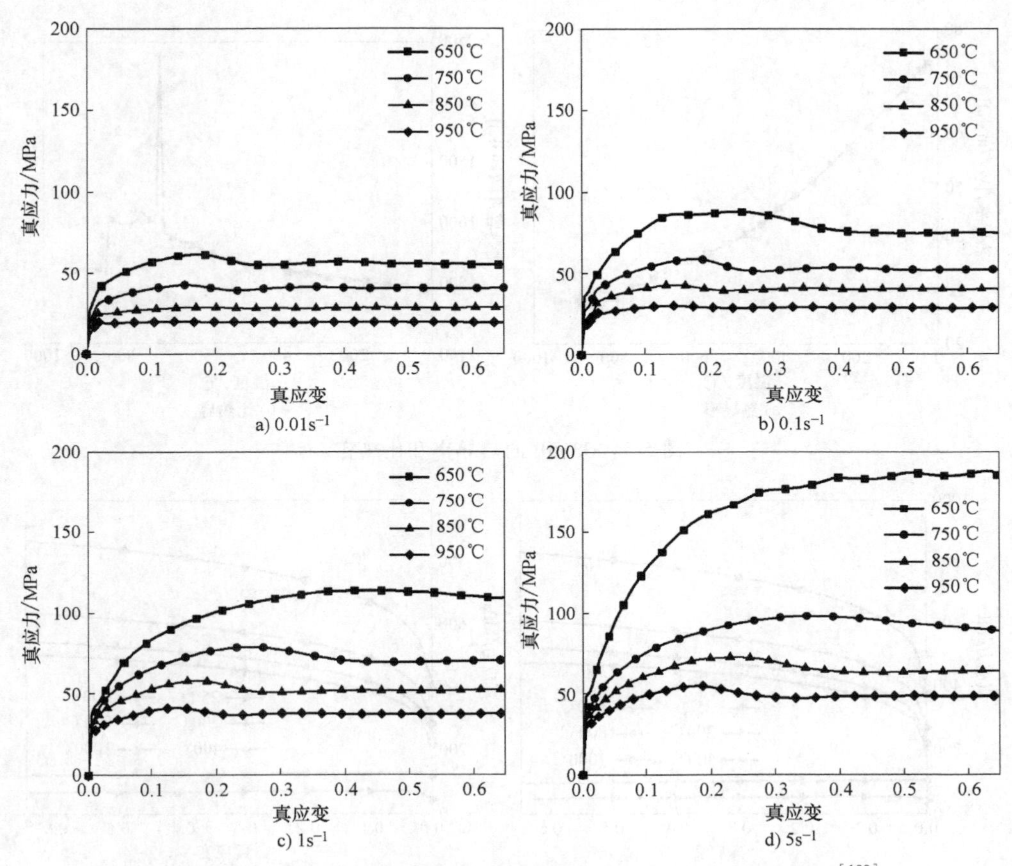

图 5-2　不同应变速率和变形温度下的工业纯铜真应力-真应变曲线[109]

表 5-2　Q355B 钢的标准化学成分（质量分数,%，≤）

元素	C	Mn	Si	P	S	V	Nb	Ti	Cr	Ni	Cu	Mo	N	B
含量	0. 20	1. 60	0. 55	0. 035	0. 035	—	—	—	0. 30	0. 30	0. 40	—	0. 012	—

基体金属为 Q355B 钢材，熔点远高于工业纯铜，在铸轧复合过程中并不会发生熔化，Q355B 钢材的热导率和比热容如图 5-3 所示，平均密度为 $7820kg/m^3$。

利用 JMatPro 软件计算得到 Q355B 钢材不同应变速率和变形温度下的真应力-真应变曲线如图 5-4 所示，软件计算得到的常温和高温下的力学性能分别与文献［110］和文献［111］中的结果基本一致。通过对比图 5-2 和图 5-4 可知，高温下工业纯铜 T2 和 Q355B 变形抗力相当，而中低温时二者差异显著，因此为避免基体金属发生显著塑性变形而影响样品尺寸均匀性，基体金属温度应控制在中低温段。

5. 1. 3　辊套用低合金结构钢 42CrMo

铸轧辊的芯辊和辊套材料选为 42CrMo，内部具有冷却水道并且工作状态时一

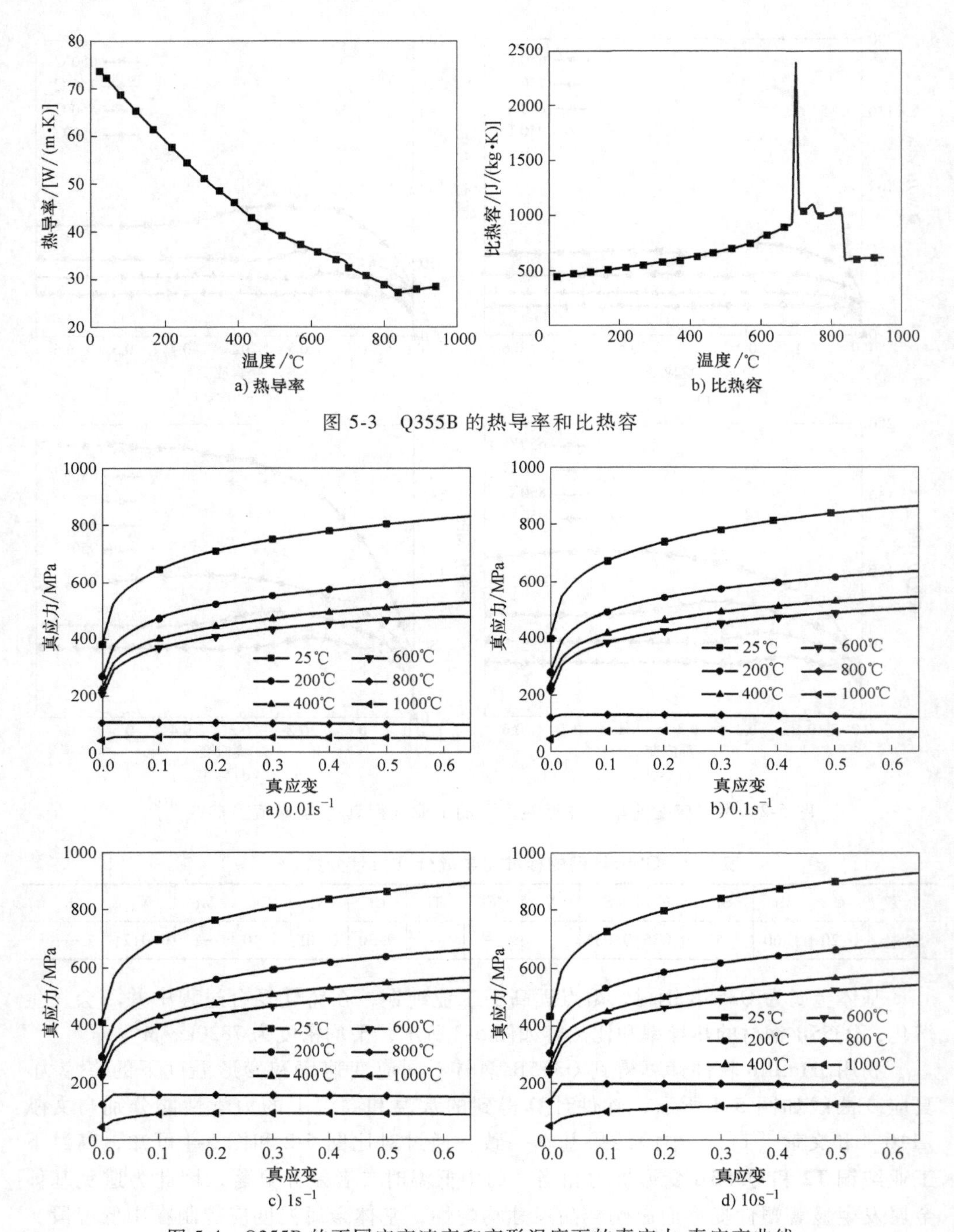

图 5-3　Q355B 的热导率和比热容

图 5-4　Q355B 的不同应变速率和变形温度下的真应力-真应变曲线

直通有循环冷却水，辊套具有较高温度梯度，即表面温度高而内部温度低，因此通常情况下可将其视为刚性体。42CrMo 材料的热导率和比热容如图 5-5 所示，平均

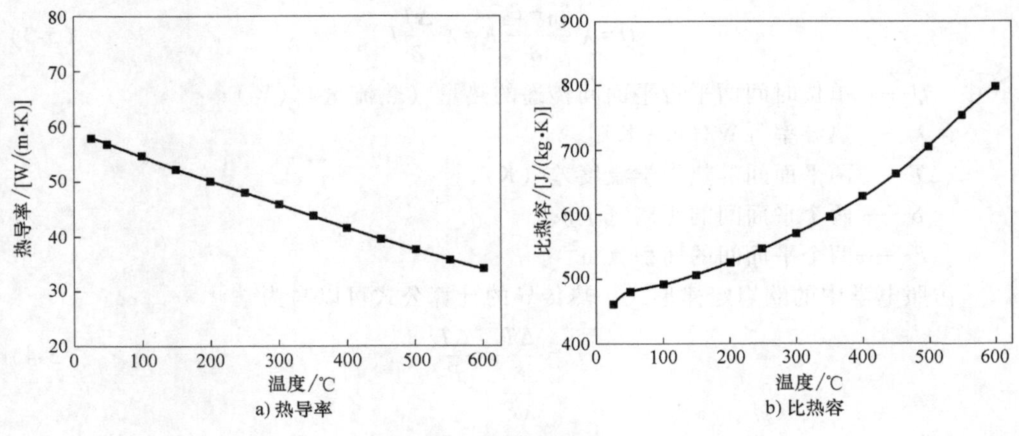

图 5-5　42CrMo 材料的热导率和比热容

密度为 $7850kg/m^3$。

5.2　传热过程分析

传热学是研究由温差引起的热量传递规律的一门科学，是工程热物理的一个分支，其与研究热功转换规律的工程热力学共同构成热工学的理论基础。传热学所研究的问题主要可以分为两大类：一类是研究增强或者削弱传热技术，以满足各种换热设备的需要；另外一类是确定温度分布和控制所需温度，以满足生产工艺要求[112]。热量传递的三种基本方式包括热传导、热对流和热辐射，三种方式可以同时存在，并且通常情况下是以复合换热方式呈现。

5.2.1　热量传递基本方式

5.2.1.1　热传导及接触传热

热传导是指物体各部分之间不发生相对位移或不同物体直接接触时依靠物质分子、原子及自由电子等微观粒子热运动而进行的热量传递。它是因物质直接接触产生的能量从高温部分传递到低温部分，期间没有明显的物质转移，或没有物质的相对位移。气体和液体内的热传导主要是由分子或离子自由运动时的碰撞或扩散产生。在固体中，导热是通过晶格中原子或分子在平衡位置附近的振动及自由电子的能量传输进行的[113]。由于地球引力场作用，当有温差时，液体和气体就会出现对流现象，因此单纯的导热只能发生在密实的固体中。

图 5-6 给出了均匀同性介质中一维热传导的物理模型。在大量实验基础上，法国物理学家傅里叶（J B J. FOURIER）于 1822 年提出了著名的傅里叶热传导准则，即热传导的热流密度与温度梯度成正比，当材料的导热特性各向均相同时，两个平面之间传递的热量 Q 可按下式计算：

$$Q=\lambda\frac{T_1-T_2}{\delta}F=\lambda\frac{\Delta T}{\delta}F \tag{5-3}$$

式中 Q——单位时间两平行平面间传递的热量（热流量）(W)；

λ——热导率 [W/(m·K)]；

ΔT——两平面间的热力学温度差（K）；

δ——两个平面间的距离（m）；

F——两个平面间的面积（m^2）。

仿照电学中的欧姆定律形式，热传导的计算公式可以写为

$$Q=\frac{\Delta T}{\dfrac{\delta}{\lambda F}}=\frac{\Delta T}{R} \tag{5-4}$$

其中，热流量 Q 相当于电流，温度差 ΔT 相当于电位差，$R=\delta/(\lambda F)$ 则相当于电阻，称为固体的导热热阻（K/W）。

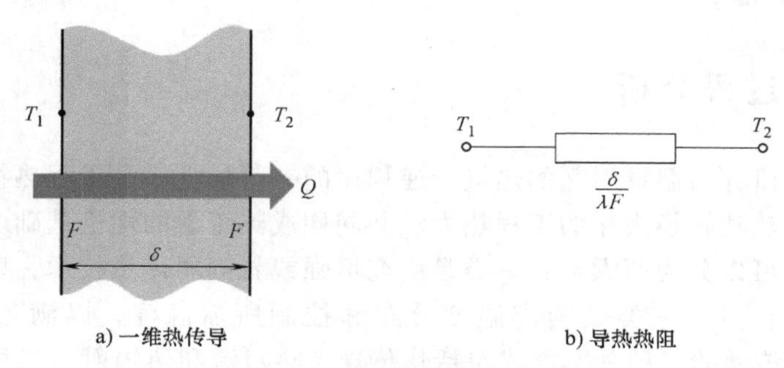

图 5-6　一维热传导及导热热阻示意图

5.2.1.2　热对流及对流传热

热对流是指温度不同的各部分流体之间发生宏观相对运动而引起的热量传递过程。热对流仅能发生在流体中，但由于流体中分子进行无规则的热运动，因此热对流必然伴随着热传导现象[114]。工程应用中最常见的是流体流过与其温度不同的固体壁面时所发生的热交换过程，该过程称为对流传热，以区别于一般意义上的热对流，对流传热是流体的热对流与热传导综合作用的结果。

对流传热是极其复杂的传热过程，影响因素很多，通常可以分为有相变的对流传热和无相变的单相介质对流传热，而单相介质对流传热根据引起流动的原因又可分为自然对流和强迫对流。热对流及热阻示意图如图 5-7 所示，无论任何形式的对流传热，基本传热公式均可以采用下列牛顿冷却公式：

$$Q=\alpha F\Delta T \tag{5-5}$$

式中 Q——单位时间通过固体表面的对流换热量（W）；

α——对流传热系数 [W/(m²·K)]；

ΔT——流体与固体表面间的热力学温度差（K）；

F——固体的表面面积（m^2）。

仿照电学中的欧姆定律形式，对流换热的计算公式可以写为

$$Q=\frac{\Delta T}{\frac{1}{\alpha F}}=\frac{\Delta T}{R} \tag{5-6}$$

其中，热流量 Q 相当于电流，温度差 ΔT 相当于电位差，$R=1/(\alpha F)$ 则相当于电阻，称为对流传热热阻（K/W）。

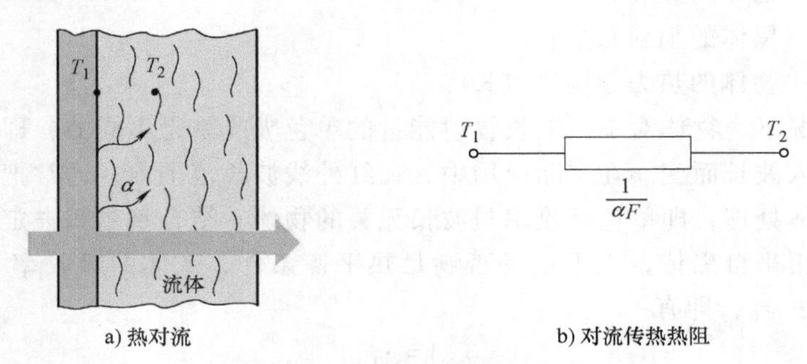

图 5-7　热对流及热阻示意图

5.2.1.3　热辐射及辐射传热

辐射是指物体通过电磁波来传递能力的过程。物体会因各种原因发射辐射能，其中因为热的原因而发射辐射能的过程称为热辐射。只要物体的温度高于绝对零度，物体总是不断地把热能变为辐射能，向四周发散出去，在发散的同时，又不断地从外界吸收辐射能，并将吸收的辐射能转换为热能。辐射与吸收过程的综合结果造成了以辐射方式进行的物体间热量传递，称为辐射传热。辐射传热区别于热传导和热对流的特点是，一是辐射能可以在真空中传播，并且在真空中传递最有效，二是它不仅产生能量的转移，而且还伴随有能量形式的转换。

物体的辐射能量不仅与温度有关，而且同一温度下不同物体的辐射与吸收能力大不一样。所谓黑体是指能够吸收投射到其表面上的全部热辐射能的物体，黑体在单位时间发出的热辐射能量可由下式计算

$$Q=F\sigma_0 T^4 \tag{5-7}$$

式中　Q——黑体表面单位时间发射出去的热辐射能量（W）；

σ_0——黑体的辐射常数，$\sigma_0=5.67\times10^{-8}\mathrm{W/(m^2\cdot K^4)}$；

T——黑体的热力学温度（K）；

F——黑体的表面积（m^2）。

实际物体的辐射能力小于同温度下黑体的辐射能力，实际物体单位时间的热辐射能量通常为

$$Q=\varepsilon_0 F\sigma_0 T^4 \tag{5-8}$$

其中，ε_0 为实际物体的发射率（又称为黑度），其值与物体的种类和表面状态有

关，介于0~1之间，即表示实际物体与黑体的接近程度。

总辐射力表征物体发射辐射能力的大小，根据斯蒂芬-玻尔兹曼定律，已知物体的黑度 ε_0，则该物体的总辐射力 E_b 可以表达为

$$E_b=\varepsilon_0\sigma_0 T^4=\varepsilon_0 C_0\left(\frac{T}{100}\right)^4 \tag{5-9}$$

式中 E_b——物体的总辐射力（W/m^2）；

ε_0——物体的黑度；

C_0——黑体的辐射系数；

T——物体的热力学温度（K）。

通常情况下，物体对不同波长辐射能量的单色吸收率是不同的，即物体的单色吸收率随投入波长而变。在实际应用中，在红外线波长范围内，通常把大多数工程材料作为灰体处理，即单色吸收率与波长无关的物体。结合基尔霍夫定律，不论投入的辐射是否来自黑体，也不论是否满足热平衡条件，灰体的吸收率 A 恒等于同温度下的黑度 ε_0，即有

$$A=\varepsilon_0 \tag{5-10}$$

辐射传热及热阻示意图如图5-8所示，对于任一参与辐射传热的灰体表面，设该灰体表面热力学温度为 T，吸收率为 A，由于自身温度而向外发射的辐射能为 E，这一辐射能称之为本身辐射。与此同时，外界投射到该表面的辐射能为 G，这一部分辐射能称之为投入辐射。投入辐射 G 中只有一个部分 AG 被表面吸收，余下部分 $(1-A)G$ 又被反射回去。因此，离开表面的总辐射能实际上是表面本身辐射加上反射辐射。离开表面的总辐射能称之为有效辐射，用符号 J 表示，即

$$J=E+(1-A)G=\varepsilon_0 E_b+(1-\varepsilon_0)G \tag{5-11}$$

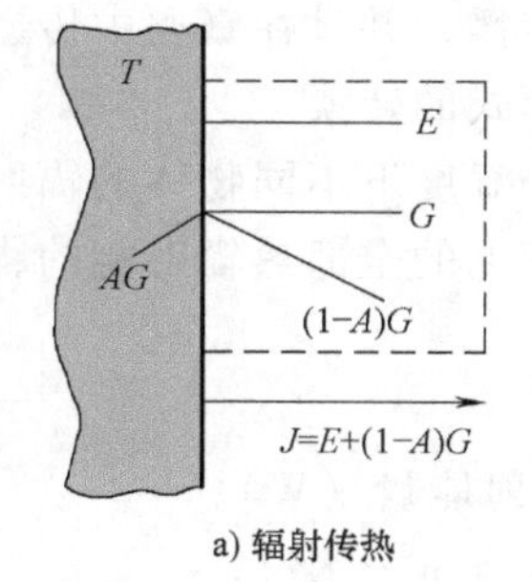

a) 辐射传热

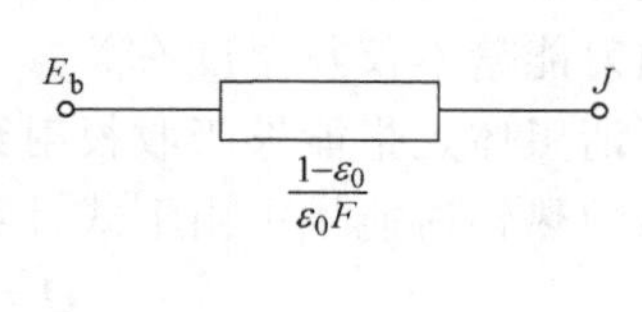

b) 表面辐射热阻

图5-8 辐射传热及热阻示意图

因此，面积为 F 的灰体表面上的热流量 Q 可以从两个角度计算，即

$$Q=JF-GF=(J-G)F \tag{5-12}$$

或

$$Q=EF-AGF=\varepsilon_0 E_b F-\varepsilon_0 GF=(E_b-G)\varepsilon_0 F \tag{5-13}$$

消去投入辐射能 G，仿照电学中的欧姆定律形式，灰体表面上的热流量计算公

式可以写为

$$Q=\frac{E_b-J}{\dfrac{1-\varepsilon_0}{\varepsilon_0 F}}=\frac{E_b-J}{R} \tag{5-14}$$

其中，热流量 Q 相当于电流，(E_b-J) 相当于电位差，称为辐射势差，$R=(1-\varepsilon_0)/(\varepsilon_0 F)$ 相当于电阻，称为表面辐射热阻（K/W）。

5.2.2　接触界面演变及传热机理

理想状态下，两个固体表面接触示意图如图 5-9a 所示，两个固体表面无论宏观还是微观均能实现完全接触。实际上，任何宏观光滑的固体表面在微观上均是凹凸不平的，如图 5-9b 所示，因此实际中两个固体表面接触时只有部分区域能够直接接触，称之为界面接触区，而其余区域则是充满空气的空隙，称为界面未接触区。

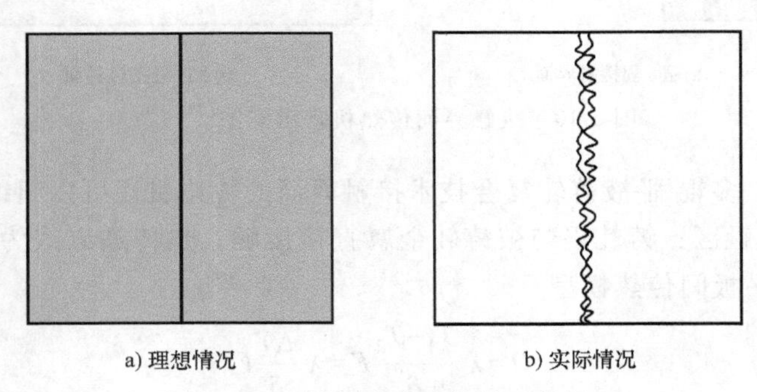

图 5-9　两个固体表面接触示意图

在两个固体表面进行接触传热时，界面接触区将以热传导的形式进行热量传递，而界面未接触区将以对流换热和辐射换热的形式进行热量传递[115,116]，如图 5-10a 所示。界面未接触区中空气的热导率远低于固体的热导率，因此实际情况与理想情况相比增加了附加热阻，称之为界面接触热阻。同理，在固体和液体接触时，由于液体具有表面张力，在微观上粗糙的固体表面与液体间也存在界面接触区和界面未接触区，如图 5-10b 所示，因此也存在界面接触热阻。

界面接触热阻是影响界面传热能力的主要因素，在实际工程中普遍存在，并且与接触界面的情况密切相关，例如受表面几何形貌、温度梯度、接触压力、介质、热流方向等影响[117]。目前界面接触热阻主要依靠实验测定，其与界面传热系数之间的关系可以表示如下：

$$h=\frac{1}{R_h}=\frac{Q}{F\Delta T}=\frac{q}{\Delta T} \tag{5-15}$$

式中　h——界面传热系数，[$(W/m^2)/K$]；

R_h——总热阻[K/(W/m²)];

Q——通过界面的热流量(W);

q——界面的热流密度(W/m²);

F——界面传热面积(m²);

ΔT——界面温差(K)。

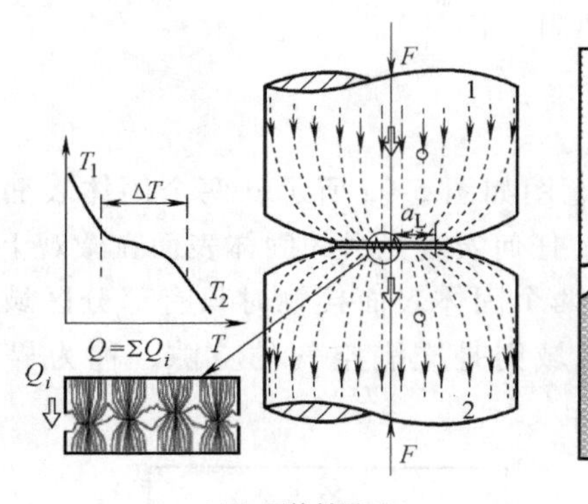

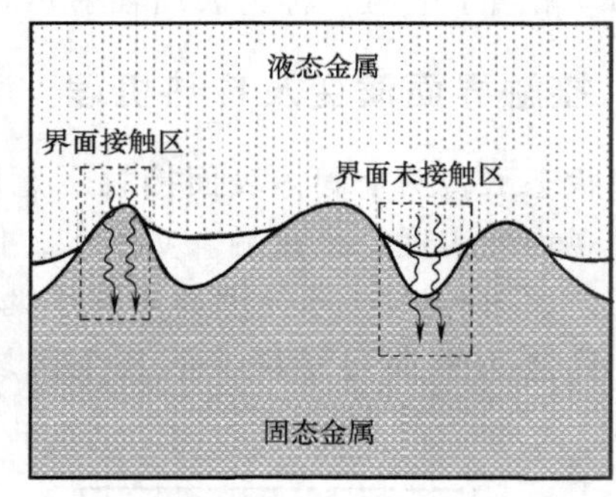

a) 固-固接触界面　　b) 固-液接触界面

图 5-10　接触界面传热机理示意图[115,116]

综上所述，多辊固-液铸轧复合技术接触界面的传热机理可以归纳如下。

1）界面接触区：铸轧辊与被铸轧金属直接接触，热传递方式为热传导，可以将其简化为两平板间传热模型

$$Q=\lambda\frac{T_1-T_2}{\delta}F=\lambda\frac{\Delta T}{\delta}F \tag{5-16}$$

式中　Q——单位时间两平行平面间传递的热量（热流量）(W);

λ——热导率 [W/(m·K)];

ΔT——两平面间的温差（K）;

δ——两个平面间的距离（m）;

F——两个平面间的面积（m²）。

2）界面未接触区：铸轧辊与被铸轧金属间存在一定厚度的气隙，热传递方式为对流换热和辐射换热，其中对流换热包括气体的热对流和热传导。对于整个接触界面而言，界面接触区与界面未接触区通常呈交替分布，因此界面未接触区可以理解为微观上的封闭空间。

当面积为 F_1 和 F_2 的两个灰体表面之间的辐射换热量为 $Q_{1,2}$ 时，根据有效辐射换热的概念，离开表面 1 的能量为 J_1F_1，其中落到表面 2 上的能量为 $\varphi_{1,2}J_1F_1$。同理，离开表面 2 落到表面 1 上的能量为 $\varphi_{2,1}J_2F_2$。因此，两个灰体表面之间的辐射换热量可以表达为

$$Q_{1,2}=\varphi_{1,2}J_1F_1-\varphi_{2,1}J_2F_2 \tag{5-17}$$

式中　$Q_{1,2}$——两表面之间的辐射换热量（W）；

$\varphi_{1,2}$，$\varphi_{2,1}$——两个表面对彼此的角系数；

J_1，J_2——两个灰体各自的有效辐射（W/m^2），辐射常数 $\sigma_0=5.67W/(m^2 \cdot K^4)$；

F_1，F_2——两个灰体各自的表面面积（m^2）。

由于 $\varphi_{1,2}F_1=\varphi_{2,1}F_2$，式（5-17）可以写为

$$Q_{1,2}=\frac{J_1-J_2}{\dfrac{1}{\varphi_{1,2}F_1}}=\frac{J_1-J_2}{\dfrac{1}{\varphi_{2,1}F_2}}=\frac{J_1-J_2}{R} \tag{5-18}$$

其中，$R=1/(\varphi_{1,2}F_1)=1/(\varphi_{2,1}F_2)$，称为空间辐射热阻。

因此，在表面辐射热阻和空间辐射热阻的基础上，可以获得两个灰体表面间的辐射换热网络，因此辐射传热量可以写为

$$Q_{1,2}=\frac{E_{b1}-E_{b2}}{\dfrac{1-\varepsilon_1}{\varepsilon_1 F_1}+\dfrac{1}{\varphi_{1,2}F_1}+\dfrac{1-\varepsilon_2}{\varepsilon_2 F_2}} \tag{5-19}$$

3）界面接触热阻等效方法：对于界面两侧金属来说，当总辐射力基本相同时辐射换热可以忽略，并且二者间气膜很小，与表面粗糙度处于同一数量级，对流换热同样可以忽略。此外，STREZOV 等人指出，通过气体层热传导的热量占热通量的98%以上，通过热辐射和热对流传递的热量很少[118]。因此，如果将界面接触热阻等效为平均厚度为 δ 的气膜，则界面传热机制为通过气膜的热传导，通过界面的热流量 Q 可以表达为

$$Q=qF=h\Delta TF=\lambda\frac{\Delta T}{\delta}F \tag{5-20}$$

式中　q——界面的热流密度（W/m^2）；

F——界面传热面积（m^2）；

h——平均界面接触传热系数［$W/(m^2 \cdot K)$］；

λ——气体热导率［$W/(m \cdot K)$］；

δ——气膜平均厚度（m）；

ΔT——气膜两侧界面温差（℃）。

从式（5-20）可知，气膜的平均厚度和介质类型对换热效果有显著的影响。平均厚度通常与表面粗糙度处于同一数量级，当气体为空气时，其热导率约为 0.02 $W/(m \cdot K)$。此外，式（5-20）表明

$$h=\frac{\lambda}{\delta} \tag{5-21}$$

因此，界面接触热阻与界面传热系数间的关系可以表达为

$$R_c = \frac{1}{h} = \frac{\delta}{\lambda} \tag{5-22}$$

界面接触状态的复杂性和边界条件的瞬态性给界面气膜平均厚度的测量及界面传热系数的计算带来了很大困难[119]。其测试方法从时间角度可以分为稳态法和瞬态法。稳态法可以获得特定工况下的界面接触热阻，但实际热塑性加工技术通常是材料与模具的瞬态接触过程，其物理机制与稳态接触传热有很大区别，并且通常稳态法测试时被测试件均未达到塑性变形状态，因而不能采用稳态法对其进行求解[120]。从求解流程角度可以分为直接测量和反求推测。直接测量是指利用电容式传感器[121]、石英玻璃探头[122]、超声波[123]等直接探测界面间隙的变化过程；反求推测是指通过测试试件的温度变化历程，根据反求换热原理来求解界面接触热阻。

5.2.3 钢-铜固-液界面传热系数反求推测

反传热问题与正传热问题相反，是通过给出物体表面热流以及对物体内部的一点或多点的温度测量值，反过来推导物体的初始状态、流动状态、边界条件、内部热源和传热系数等，在工程应用中有重要价值。

钢铁材料熔点较高，通常采用立式铸轧技术生产，铸轧辊材料常采用高热导率铜合金，生产速度为100~135m/min[124]，液态金属在铸轧区内完成凝固和变形所需时间极短，因此界面换热行为研究主要侧重瞬时性。有色金属熔点较低，铸轧技术通常为水平式或倾斜式，铸轧辊材料常采用高温合金钢，生产速度为1~3m/min[125]。有色金属的铸轧生产速度远低于钢铁材料，在铸轧辊直径量级相当的情况下，铸轧辊与被铸轧金属在铸轧区内的接触换热时间更长，因此界面换热行为将存在很大差异。

通过对多辊固-液铸轧复合技术进行合理简化，确定合理的换热边界条件，可以利用数值模拟技术处理复杂的热-流-力-组织多场耦合问题，从而获得详细的过程数据和工艺参数影响规律。然而，现有研究表明，换热边界条件与温度、压力等因素密切相关，传热边界条件决定着多辊固-液铸轧复合技术中的流场、温度场以及应力场的分布，而这些又将反过来影响着换热边界条件分布。目前，铸轧技术中凝固点位置在线测试仍是一项尚未解决的行业重要难题，传热边界条件与工艺参数间复杂的耦合关系使得界面接触传热系数无法实现在线测量。

多辊固-液铸轧复合技术是一个连续过程，稳定生产时达到宏观上的热平衡状态，因此可以视为稳态。然而，对于基体金属的任意一个截面而言，从进入布流器到离开铸轧区，该截面所处的温度、压力等状态是随时间变化的，根据基体金属和覆层金属物理状态的不同，需要经历固-液、固-半固态和固-固三种接触情况，亟待通过实验测试反求界面接触传热系数，为仿真模拟提供依据。

5.2.3.1　一维非稳态传热测试原理

以制备铜包钢复合棒为例，基于一维非稳态传热原理设计了钢-铜界面传热系数测试方案，如图 5-11 所示。石墨坩埚外侧为保温材料，内部含有液态纯铜。钢棒表面沿高度方向上等间距布置 3 个测温热电偶，外侧包覆保温材料后放入液态金属中进行一维固-液接触传热，实时采集测温点处温度-时间数据。实验中为保证温度测试精度，热电偶与钢棒间采用焊接方式，热电偶触点与钢棒间为冶金结合。

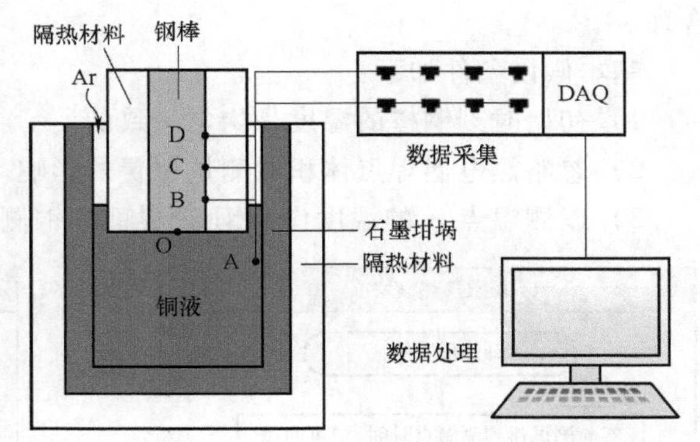

图 5-11　一维非稳态钢-铜界面传热系数测试方案

钢棒上 3 个测温点 B、C、D 之间的间距为 10 mm，测温点 B 与钢棒下表面间的距离同样为 10mm，测温点 B 为反求数据点，测温点 C 和 D 为验证点。此外，设置测温点 A 测试铜液温度。石墨坩埚内径为 60mm，高度为 120mm，内部铜液高度为 80mm，钢棒高度为 60mm，直径分别为 10mm、20mm、30mm、40mm。采用 K 型热电偶丝测温，配合 NI 数据采集系统和 LabVIEW 测试软件进行实时数据采集。实验操作流程：

1）焊接热电偶，并将钢棒外侧包裹保温材料，调试好数据采集设备。

2）将工业纯铜称重后放入石墨坩埚中，置于带有保护气体的电阻加热炉中加热至 1150℃，熔化为液态并保温。

3）将石墨坩埚从电阻加热炉中取出置于测试实验平台之上，外侧包覆保留材料以降低测试过程中的温度散失。

4）开启数据采集系统，将钢棒放入铜液中开始测试实验。

5）测试结束后，将钢棒取出，在盛有铜液的石墨坩埚中放入电阻加热炉中加热后保温，准备下次测试。

5.2.3.2　界面传热系数反求

DEFORM-3D 软件中提供的 Inverse Heat Transfer Wizard 模块可以通过反传热求解获得试件热交换区域的传热系数。该模块需要输入的关键数据包括：零件的几何参数、热电偶位置、热电偶的时间-温度数据、定义传热区域、初始猜测值、热物性参数等；输出参数包括界面传热系数和实验与模拟结果的对比数据。

钢-铜界面传热系数反向求解和正向验证流程如图 5-12 示。首先，基于 DEFORM 软件反传热计算模块，建立等比例一维传热仿真计算模型，利用测温点 B 的时间-温度数据反求界面传热系数。然后，利用反求得到的界面传热系数正向计算钢棒温度场分布，得到测温点 B、C 和 D 的模拟时间-温度数据，与实验测试结果进行比较，当 B、C 和 D 三个点的温度均吻合时方可认为反求得到的界面传热系数合理。

基本假设条件如下：

1）初始时刻钢棒的温度是均匀一致的。

2）忽略热电偶焊点体积对测量位置的影响。

3）以测温点 A 的温度作为钢-铜界面中铜侧温度。

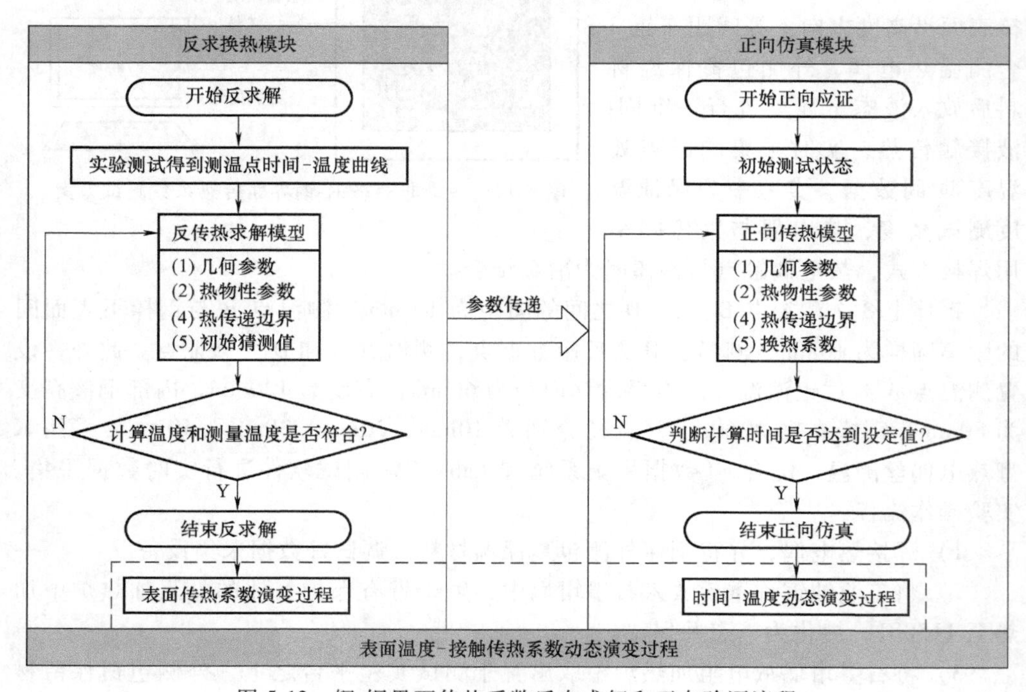

图 5-12 钢-铜界面传热系数反向求解和正向验证流程

5.2.3.3 实验结果及模型验证

图 5-13 为不同钢棒直径时各测温点的时间-温度测试数据，根据一维热传导原理，点 B 距离钢-铜界面最近，温度最先升高，并且幅值最大，点 C 和 D 因距离界面较远，因此温度上升有明显的滞后，并且幅值依次减小。此外，随着钢棒直径增大，各测温点温度升高速度和滞后现象愈加明显。

点 A 测试的是界面附近的铜侧温度，钢棒直径为 10mm、20mm 和 30mm 时点 A 的温度整体上比较平稳，平均值分别为 1110℃、1067℃和 1059℃，而钢棒直径为 40mm 时，点 A 温度出现明显下降，从 0s 时的 1006℃的下降到 35s 时的 823℃。此外，加热炉设定的保温温度为 1150℃，通过钢棒直径为 10mm 时点 A 的平均温度 1110℃，可以推测出正式开始实验前铜液存在约 40℃的温降，主要原因是转移石墨坩埚和调试测试平台过程中的空冷温降。

基于 DEFORM 软件利用点 B 的时间-温度测试数据反求界面传热系数，然后进

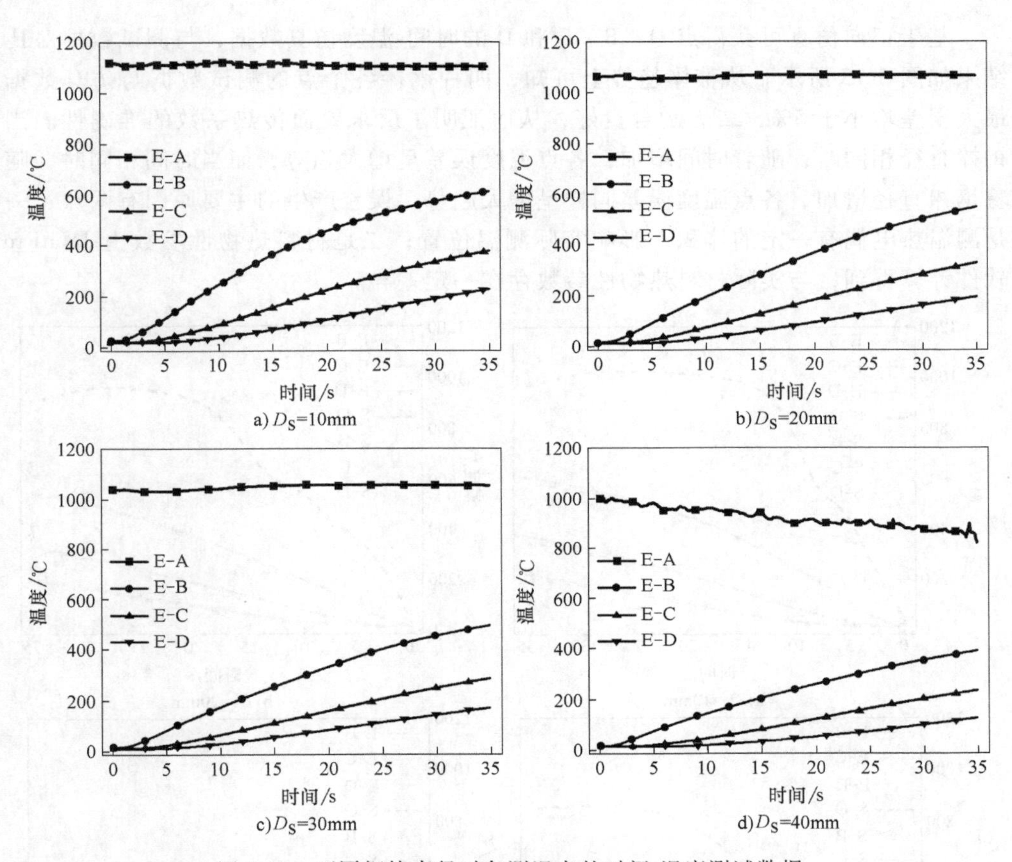

图 5-13　不同钢棒直径时各测温点的时间-温度测试数据

行正向仿真可获得钢棒温度场分布，如图 5-14 所示。温度场分布为典型一维传热，距离界面越近，温度升高越显著，并且随着钢棒直径逐渐增大，整体温度显著下降。

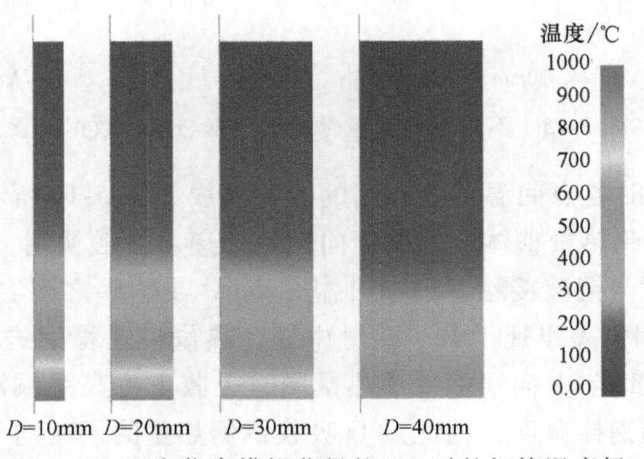

图 5-14　正向仿真模拟获得的 35s 时的钢棒温度场

基于正向仿真可获得点 O、B、C 和 D 的时间-温度仿真数据，与测试数据对比结果如图 5-15 所示。从整体趋势上可知，四种钢棒各个点的测试数据与仿真数据最大误差均小于 5%，二者吻合良好，从而证明了反求界面传热系数的准确性。当钢棒直径相同时，随着时间增加，各点温度误差呈增大趋势，而当时间相同时，随着钢棒直径增加，各点温度误差同样呈增大趋势。误差产生的主要原因有两点，一是测温热电偶有一定的体积，影响实际测温位置；二是材料热物性参数由 JMatPro 软件计算得到，与实际材料热物性参数存在一定差异。

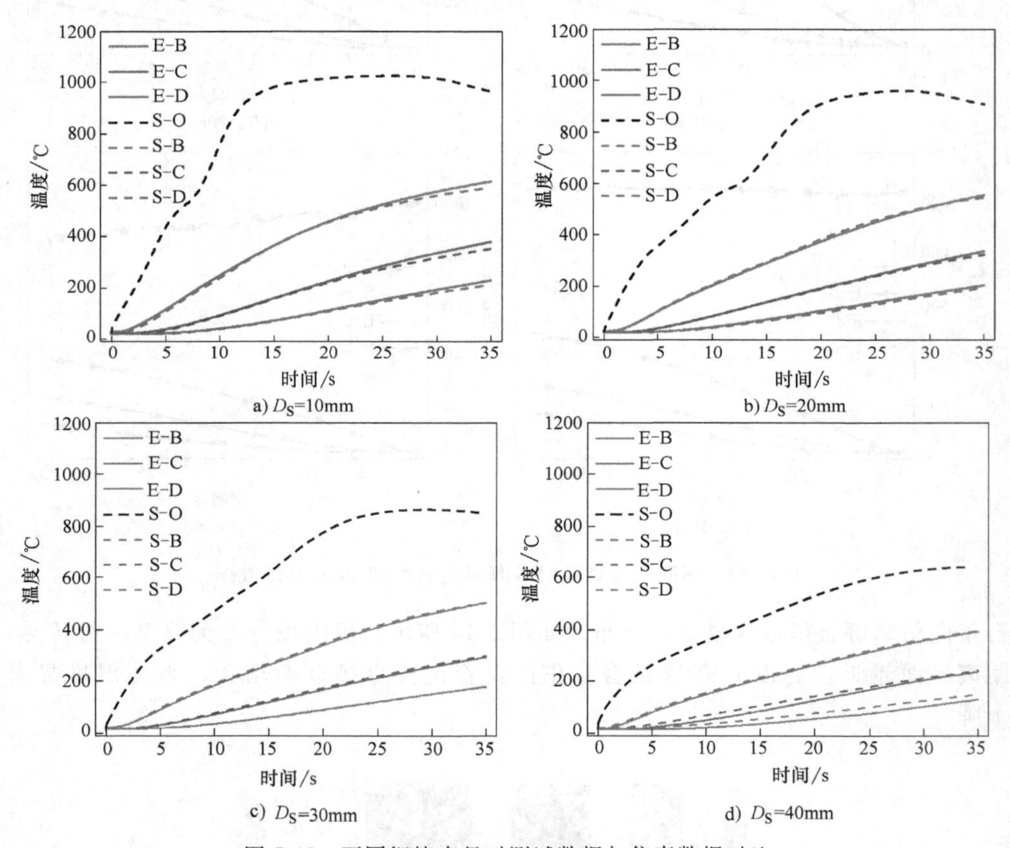

图 5-15　不同钢棒直径时测试数据与仿真数据对比

不同钢棒直径时各点间温差随时间的变化曲线如图 5-16 所示。铜侧处于高温，钢侧处于低温，因此热量整体上由铜侧向钢侧传递。接触初期，热量传递主要集中在界面附近，点 O 与铜液接触后迅速升温，点 A 与点 O 之间温差迅速下降，点 O 与点 B、C、D 之间温差迅速上升。接触中期，热量传递稳定进行，点 A 温度低于底端铜液温度，因此点 A 向铜侧传递热量同时吸收下方高温铜液传递热量。同样，点 O 温度高于顶端钢棒温度，因此点 O 吸收铜侧热量的同时向上方钢棒传递热量，逐渐形成稳定的温度梯度。测试后期点 A 与点 O 之间温差呈小幅上升趋势，主要

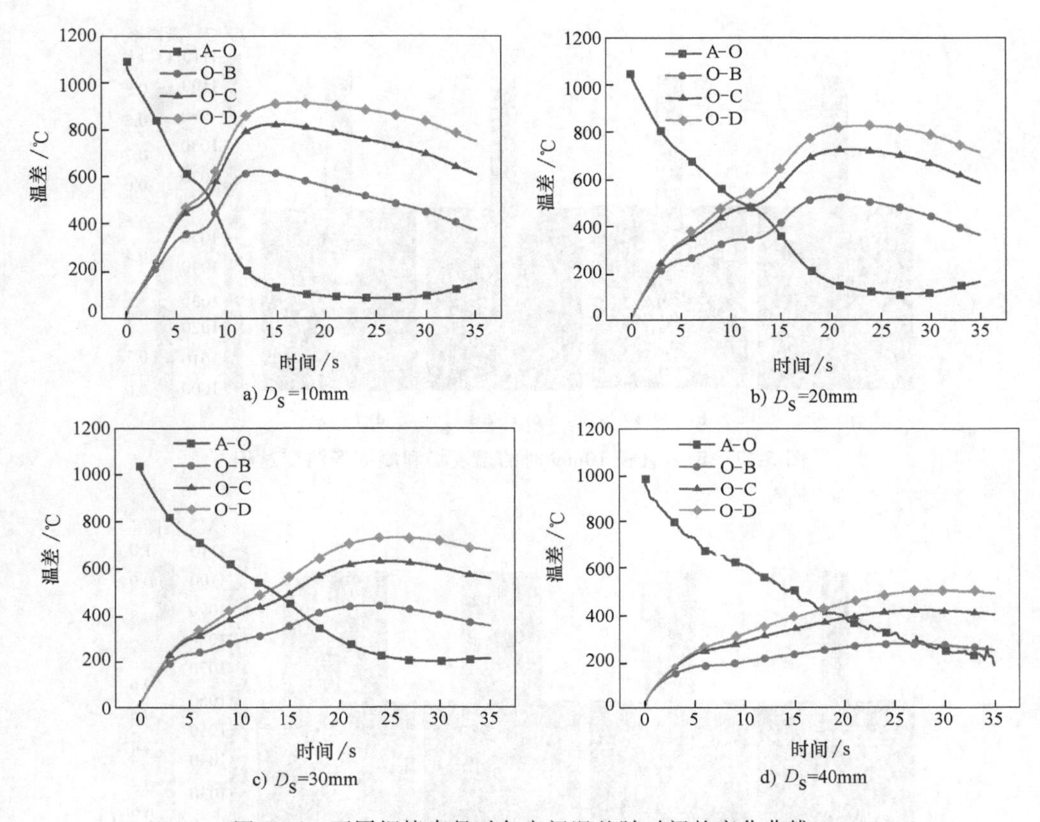

图 5-16　不同钢棒直径时各点间温差随时间的变化曲线

原因是下方铜液补温和凝固潜热释放。

图 5-17 所示为正向仿真获得的钢棒直径 10mm 时的温度场和凝固场演变过程。$t=0$s 时钢棒与铜液未开始换热，因此温度分布均匀且无凝固现象，如图 5-17a 所示。$t=10$s 时钢棒与铜液进行接触换热，由于界面激冷作用，铜侧温降区域较小且界面附近温度较低，凝固区呈增大趋势，如图 5-17b 所示。$t=20$s 时，铜侧温降区域明显扩大，远离界面的高温铜液向近界面的低温铜液传递热量，因此凝固区扩大不显著，如图 5-17c 所示。$t=30$s 时铜侧温降区继续扩大，但由于高温区持续向低温区传热，界面附近出现重熔现象，因此凝固区逐渐减小，如图 5-17d 所示。

图 5-18 所示为正向仿真获得的不同钢棒直径时 35s 时刻的温度场和凝固场分布情况。钢棒直径为 10mm 时出现重熔现象，因此整体而言铜侧温降并不显著，界面附近凝固区很小，如图 5-18a 所示。在钢棒直径为 20mm、30mm 和 40mm 时未出现重熔现象，铜侧温降的幅值和区域逐渐增大，凝固区范围显著增大，如图 5-18b、c、d 所示。通过对比可知，固-液铸轧复合过程中钢棒体积占比越大时越难发生重熔。

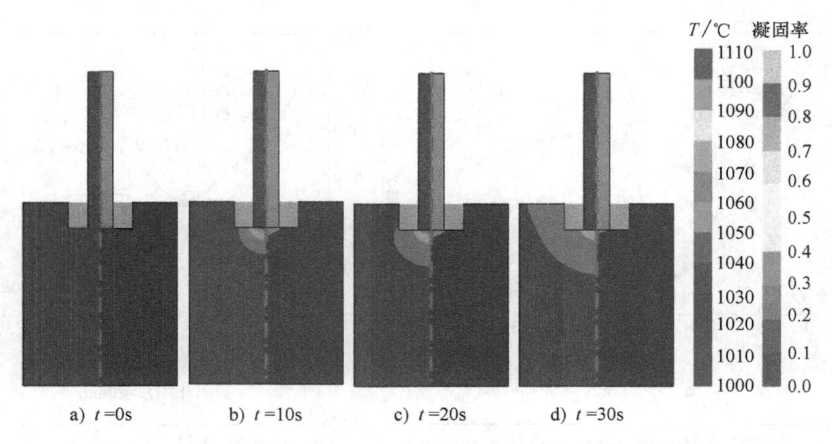

图 5-17 钢棒直径 10mm 时的温度场和凝固场演变过程

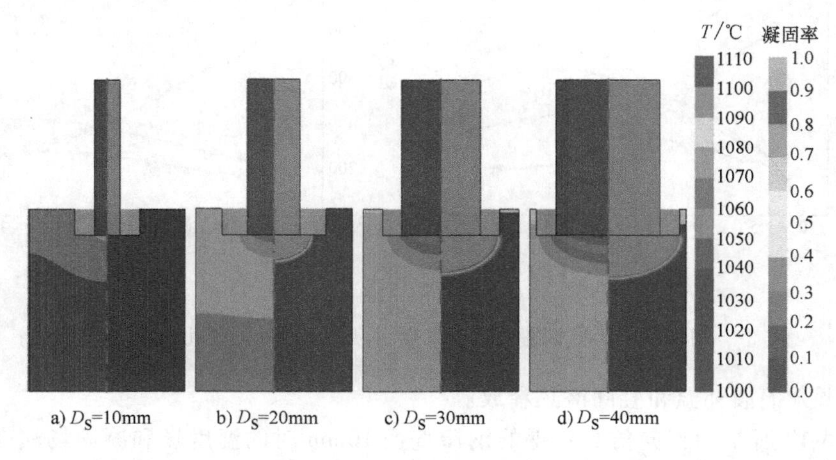

图 5-18 35s 时不同钢棒直径对应的温度场和凝固场

5.2.3.4 界面传热系数模型

钢棒直径不同时的界面传热系数与时间的关系如图 5-19a 所示。随着时间增加，界面接触传热系数呈先增大后减小的趋势，并且随着钢棒直径增大，界面传热系数呈现明显的下降趋势，但是需要指出的是，钢棒直径并非是直接因素，其本质是温度场不同。界面传热系数与钢侧表面温度间的关系如图 5-19b 所示，0～200℃范围内随着钢棒表面温度的增加，界面传热系数呈增大趋势，200～600℃范围内继续增大但趋势很小，600℃以后又开始迅速增大。朱德才等人利用稳态传热法研究了载荷和温度对纯铜/3Cr2W8V 钢界面传热系数的影响，同样发现在低载荷时界面传热系数随温度变化很小[126]。

目前，通过实验反求推测的界面接触传热系数在真正用于多辊固-液铸轧复合技术数值模拟时还存在一定的局限性：

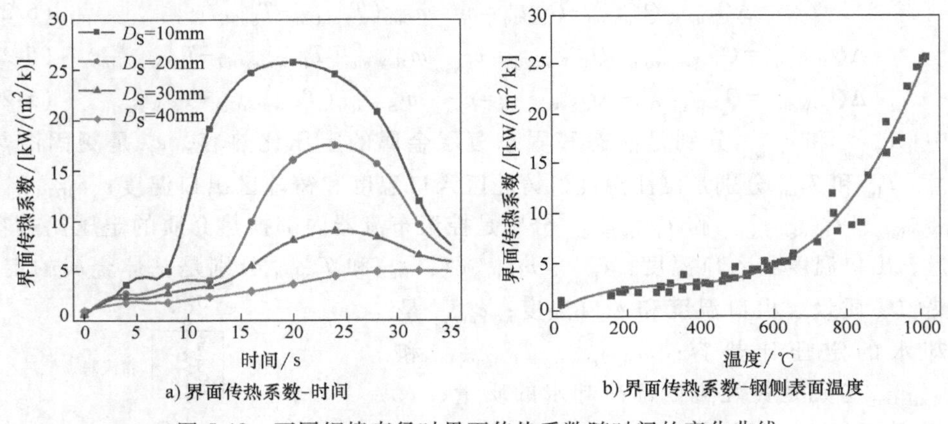

图 5-19　不同钢棒直径时界面传热系数随时间的变化曲线

1）铸轧技术本身是一个复杂的热-流-力-组织多场耦合问题，涉及固-液界面、固-半固态界面和固-固界面，铸轧区内温度场-流场-压力场分布并不均匀，并且十分依赖于工艺参数。

2）目前数值模拟仍主要为单向求解，即根据率先设定界面传热系数去求解温度场，很难在计算过程中自适应反馈调整界面传热系数。

因此，对于数值模拟而言，很难考虑实际中存在的诸多复杂因素，通常需要进行合理简化。在工程应用中，通常把界面传热系数简化为温度和压力的函数，当不考虑压力时，可将其简化为温度的函数，最终拟合得到的计算公式如下：

$$h=-0.11+2.20\times10^{-2}T-6.32\times10^{-5}T^2+6.56\times10^{-8}T^3 \tag{5-23}$$

实际铸轧过程中铸轧辊体积通常远大于铸轧区内浇注金属的体积，因此不会出现反温现象，铸轧辊与液态金属间的界面传热系数通常可根据工况条件选为 6~25kW/(m^2·K) 之间的常值，对应的界面接触热阻可按式（5-23）进行计算。

5.2.4　多辊固-液铸轧复合技术热阻网络

多辊固-液铸轧复合技术中主要有六部分涉及换热，即液态金属、控温布流器、铸轧辊、仿形侧封、基体、冷却水。在稳态下根据能量守恒，可以表示为下式：

$$\Delta Q_{\text{Clad}}=\Delta Q_{\text{D-Medium}}+\Delta Q_{\text{Sub}}+\Delta Q_{\text{R-Water}}+\Delta Q_{\text{S-Water}} \tag{5-24}$$

其中，ΔQ_{Clad} 是覆层金属释放的热量，$\Delta Q_{\text{D-Medium}}$、$\Delta Q_{\text{R-Water}}$、$\Delta Q_{\text{Sub}}$ 和 $\Delta Q_{\text{S-Water}}$ 分别是控温布流器内的换热介质、铸轧辊内的循环冷却水、基体金属和仿形侧封内的循环冷却水吸收的热量。

吸收或释放的热量与每种材料的比热容、温差和质量有关。因此式（5-24）中的参数可以表达为：

$$\Delta Q_{\text{Clad}}=Q_{\text{CladIn}}-Q_{\text{CladOut}}=[c_{p_{\text{CladL}}}(T_{\text{Cast}}-T_{\text{In}})+c_{p_{\text{CladS}}}(T_{\text{In}}-T_{\text{Out}})+e_{\text{L}}]m_{\text{Clad}} \tag{5-25}$$

$$\Delta Q_{\text{D-Medium}}=Q_{\text{SubOut}}-Q_{\text{SubIn}}=c_{p\text{D-Medium}}m_{\text{D-Medium}}(T_{\text{D-MediumOut}}-T_{\text{D-MediumIn}}) \tag{5-26}$$

$$\Delta Q_{\text{Sub}}=Q_{\text{SubOut}}-Q_{\text{SubIn}}=c_{p_{\text{Sub}}}m_{\text{Sub}}(T_{\text{SubOut}}-T_{\text{SubIn}}) \tag{5-27}$$

$$\Delta Q_{\text{R-Water}}=Q_{\text{R-WaterOut}}-Q_{\text{R-WaterIn}}=c_{p_{\text{Water}}}m_{\text{R-Water}}(T_{\text{R-WaterOut}}-T_{\text{R-WaterIn}}) \tag{5-28}$$

$$\Delta Q_{\text{S-Water}}=Q_{\text{S-WaterOut}}-\Delta Q_{\text{S-WaterIn}}=c_{p_{\text{Water}}}m_{\text{S-Water}}(T_{\text{S-WaterOut}}-T_{\text{S-WaterIn}}) \tag{5-29}$$

其中，$c_{p_{\text{CladL}}}$ 和 $c_{p_{\text{CladS}}}$ 分别是液态和固态覆层金属的定压比热容；e_{L} 是凝固潜热；T_{Cast}、T_{In} 和 T_{Out} 分别是浇注温度、铸轧区入口温度和铸轧区出口温度；$c_{p\text{D-Medium}}$、$m_{\text{D-Medium}}$、$T_{\text{D-MediumOut}}$ 和 $T_{\text{D-MediumIn}}$ 分别是控温布流器内部换热介质的定压比热容、质量、出口温度和入口温度；$c_{p_{\text{Sub}}}$、m_{Sub}、T_{SubOut} 和 T_{SubIn} 分别是基体金属的定压比热容、质量、出口温度和入口温度；$c_{p_{\text{Water}}}$ 是冷却水的定压比热容；$m_{\text{R-Water}}$、$T_{\text{R-WaterIn}}$ 和 $T_{\text{R-WaterOut}}$ 分别是铸轧辊内部冷却水的质量、入口温度和出口温度；$m_{\text{S-Water}}$、$T_{\text{S-WaterIn}}$ 和 $T_{\text{S-WaterOut}}$ 分别是仿形侧封内部冷却水的质量、入口温度和出口温度。

控温布流器连接溜槽与铸轧区，工作模式主要有两种。第一种为预热型，是指通过对布流器预热来尽量防止液态金属流过时产生温降；第二种为冷却型，是指通过控制布流器温度来调控内部流通的覆层金属温度，实现物理状态（即液态、半固态和固态）的精准控制。

多辊固-液铸轧复合技术稳态热阻网络如图 5-20 所示。通常情况下控温布流器采用第一种工作模式，因此在热阻网络中可忽略控温布流器的影响，即假设浇注温度 T_{Cast} 等于铸轧区入口温度 T_{In}。在进入铸轧区之后，热量传输路径主要有三条，液态覆层金属流向基体金属的传热路径称为 Path-Sub，液态覆层金属流向铸轧辊内部冷却水的传热路径称为 Path-Roll，液态覆层金属流向仿形侧封内部冷却水的传热路径为 Path-SD。铸轧区内的总热流量 q 可以表示为：

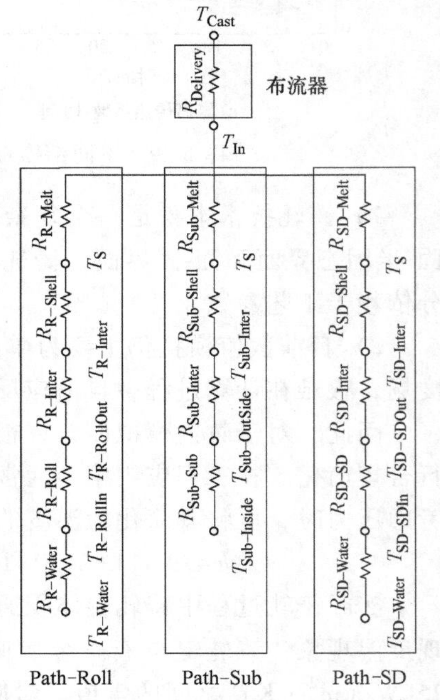

图 5-20　多辊固-液铸轧复合技术稳态热阻网络

$$q=q_{\text{Path-Sub}}+q_{\text{Path-Roll}}+q_{\text{Path-SD}}=\frac{T_{\text{In}}-T_{\text{Sub-Inside}}}{R_{\text{Path-Sub}}}+\frac{T_{\text{In}}-T_{\text{R-Water}}}{R_{\text{Path-Roll}}}+\frac{T_{\text{In}}-T_{\text{SD-Water}}}{R_{\text{Path-SD}}} \tag{5-30}$$

其中，$q_{\text{Path-Sub}}$ 和 $R_{\text{Path-Sub}}$ 分别为传热路径 Path-Sub 的热流量和热阻，$q_{\text{Path-Roll}}$ 和 $R_{\text{Path-Roll}}$ 分别为传热路径 Path-Roll 的热流量和热阻，$q_{\text{Path-SD}}$ 和 $R_{\text{Path-SD}}$ 分别为传热路径 Path-SD 的热流量和热阻。三条路径的热阻计算方式如下：

$$R_{\text{Path-Sub}}=R_{\text{Sub-Melt}}+R_{\text{Sub-Shell}}+R_{\text{Sub-Inter}}+R_{\text{Sub-Sub}} \tag{5-31}$$

$$R_{\text{Path-Roll}}=R_{\text{R-Melt}}+R_{\text{R-Shell}}+R_{\text{R-Inter}}+R_{\text{R-Roll}}+R_{\text{R-Water}} \tag{5-32}$$

$$R_{Path\text{-}SD}=R_{SD\text{-}Melt}+R_{SD\text{-}Shell}+R_{SD\text{-}Inter}+R_{SD\text{-}SD}+R_{SD\text{-}Water} \tag{5-33}$$

金属包覆材料多辊固-液铸轧复合技术中，对于覆层金属来说，基体金属在内侧，即传热路径 Path-Sub 为向内传热，铸轧辊和仿形侧封在外侧，即 Path-Roll 和 Path-SD 为向外传热。由于向内传热路径只有一条，并且几何尺寸比较均匀，可以近似认为传热路径 Path-Sub 在圆周方向上是均匀的。因此，铸轧区内的传热传质在圆周方向上的均匀性主要取决于传热路径 Path-Roll 和传热路径 Path-SD，也就是热阻 $R_{Path\text{-}Roll}$ 和 $R_{Path\text{-}SD}$。

$R_{Path\text{-}Roll}$ 和 $R_{Path\text{-}SD}$ 二者作差可以得到

$$R_{Path\text{-}Roll}-R_{Path\text{-}SD}=(R_{R\text{-}Melt}-R_{SD\text{-}Melt})+(R_{R\text{-}Shell}-R_{SD\text{-}Shell})+(R_{R\text{-}Inter}-R_{SD\text{-}Inter})+(R_{R\text{-}Roll}-R_{SD\text{-}SD})+(R_{R\text{-}Water}-R_{SD\text{-}Water}) \tag{5-34}$$

凝固坯壳、铸轧辊和仿形侧封内的传热方式为热传导，因此热阻可通过各自的导热率和厚度来计算，可以表示为：

$$R_{R\text{-}Shell}=\frac{\delta_{R\text{-}Shell}}{\lambda_{Shell}},\ R_{SD\text{-}Shell}=\frac{\delta_{SD\text{-}Shell}}{\lambda_{Shell}},\ R_{R\text{-}Roll}=\frac{\delta_{R\text{-}Roll}}{\lambda_{Roll}},\ R_{SD\text{-}SD}=\frac{\delta_{SD\text{-}SD}}{\lambda_{SD}} \tag{5-35}$$

液态金属由于黏性较大，流动性相对较弱，传热方式同样可认为以热传导为主，因此热阻可以表示为：

$$R_{R\text{-}Melt}=\frac{\delta_{R\text{-}Melt}}{\lambda_{Melt}},\ R_{SD\text{-}Melt}=\frac{\delta_{SD\text{-}Melt}}{\lambda_{Melt}} \tag{5-36}$$

冷却水与铸轧辊、仿形侧封之间为对流换热，可以认为界面接触热阻为对流传热系数的倒数，表示为：

$$R_{R\text{-}Water}=\frac{1}{h_{R\text{-}Water}},\ R_{SD\text{-}Water}=\frac{1}{h_{SD\text{-}Water}} \tag{5-37}$$

界面接触热阻为界面传热系数的倒数，可以表示为：

$$R_{R\text{-}Inter}=\frac{1}{h_{R\text{-}Inter}},\ R_{SD\text{-}Inter}=\frac{1}{h_{SD\text{-}Inter}} \tag{5-38}$$

因此，根据式（5-35）至式（5-38），式（5-34）可进一步表示为

$$R_{Path\text{-}Roll}-R_{Path\text{-}SD}=\left(\frac{\delta_{R\text{-}Melt}-\delta_{SD\text{-}Melt}}{\lambda_{Melt}}\right)+\left(\frac{\delta_{R\text{-}Shell}-\delta_{SD\text{-}Shell}}{\lambda_{Shell}}\right)+\left(\frac{1}{h_{R\text{-}Inter}}-\frac{1}{h_{SD\text{-}Inter}}\right)+\left(\frac{\delta_{R\text{-}Roll}}{\lambda_{Roll}}-\frac{\delta_{SD\text{-}SD}}{\lambda_{SD}}\right)+\left(\frac{1}{h_{R\text{-}Water}}-\frac{1}{h_{SD\text{-}Water}}\right) \tag{5-39}$$

由式（5-39）可以发现，铸轧区圆周方向传热传质的均匀性主要取决于液态金属厚度、凝固坯壳厚度、界面传热系数、铸轧辊辊套厚度、仿形侧封厚度和冷却水对流传热系数。其中，铸轧辊辊套厚度和仿形侧封厚度属于设备结构设计参数，可以根据需要进行调整，而铸轧技术中的冷却水对流传热系数变化范围通常不大，因此可认为是常值。界面接触传热系数对于传热来说是关键因素，与界面温度、压力、接触状态等众多因素有关，直接决定热量传递，进而决定凝固坯壳厚度。铸轧

区内固态金属以外的区域即为液态金属，铸轧区的几何结构决定质量传递，进而决定液态金属的厚度。

综上所述，铸轧区圆周方向上传热传质均匀性控制策略的本质是减小传热路径 Path-Roll 和传热路径 Path-SD 之间的差异，因此在设备设计时要注重以下三点：

1）铸轧区几何结构周向均匀性。

2）界面传热系数周向均匀性。

3）铸轧区几何结构和界面传热系数间的协调匹配。

5.3 铸轧区几何均匀性分析

5.3.1 铸轧区几何特征

当铸轧机包含多个带有孔型的铸轧辊，并且多个铸轧辊的孔型共同围成样品截面时，铸轧区的结构参数和特征将与传统板带双辊铸轧技术有显著区别，铸轧辊名义半径、孔型半径和熔池高度均相同时三种不同工艺布置模式时的铸轧区几何结构如图 5-21 所示。基于前期研究基础，为了清晰描述金属包覆材料多辊固-液铸轧复合技术与传统板带双辊铸轧技术之间的差异，定义如下常用名称：

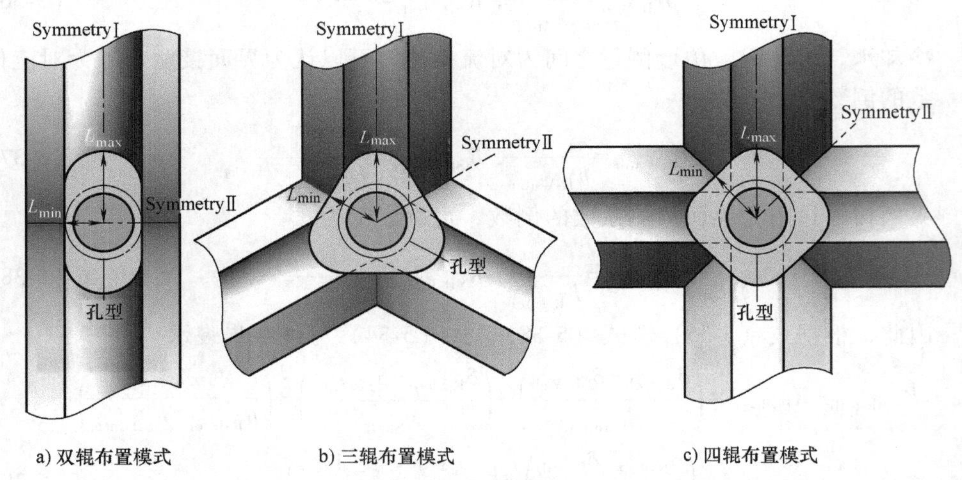

图 5-21　不同工艺布置模式时的铸轧区几何结构

1）铸轧辊数量 N：不同工艺布置模式时所包含的铸轧辊数量，$N=2$ 代表双辊布置模式，$N=3$ 代表三辊布置模式，$N=4$ 代表四辊布置模式。

2）分界角 θ_0：指铸轧辊孔型间的分界角度，取决于围成整个圆形孔型的铸轧辊数量，双辊时为±90°，三辊时为±60°，四辊时为±45°。

3）铸轧区：由铸轧辊和仿形侧封围成，包含固态基体金属和液态覆层金属。铸轧区中液态覆层金属所占空间称为熔池。此外，铸轧区入口截面简称入口截面，铸轧区出口截面简称出口截面。

入口截面最大尺寸 L_{max} 是指入口截面轮廓与孔型轴线间的最远距离，位于孔型对称位置；入口截面最小尺寸 L_{min} 是指入口截面轮廓与孔型轴线间的最近距离，位于孔型分界角处。

4）铸轧辊名义半径 R_0：铸轧辊轴线与孔型轴线间的垂直距离。孔型最大回转半径 R_{max} 是指铸轧辊孔型最凸处半径，孔型最小回转半径 R_{min} 是指铸轧辊孔型最凹处半径，孔型平均回转半径 R_{Ave} 指孔型最大回转半径与孔型最小平均半径的平均值。

5）名义铸轧速度：铸轧辊旋转角速度与铸轧辊名义半径的乘积。此外，平均铸轧速度是指铸轧辊旋转角速度与孔型平均回转半径的乘积。

6）熔池高度 H：铸轧区内覆层金属液面距离铸轧区出口截面的高度，也是铸轧区高度。

7）凝固点高度 H_{KP}：覆层金属在铸轧区内存在由液态向固态的物理状态改变，对于多辊固-液铸轧复合技术而言，液态和固态的分界面在圆周方向上为空间分布。凝固点高度指固-液分界面距离铸轧区出口的高度，因此存在三个参数，即最大凝固点高度 H_{KPmax}、最小凝固点高度 H_{KPmin} 和平均凝固点高度 H_{KPAve}，通常所说的凝固点高度均是平均凝固点高度，并且由于液态金属的变形抗力很小，因此通常认为凝固点高度也是变形区高度或轧制复合高度。此外，对称边界 Symmetry Ⅰ 和 Symmetry Ⅱ 处的凝固点高度分别为 $H_{KP\text{-}Sym\,Ⅰ}$ 和 $H_{KP\text{-}Sym\,Ⅱ}$，可用于分析圆周方向上的凝固点高度均匀度。

8）孔型半径 r_0：多辊固-液铸轧复合技术中所有铸轧辊孔型共同围成的圆形孔型的半径。

9）孔型回转半径：孔型轮廓点与所在铸轧辊旋转轴线间的距离。孔型回转半径决定着出口截面线速度分布，因此圆周方向上的出口截面线速度均匀性可以通过孔型回转半径来确定。

从图 5-21 中可以看出，铸轧区出口截面并不受铸轧辊数量配置影响，而是取决于孔型尺寸。对铸轧区入口截面而言，当铸轧辊名义半径、孔型半径和熔池高度等参数相同时，不同工艺布置模式时的入口截面最大尺寸 L_{max} 保持一致，但可以通过调整仿形侧封装置与铸轧辊间的过渡倾角改善入口截面最小尺寸 L_{min}，最终提高入口截面在圆周方向分布的均匀度。为后续评价孔型结构在圆周方向上的均匀度及变形行为，定义参数如下：

1）出口截面回转半径均匀度 U_R：孔型最小回转半径 R_{min} 与孔型最大回转半径 R_{max} 的比值，即

$$U_R = \frac{R_{min}}{R_{max}} \tag{5-40}$$

2）入口截面轮廓均匀度 U_L：入口截面最小尺寸 L_{min} 与入口截面最大尺寸 L_{max}

的比值，即

$$U_{\mathrm{L}}=\frac{L_{\min}}{L_{\max}} \tag{5-41}$$

3）凝固点高度均匀度：U_{KP}：对称边界 Symmetry Ⅰ 和 Symmetry Ⅱ 处的凝固点高度差的绝对值 $|H_{\mathrm{KP\text{-}Sym\,I}}-H_{\mathrm{KP\text{-}Sym\,II}}|$ 与对称边界 SymmetryI 处的凝固点高度 $H_{\mathrm{KP\text{-}Sym\,I}}$ 的比值，即

$$U_{\mathrm{KP}}=\frac{|H_{\mathrm{KP\text{-}Sym\,I}}-H_{\mathrm{KP\text{-}Sym\,II}}|}{H_{\mathrm{KP\text{-}Sym\,I}}} \tag{5-42}$$

4）径向压下量 $\Delta LR_{(\theta,H_{\mathrm{KP}})}$：铸轧区内凝固点所在高度截面至铸轧区出口截面的径向压下量，当凝固点高度为 H_{KP} 时，即为凝固点所在截面的径向差异。

5）径向应变 $\varepsilon_{(\theta,H_{\mathrm{KP}})}$：铸轧过程覆层金属厚度的相对变化量，当凝固点高度为 H_{KP} 时，即径向压下量 $\Delta LR_{(\theta,H_{\mathrm{KP}})}$ 与径向尺寸 $LR_{(\theta,H_{\mathrm{KP}})}$ 的比值，可表达为：

$$\varepsilon_{(\theta,\,H_{\mathrm{KP}})}=\frac{\Delta LR_{(\theta,H_{\mathrm{KP}})}}{LR_{(\theta,H_{\mathrm{KP}})}} \tag{5-43}$$

6）径向应变速率：径向应变与名义铸轧速度的比值。

5.3.2 铸轧辊名义半径影响

当孔型半径 r_0 为 12.5mm，熔池高度 H 为 40mm 时，不同工艺布置模式铸轧辊名义半径 R_0 对孔型回转半径和入口截面轮廓的影响如图 5-22 所示。孔型回转半径最小值位于孔型底部，最大值位于孔型顶部。双辊布置模式时，孔型回转半径在圆周方向上可以等分为 2 个圆弧段，如图 5-22a 所示。同样，三辊或四辊布置模式时，孔型回转半径在圆周方向上可以等分为 3 个或 4 个圆弧段，如图 5-22c、e 所示。因此，孔型回转半径分布规律与铸轧辊数量密切相关，当其他条件相同时，铸轧辊数量增加，孔型回转半径在圆周方向上的分布均匀性将提高。

对于入口截面而言，入口截面轮廓在圆周方向上的等分数量与铸轧辊数量一致，但铸轧辊数量变化时入口截面轮廓将具有显著区别。双辊布置模式时，入口截面轮廓近似为“带有圆角的矩形”，并且当铸轧辊名义半径增大时，入口截面轮廓在圆周方向上的均匀性显著变差，如图 5-22b 所示。三辊布置模式时，入口截面轮廓近似为“带有圆角的三角形”，并且当铸轧辊名义半径增大时，入口截面轮廓近似按一定比例放大，如图 5-22d 所示。四辊布置模式时，入口截面轮廓近似为“带有圆角的正方形”，并且当铸轧辊名义半径增大时，入口截面轮廓同样近似按一定比例放大，如图 5-22f 所示。

铸轧辊名义半径对出口截面最大孔型回转半径和最小孔型回转半径的影响如图 5-23 所示。当铸轧辊名义半径增大时，孔型最大回转半径呈线性增大趋势，并且孔型最大回转半径随铸轧辊数量增加而减小，如图 5-23a 所示。当铸轧辊名义半径

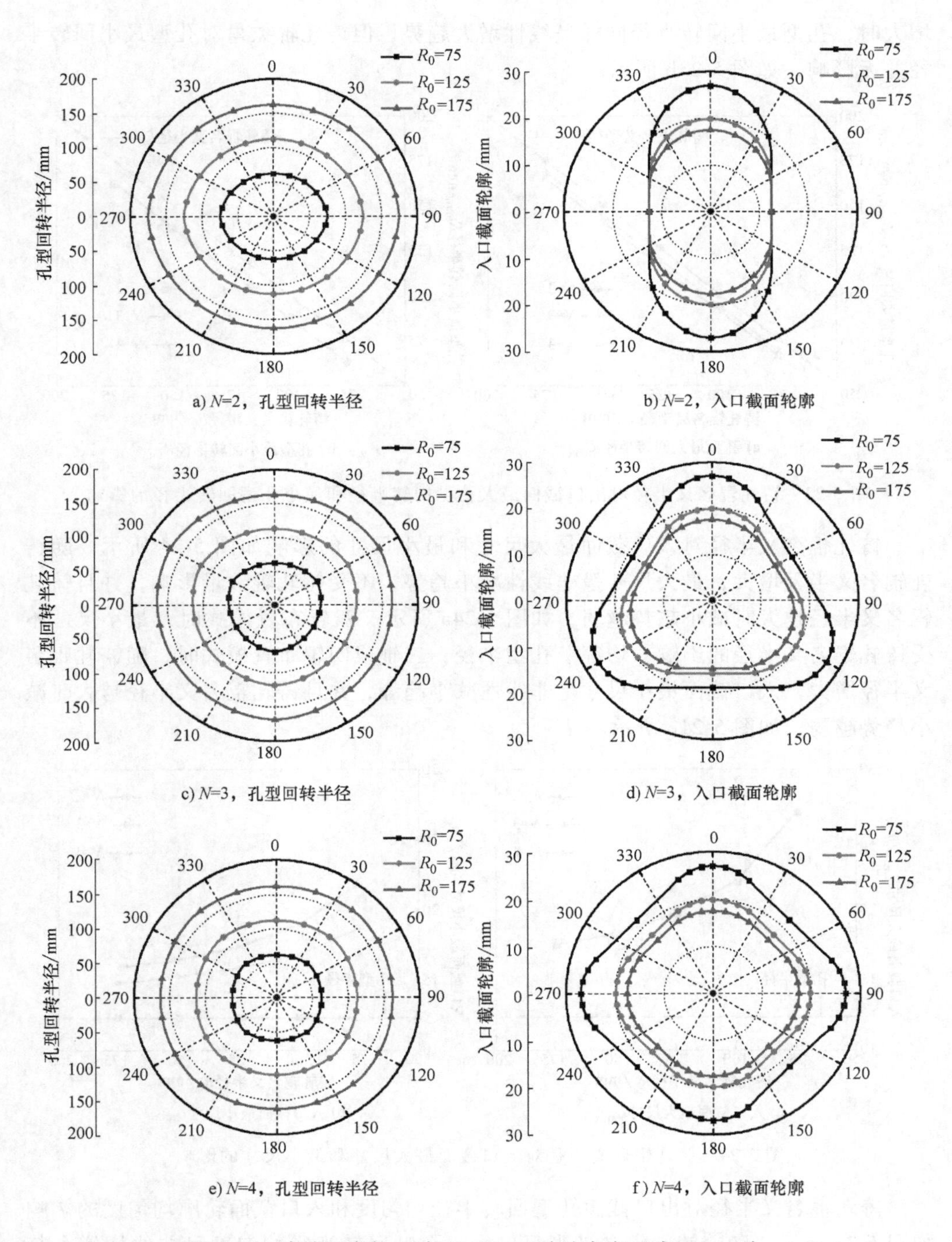

图 5-22　当孔型半径 r_0 为 12.5mm，熔池高度 H 为 40mm 时，铸轧辊名义半径 R_0 对孔型回转半径和入口截面轮廓的影响

增大时，孔型最小回转半径同样呈线性增大趋势，但铸轧辊数量对孔型最小回转半径并无影响，如图 5-23b 所示。

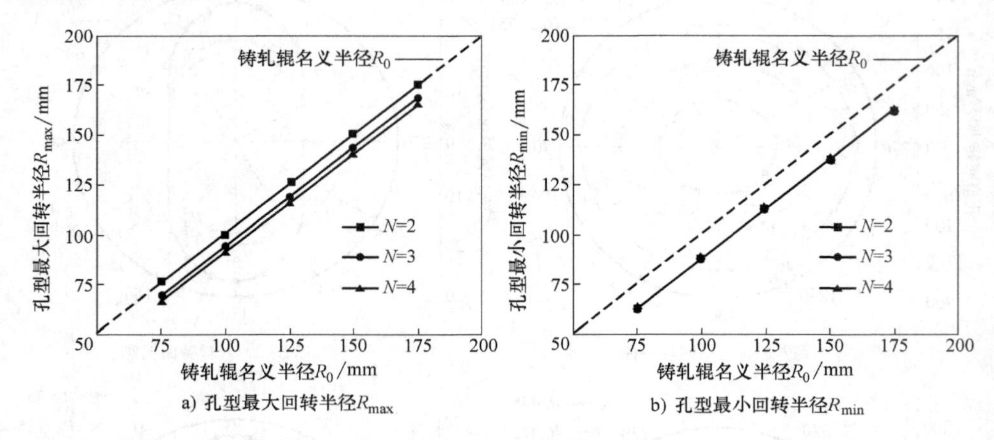

a) 孔型最大回转半径R_{max}　　b) 孔型最小回转半径R_{min}

图 5-23　铸轧辊名义半径对出口截面最大孔型回转半径和最小孔型回转半径的影响

铸轧辊名义半径对入口截面最大尺寸和最小尺寸的影响如图 5-24 所示。随铸轧辊名义半径增大，最大尺寸呈非线性减小趋势，不受铸轧辊数量影响，并且铸轧辊名义半径越大时减小趋势越弱，如图 5-24a 所示。双辊布置模式时，最小尺寸不受铸轧辊名义半径的影响，均等于孔型半径；三辊或四辊布置模式时，随铸轧辊名义半径增大，入口截面最小尺寸呈非线性减小趋势，并且铸轧辊名义半径越大时减小趋势越弱，如图 5-24b 所示。

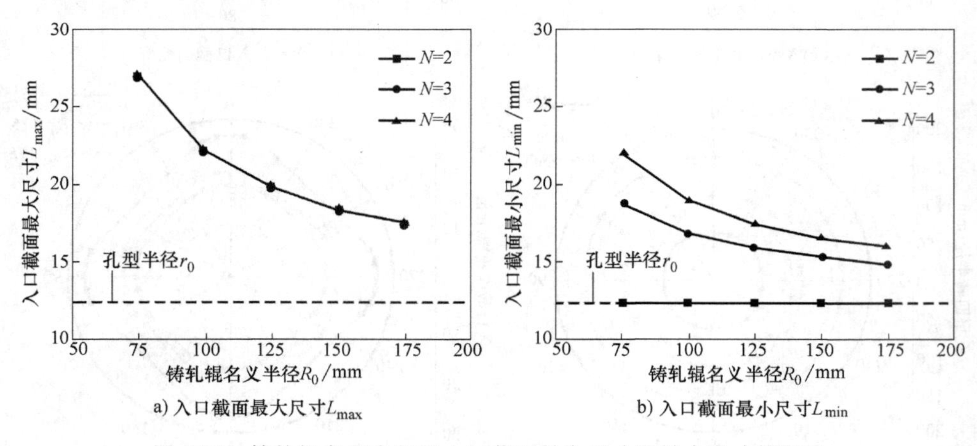

a) 入口截面最大尺寸L_{max}　　b) 入口截面最小尺寸L_{min}

图 5-24　铸轧辊名义半径对入口截面最大尺寸和最小尺寸的影响

铸轧辊名义半径对出口截面孔型回转半径均匀度和入口截面轮廓均匀度的影响如图 5-25 所示。随着铸轧辊名义半径增大，孔型回转半径均匀度呈非线性增大趋势，并且铸轧辊名义半径越大，增大趋势越弱；随着铸轧辊数量增加，孔型回转半径均匀度增大，如图 5-25a 所示。

随着铸轧辊名义半径增大，入口截面轮廓均匀度呈非线性增大趋势，并且铸轧辊名义半径越大，增大趋势越弱；随着铸轧辊数量增加，入口截面轮廓均匀度增大，如图 5-25b 所示。

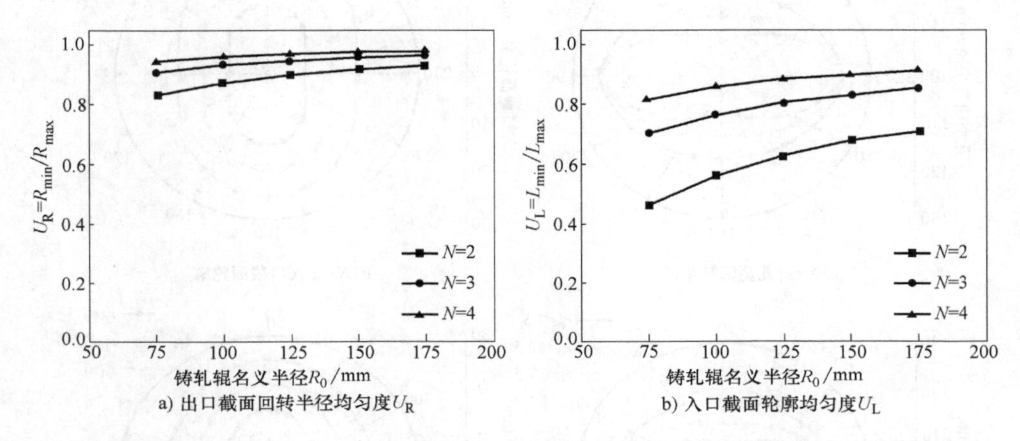

图 5-25　铸轧辊名义半径对出口截面孔型回转半径均匀度和入口截面轮廓均匀度的影响

5.3.3　铸轧辊孔型半径影响

当铸轧辊名义半径为 $R_0=125$mm，熔池高度为 $H=40$mm 时，孔型半径 r_0 对孔型回转半径和入口截面轮廓的影响如图 5-26 所示。孔型回转半径在圆周方向上的等分数量与铸轧辊数量相同，随着孔型半径增大，孔型回转半径在圆周方向上的分布均匀性降低，并且孔型半径越大时越显著，例如当孔型半径为 17.5mm 时，如图 5-26a、c、e 所示。此外，铸轧辊数量增加可显著改善孔型回转半径在圆周方向上的分布均匀性。

入口截面轮廓在圆周方向上的等分数量与铸轧辊数量相同，并且形状受铸轧辊数量的影响显著。双辊布置模式时近似为“带有圆角的矩形”，如图 5-26b 所示；三辊布置模式时近似为“带有圆角的三角形”，如图 5-26d 所示；四辊布置模式时近似为“带有圆角的正方形”，如图 5-26f 所示。此外，无论何种布置模式，随着孔型半径增大，入口截面轮廓均近似按一定比例放大。

孔型半径 r_0 对出口截面孔型最大回转半径和孔型最小回转半径的影响如图 5-27 所示。双辊布置模式时，孔型最大回转半径不受孔型半径影响，恒等于铸轧辊名义半径；三辊或四辊布置模式时，随孔型半径增大，孔型最大回转半径呈线性减小趋势，铸轧辊数量增加有利于减小孔型最大回转半径，如图 5-27a 所示。随孔型半径增大，孔型最小回转半径同样呈线性减小趋势，但不受铸轧辊数量影响，如图 5-27b 所示。

孔型半径 r_0 对入口截面最大尺寸和最小尺寸的影响如图 5-28 所示。随着孔型

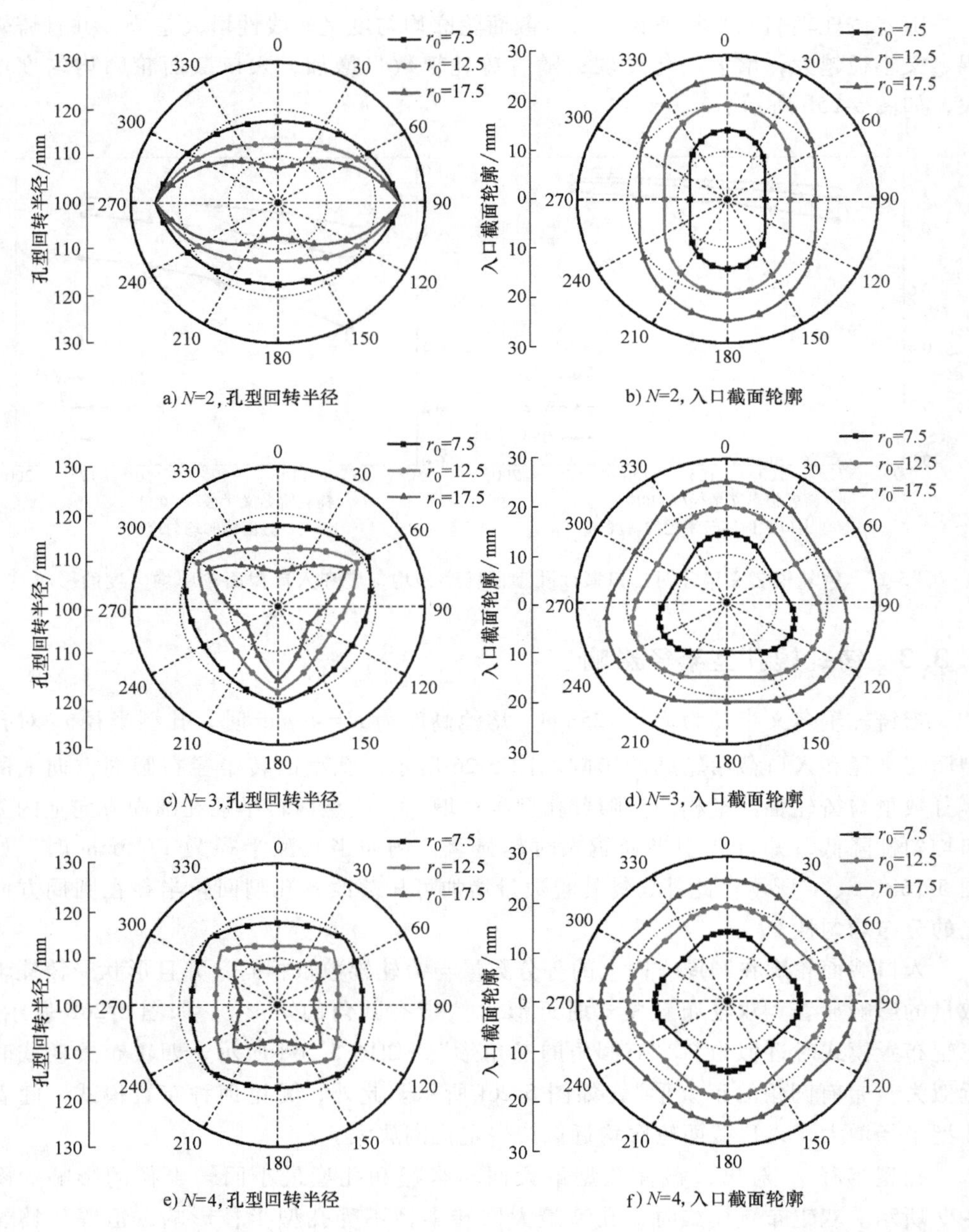

图 5-26　当 $R_0=125\mathrm{mm}$，$H=40\mathrm{mm}$ 时，孔型半径 r_0 对孔型回转半径和入口截面轮廓的影响

半径增大，入口截面最大尺寸呈线性增大趋势，与孔型半径间差值恒定，并且不受铸轧辊数量影响，如图 5-28a 所示。双辊布置模式时，入口截面最小尺寸不受孔型半径影响，恒为孔型半径；三辊或四辊布置模式时，随孔型半径增大，入口截面最小尺寸呈线性增大趋势，并且与孔型半径间差值恒定，如图 5-28b 所示。

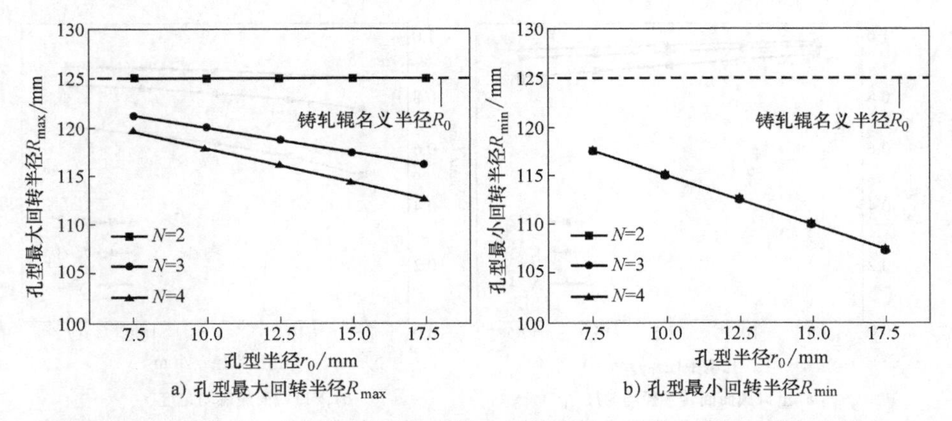

a) 孔型最大回转半径R_{max}　　b) 孔型最小回转半径R_{min}

图 5-27　孔型半径 r_0 对出口截面孔型最大回转半径和孔型最小回转半径的影响

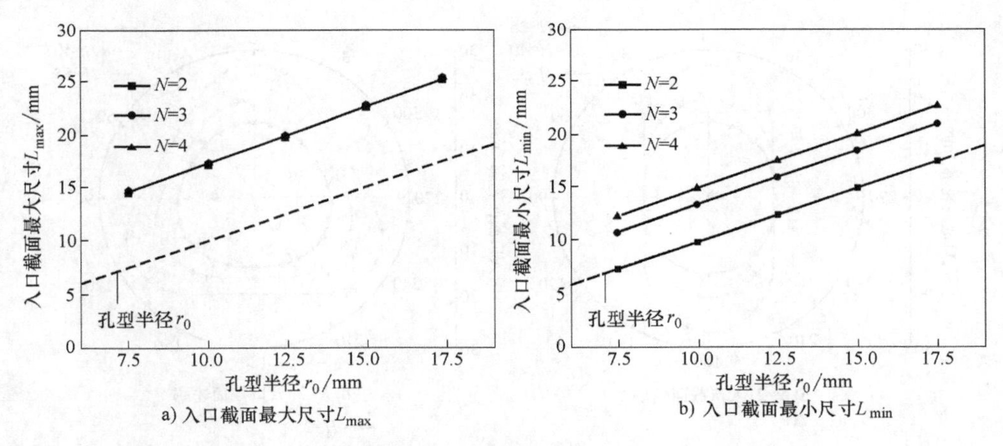

a) 入口截面最大尺寸L_{max}　　b) 入口截面最小尺寸L_{min}

图 5-28　孔型半径 r_0 对入口截面最大尺寸和最小尺寸的影响

孔型半径 r_0 对出口截面孔型回转半径均匀度和入口截面轮廓均匀度的影响如图 5-29 所示。随着孔型半径增大，孔型回转半径均匀度呈降低趋势，并且当铸轧辊数量增加时，孔型回转半径均匀度略微增大，如图 5-29a 所示。随着孔型半径增大，入口截面轮廓均匀度呈非线性增大趋势，并且孔型半径越大时，增大趋势减弱；此外，当铸轧辊数量增加时，入口截面轮廓均匀度显著增大，如图 5-29b 所示。

5.3.4　铸轧区熔池高度影响

熔池高度变化时只改变铸轧区入口截面，对铸轧区出口截面无影响。

当铸轧辊半径为 125mm，孔型半径为 12.5mm 时，熔池高度 H 对入口截面轮廓的影响如图 5-30 所示。入口截面轮廓在圆周方向上的等分数量同样与铸轧辊数量相同，并且受铸轧辊数量的影响显著。双辊布置模式时，随着熔池高度增大，入口截面轮廓只改变高度而不改变宽度，因此圆周方向上的分布均匀性显著变差，如

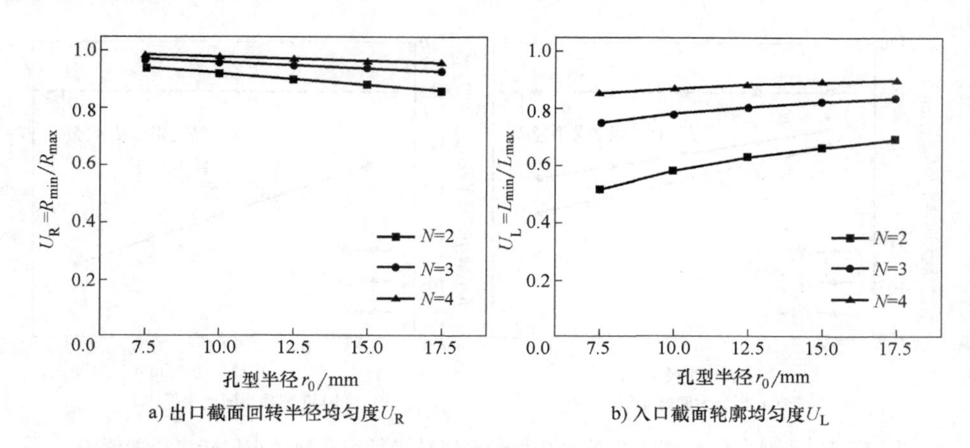

图 5-29 孔型半径 r_0 对出口截面孔型回转半径均匀度和入口截面轮廓均匀度的影响

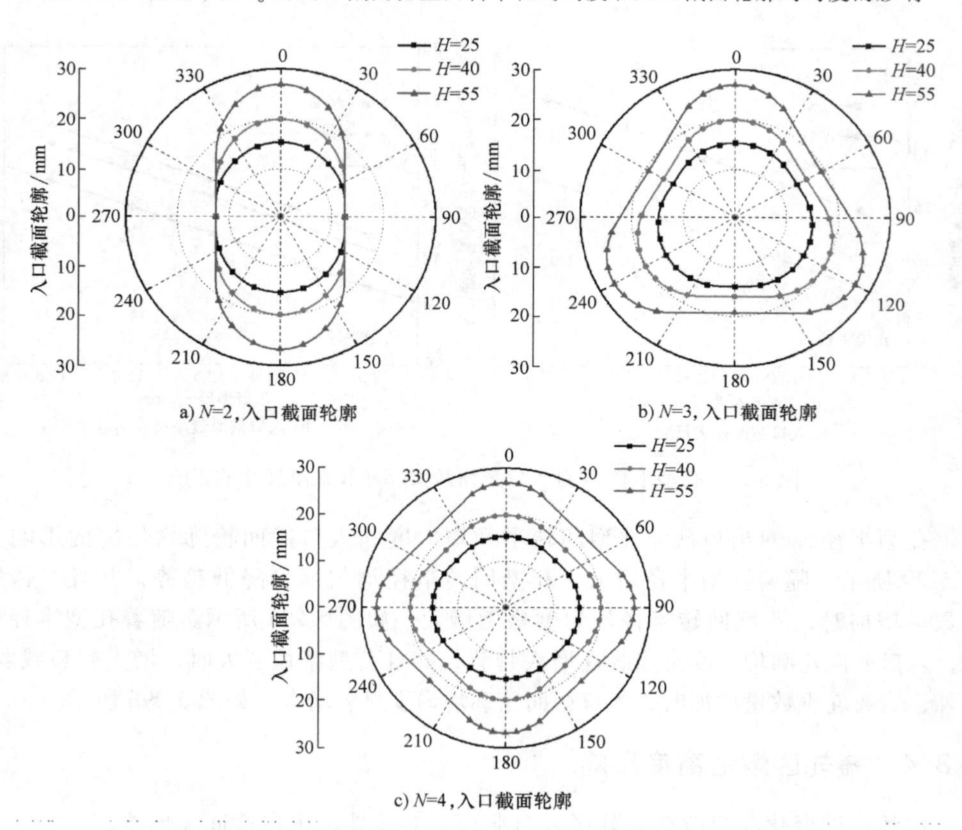

图 5-30 当铸轧辊半径为 125mm，孔型半径为 12.5mm 时，
熔池高度 H 对入口截面轮廓的影响

图 5-30a 所示。三辊或四辊布置模式时，随着熔池高度增大，入口截面轮廓近似按一定比例放大，圆周方向上的分布均匀性无显著变化，如图 5-30b、c 所示。

熔池高度 H 对入口截面最大尺寸和最小尺寸的影响如图 5-31 所示。随着熔池高度增大，入口截面最大尺寸呈非线性增大趋势，并且不受铸轧辊数量影响，如图 5-31a 所示。双辊布置模式时，入口截面最小尺寸不受熔池高度影响，恒为孔型半径；三辊或四辊布置模式时，随熔池高度增大，最小尺寸呈非线性增大趋势，并且熔池高度越大时增大趋势越强，如图 5-31b 所示。

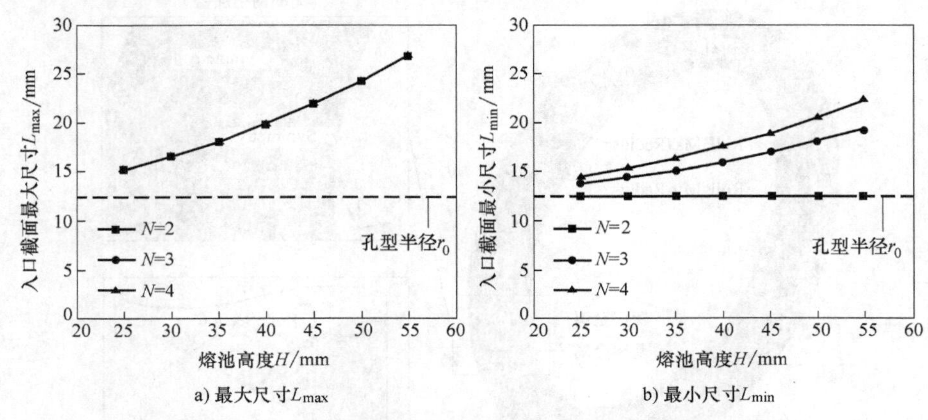

图 5-31 熔池高度 H 对入口截面最大尺寸和最小尺寸的影响

熔池高度 H 对入口截面轮廓均匀度的影响如图 5-32 所示，入口截面轮廓均匀度随着熔池高度增大近似呈线性减小趋势，增加铸轧辊数量可改善入口截面轮廓均匀度。

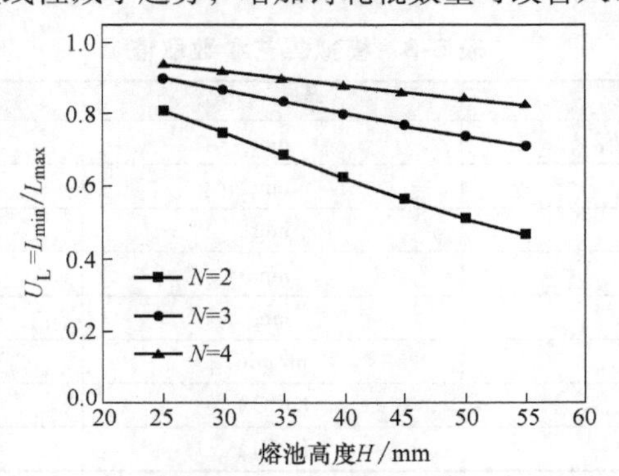

图 5-32 熔池高度 H 对入口截面轮廓均匀度的影响

5.4 传热均匀性对比分析

5.4.1 热-流耦合仿真模型

基于 FLUENT 软件建立多辊固-液铸轧复合技术的热-流耦合仿真模型，考虑几何对称性，双辊方案采用四分之一模型，三辊方案采用六分之一模型，四辊方案采用八分之一模型。以三辊布置模式为例，几何模型和网格模型及边界命名如图 5-33 所示，模型包括铸轧辊、覆层金属和基体金属。为了保证计算精度对铸轧区进行网格局部加密，材料热物性参数如前所述，模拟工艺参数取值见表 5-3。为便于直观理解温度高低，文中温度均采用摄氏温标，计算过程中按需进行单位制转换。

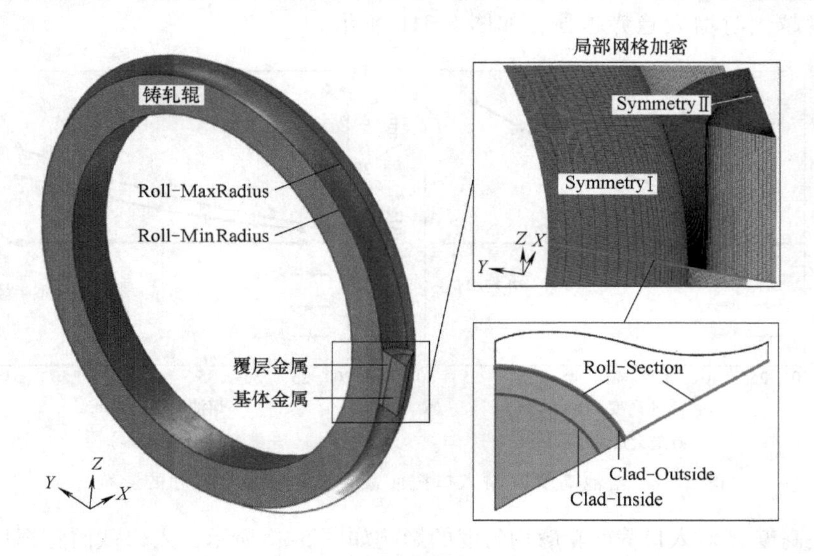

图 5-33 几何模型和网格模型及边界命名

表 5-3 模拟工艺参数取值

参数	单位	取值
铸轧辊名义半径 R_0	mm	125
孔型半径 r_0	mm	12.5
熔池高度 H	mm	30
铸轧辊内径	mm	92.5
基体金属半径 r_s	mm	10
名义铸轧速度 v_{NCast}	m/min	3.5
基体预热温度 T_{Sub}	K(℃)	298(25)
浇注温度 T_{Cast}	K(℃)	1393(1120)

基本假设如下所示：

1）铸轧辊和基体金属视为刚体，不发生弹塑性变形，且铸轧辊做匀速转动。

2）铜液、半固态铜液视为不可压缩的牛顿流体。

3）只考虑对流换热和热传导，忽略辐射换热对铸轧过程流场、温度场的影响。

边界条件如下：

1）熔池入口，设为速度入口边界，沿入口方向，入口速度的大小根据入口流量和出口流量质量守恒计算，入口温度为液态覆层金属浇注温度。

2）熔池出口，设为速度出口边界，沿出口方向，根据名义铸轧速度确定。

3）接触界面设为耦合壁面，界面接触热阻等效为界面气隙热阻，空气热导率约为 0.02W/(m·K)。

4）基体金属运动速度等于名义铸轧速度，初始温度等于基体预热温度。

5）铸轧辊转速根据名义铸轧速度确定，初始温度为 25℃。

6）铸轧辊与冷却水间为对流换热，冷却水温度为 25℃，对流传热系数设为 $8kW/(m^2 \cdot K)$。

7）牵引速度只作用于液体的体积分数小于 1%时，故可对整个熔池设置连续铸轧的牵引速度。

5.4.2　布置模式对比

多辊固-液铸轧复合技术的热-流耦合工艺温度场模拟结果如图 5-34 所示。从温度场中可以看出，铸轧辊与覆层金属在接触区域进行强烈的换热，温度迅速升高，非接触区域在内部循环冷却水的冷却作用下，温度逐渐降低，处于典型的周期性热冲击条件。从局部放大的铸轧区温度场中可以看出，覆层金属在铸轧辊和基体金属的双重冷却作用下逐渐降温、凝固，并且由于圆周方向上的几何不均匀性和换热边界条件不均匀性，导致凝固点高度在圆周方向上存在一定差异。

当铸轧名义速度一定时，随着铸轧辊数量增加，入口截面的面积增大，根据质量守恒，入口速度将减小，如图 5-35a 所示。与此同时，熔池体积增大，铸轧区几何轮廓均匀性提高，但侧封面积也逐渐增大，如图 5-35b 所示。

圆周方向上的凝固点高度均匀度可由对称面 Symmetry Ⅰ 和对称面 Symmetry Ⅱ 的凝固点高度表征，结果如图 5-36a 所示。随着铸轧辊数量增加，对称位置 Symmetry Ⅰ 的凝固点高度呈下降趋势，对称位置 Symmetry Ⅱ 的凝固点高度同样呈下降趋势，但下降幅度更大。三种布置模式时由式（5-42）计算得到的凝固点高度均匀度分别为 93.2%、97.3%、99.4%，即，随着铸轧辊数量增加，凝固点高度均匀度将明显增加。

热变形过程中材料性能通常取决于温度、应变与应变速率。对于多辊固-液铸轧复合技术而言，凝固点高度均匀度并不等同于应变均匀度或应变速率均匀度。三种布置模式下的对称位置 SymmetryⅠ和对称位置 SymmetryⅡ处的塑性应变如图 5-36b 所示。根据几何关系，双辊布置模式时在对称位置 Symmetry Ⅰ 处的塑性应变为 0.519，在对称位置 Symmetry Ⅱ 处并无明显塑性变形，虽然通过调控侧封处换热边界可以提高凝固点高度均匀度，但无法提高应变均匀度和应变速率均匀度。三辊布置模式时在对称位置 Symmetry Ⅰ 和 Symmetry Ⅱ 处的塑性应变分别为 0.502 和 0.335。四辊布置模式时在对称位置 Symmetry Ⅰ 和 Symmetry Ⅱ 处的塑性应变分别为 0.494 和 0.403。因此，随着铸轧辊数量增加，圆周方向上的应变均匀度和应变速率均匀度可明显提高。

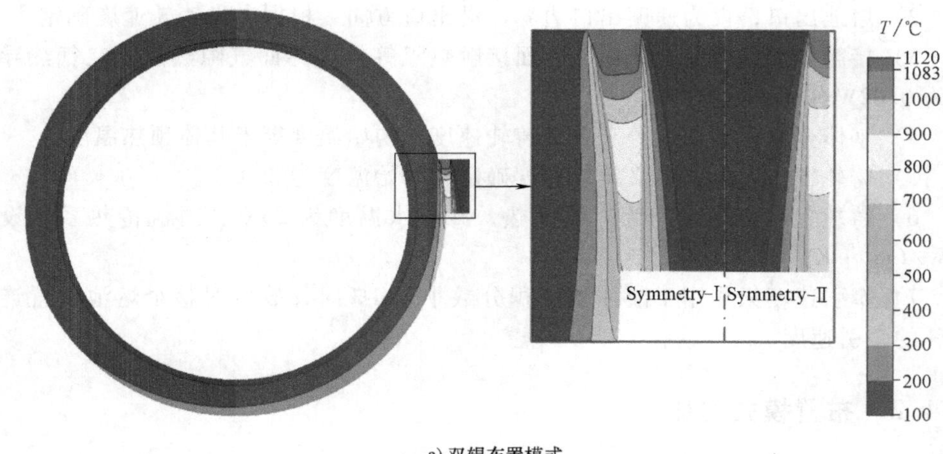

a) 双辊布置模式

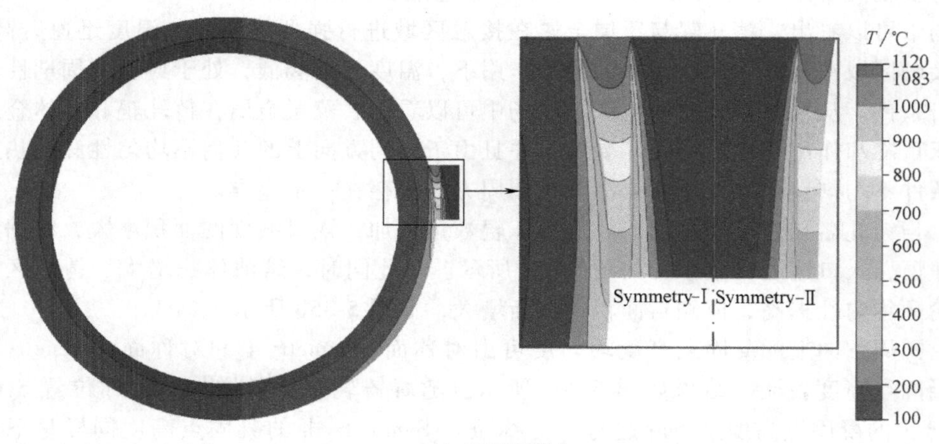

b) 三辊布置模式

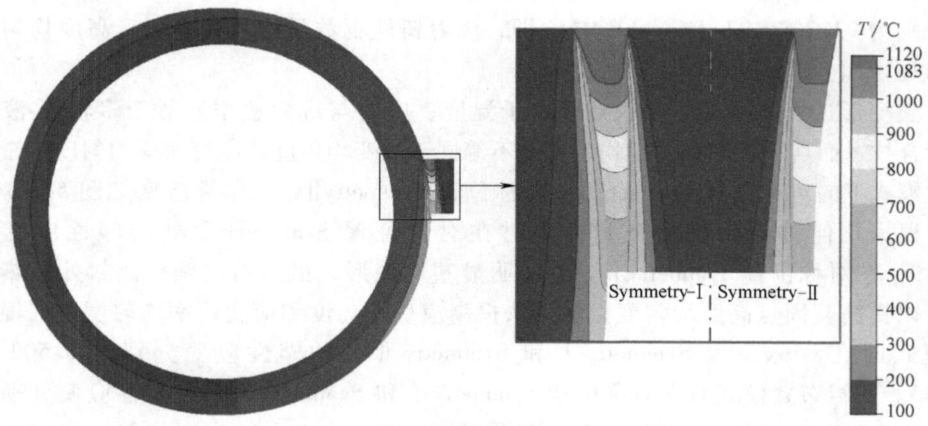

c) 四辊布置模式

图 5-34 多辊固-液铸轧复合铸轧技术温度场模拟结果

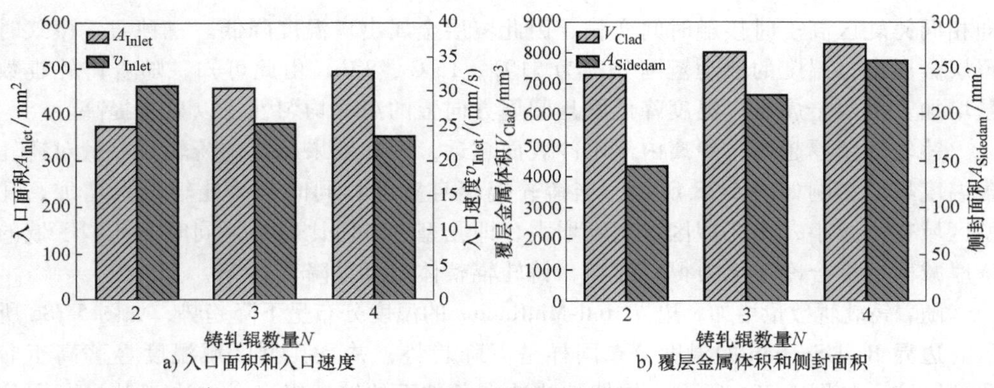

图 5-35　铸轧辊数量对铸轧区的影响

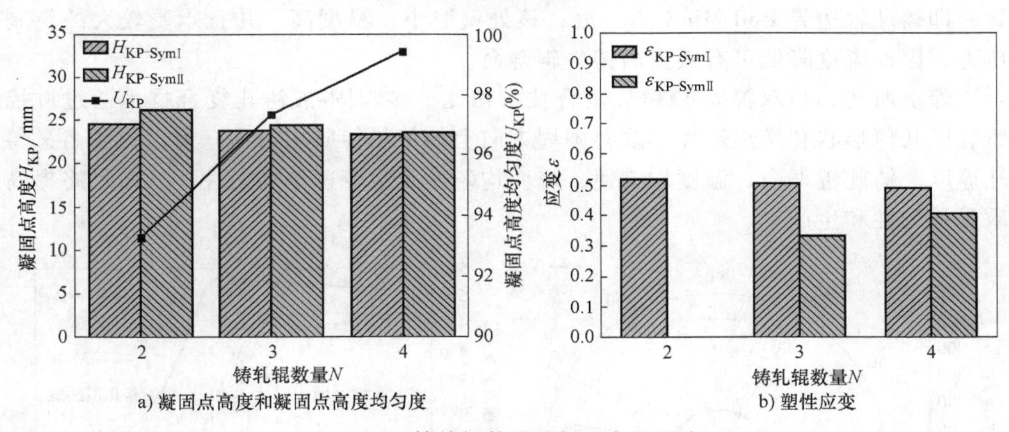

图 5-36　铸轧辊数量对凝固点的影响

覆层金属出口边界 Clad-Outside 和 Clad-Inside 处的温度分布如图 5-37 所示。当名义铸轧速度一定时，随着铸轧辊数量增加，入口截面面积增大，入口速度减小，

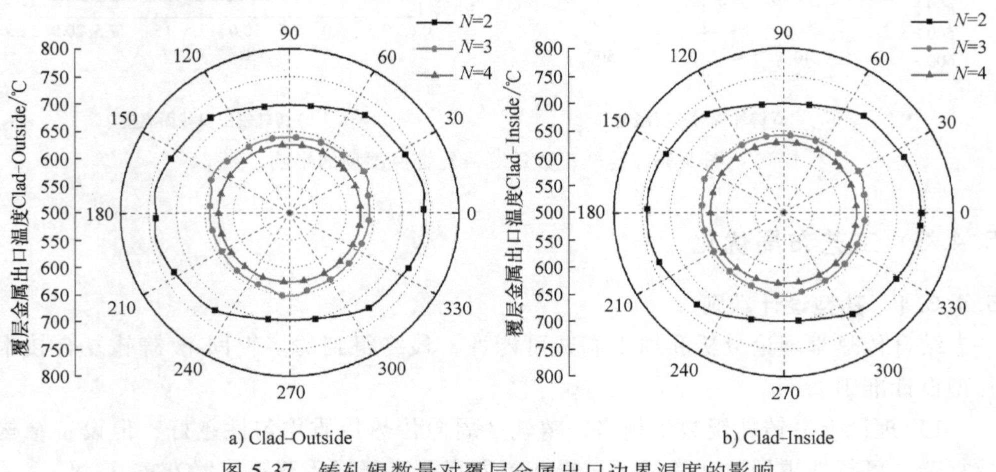

图 5-37　铸轧辊数量对覆层金属出口边界温度的影响

即相同铸轧区高度时接触时间变长，因此覆层金属出口温度降低。三种布置模式时覆层金属出口温度的波动范围分别为 51℃、15℃、8℃。由此可知，随着铸轧辊数量增加，覆层金属出口温度降低并且圆周方向上的温度均匀性得以显著提高。

铸轧辊壁厚越厚，距离内部水冷表面越远，冷却效果越差。铸轧辊数量对铸轧辊温度场的影响如图 5-38 所示，当铸轧辊辊身宽度相同时，铸轧辊数量增加，孔型区域宽度减小，非孔型区域宽度增大，即孔型区域占比减小，同时非孔型区域的壁厚减薄，综合冷却能力得以提高，铸轧辊整体温度呈降低趋势。

随着铸轧辊数量增加，边界 Roll-MinRadius 的温度分布呈下降趋势，如图 5-38a 所示。边界 Roll-Section 的温度分布同样呈下降趋势，并且孔型区域温度显著高于非孔型区域，如图 5-38b 所示。周期性热冲击条件下的铸轧辊寿命取决于其最薄弱位置，即铸轧辊边界 Roll-MinRadius 处，该处壁厚小、温度高，并且承受较大的轧制压力，因此温度降低可有效提高铸轧辊寿命。

综上所述，与双辊固-液铸轧复合技术相比，多辊固-液铸轧复合技术通过调控铸轧区几何形状和换热边界，改善圆周方向上的传热传质均匀性，可以提高名义铸轧速度、铸轧辊寿命、温度均匀性、应变均匀性及应变速率均匀性，从而最终提高质量均匀性和生产率。

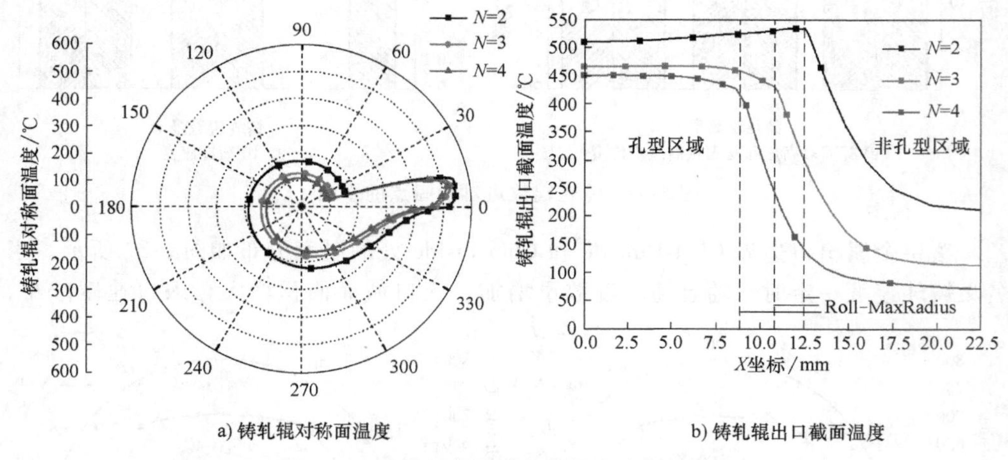

a) 铸轧辊对称面温度　　b) 铸轧辊出口截面温度

图 5-38　铸轧辊数量对铸轧辊温度场的影响

5.4.3　工艺布局优化

5.4.3.1　孔型设计准则

结合传热学理论分析和加工制造可能性，最终得到的多辊固-液铸轧复合技术孔型设计准则如下。

1）理论上，铸轧辊数量越多，铸轧区周向传热传质均匀性越好，但设备结构越复杂，可行性越低，通常情况三辊布置方案要显著好于双辊布置方案。

2）目标产品尺寸确定时则孔型尺寸确定，需以出口截面孔型回转半径均匀度和入口截面轮廓均匀度为目标，优化铸轧辊其他结构参数。

5.4.3.2　工艺方案选择

多辊连轧管技术中轧辊传动方案有单轴驱动和多轴独立驱动两种方式，并且实际生产中双辊配置、三辊配置和四辊配置均已有成功应用案例。对于多辊固-液铸轧复合技术而言，理论上，铸轧辊数量越多，圆周方向上的传热传质均匀性越好。但铸轧辊通常为辊套和辊芯配合方式，由内部循环冷却水带走铸轧区内的大量热量，多辊固-液铸轧复合设备结构更加紧凑，设计时需要考虑加工制造的可行性，例如铸轧辊冷却水道结构、主传动系统、旋转接头尺寸等，因此铸轧辊数量并不能无限增多。

对于小直径目标样品而言，最主要的限制因素是旋转接头及其密封件的最小尺寸，易发生几何干涉，因此铸轧辊数量不宜过多；对于大直径目标样品而言，传动方式为主要限制因素，有望采用四辊甚至更多铸轧辊数量。

金属包覆材料直径通常较小，约为5~60mm，从周向传热传质均匀性角度而言，四辊布置模式更佳。无论单轴驱动还是独立传动都面临旋转接头结构干涉问题，而三辊布置模式的周向传热传质均匀性与四辊布置模式相近，因此最终确定的原理样机雏形为单轴驱动三辊传动布置模式，如图5-39所示，该方案结构紧凑、布局合理、成本节约。

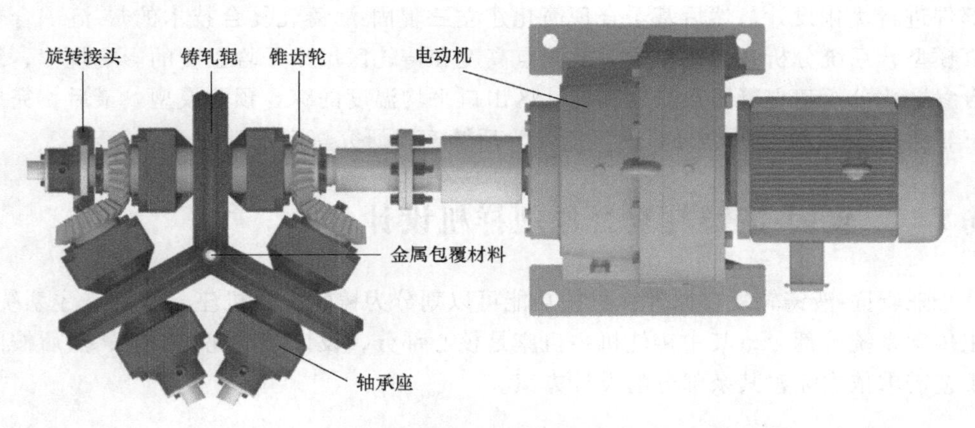

图5-39　多辊固-液铸轧复合技术优化方案及原理样机雏形

第6章 金属包覆材料三辊固-液铸轧复合原理样机设计

金属包覆材料多辊固-液铸轧复合技术属于典型的学科交叉问题，涉及传热学、材料科学、金属凝固理论、扩散相变原理和金属塑性变形理论等，在理论上有较高的难度，而多辊固-液铸轧复合原理样机开发过程中也存在许多关键问题亟待解决。随着计算机技术的发展，三维建模及数字化设计缩短了新型装备开发周期，并且数值模拟技术为新技术开发及工艺参数影响规律研究提供了一种高效便捷的方法。

第5章中确定的多辊固-液铸轧复合技术优化方案为三辊布置模式，为了完成三辊固-液铸轧复合原理样机设计与过程仿真，本章基于优化工艺布置方案，按照核心至辅助的设计原则率先完成样机设计和选型，结合工艺特点和需求对关键核心部件进行优化设计。然后基于合理简化建立三辊固-液铸轧复合技术的热-流耦合仿真模型，系统分析各工艺参数对凝固点高度和铸轧区出口平均温度的影响规律，结合参数化分析建立凝固点高度和铸轧区出口平均温度的综合预测模型。最后，完成三辊固-液铸轧复合原理样机的试制，为后续实验研究奠定基础。

6.1 三辊固-液铸轧复合原理样机设计

三辊固-液铸轧复合原理样机按功能可以划分为铸轧机主机座、熔炼浇注系统、主传动系统等部分，其中铸轧机主机座是核心部分，设计时需优先确定，然后按照工艺需求依次完善其余部分的设计方案。

6.1.1 铸轧机主机座

铸轧机主机座主要包括铸轧辊辊系、旋转接头、供水系统和铸轧机机架等。

6.1.1.1 铸轧辊辊系

铸轧辊通常采用辊套和辊芯配合的方式，内部通有循环强制冷却水，担负着铸造机水冷结晶器和热轧机轧辊冷却的双重作用。铸轧区内覆层金属与铸轧辊进行剧烈的接触换热，最终大量热量由内部冷却水带走，在凝固点以下覆层金属受到铸轧辊的轧制作用发生显著塑性变形。整个铸轧技术中，始终贯穿着铸造结晶和轧制变

形两个过程，铸轧辊处于周期性热-力循环状态，因此铸轧辊设计需要综合考虑冷却能力和力学性能两方面，从而保证工作性能优越性和服役过程安全性。提高铸轧辊冷却能力主要有三种方法，即更换辊套材料、改进辊芯结构和改善冷却水系统[127]。

辊套对材料强度、硬度、刚度等有较高要求，长期以来多采用高温合金钢作为辊套材料，例如Cr-Ni-Mo-V高碳合金结构钢、Cr-Mo-V低碳合金结构钢、Cr-Mo-V和Ni-Cr-Mo中碳合金结构钢等，热导率仅25W/(m·K)左右，限制了铸轧速度的提高。铜合金导热性能约为合金钢的10倍以上，可显著提高铸轧速度和材料性能[128]，例如Cu-Co-Be合金、Cu-Be-Ni-Ti合金等，但由于成本限制目前尚未大范围推广[129-131]。

辊内结构优化主要是指优化冷却水流通道，包括供水方式和沟槽分布，应保证铸轧辊轴向长度上的温差小于5℃。供水方式有一端进排水和两端进排水两种形式，考虑到工业中铸轧机一端为操作侧，一端为传动侧，因此一端进排水方式应用更广，常见的有一进一出、一进四出、两进两出等形式。冷却沟槽分布基本形式各式各样，包括横向沟槽、纵向沟槽、螺旋沟槽、纵横沟槽等，如图6-1所示。冷却沟槽分布与冷却水流运动密切相关，单向沟槽与纵横沟槽相比，机械加工简单，但宽幅时宽度方向上的均匀性较差。

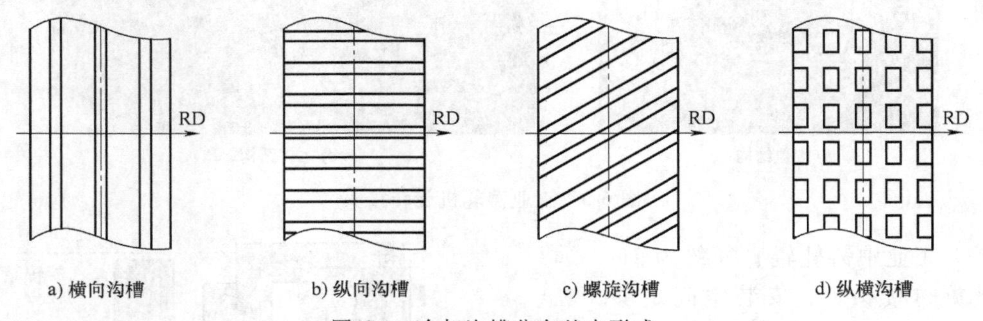

图6-1　冷却沟槽分布基本形式

对于金属包覆材料三辊固-液铸轧复合技术而言，在选择沟槽分布时，因孔型直径较小，可认为宽度方向均匀性满足要求，选择纵向沟槽即可。此外，为保证周向均匀性，供水方式选为一进四出形式，轴向孔进水口面积通常应大于出水口面积，最终确定的孔型铸轧辊冷却水道如图6-2所示。

6.1.1.2　旋转接头

旋转接头用于连接静止输出静止的管道与旋转运动设备，目前已经实现了系列化和标准化，广泛用于冶金、机床、橡胶、纺织等领域。铸轧辊一端进排水时，需要旋转接头为不停旋转的铸轧辊供水，从而保证进水排水正常工作。工业铸轧机采用的旋转接头如图6-3所示，内部结构可以定制，从而保证其进排水方式与铸轧辊内部冷却水道结构匹配。

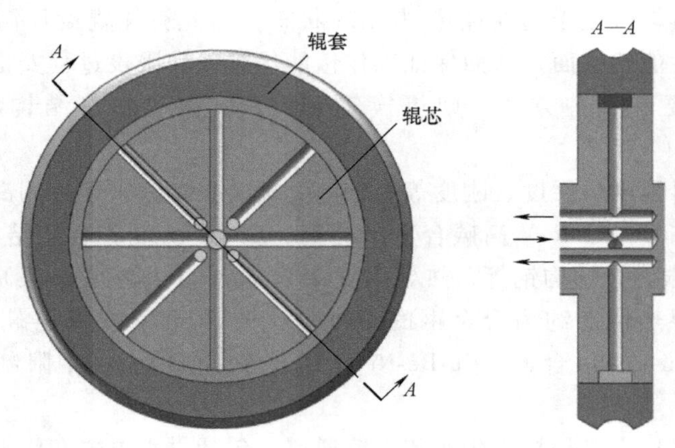

图 6-2　孔型铸轧辊冷却水道

a) 端盖结构

b) 主体结构

图 6-3　工业铸轧机旋转接头

工业中铸轧辊直径约为 1m，远比旋转接头大，安装空间足够。三辊固-液铸轧复合原理样机结构紧凑，除了需要考虑轧件咬入条件、轧机力能参数等因素外，还需要考虑旋转接头结构及其安装空间。然而，标准化的旋转接头尺寸受到内部旋转密封部件限制无法满足要求，因此采用结构紧凑的非标准旋转接头方案，如图 6-4 所示。

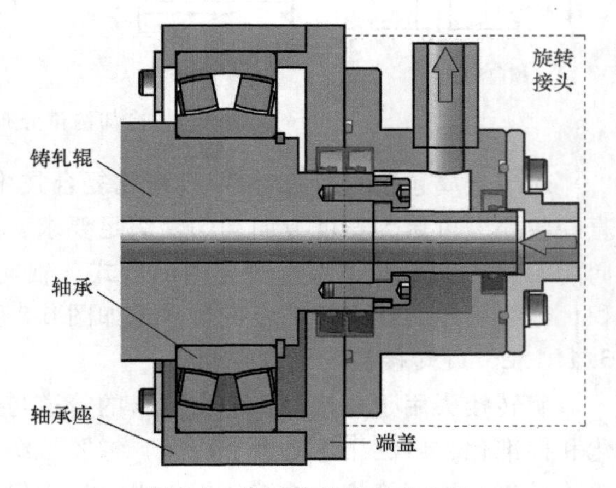

图 6-4　非标准旋转接头方案

6.1.1.3　供水系统

供水系统主要包括水泵、储水箱、管道等，为铸轧辊提供循环冷却水。水泵将储水箱中的冷却水抽入管道后流向

旋转接头进水口，完成对铸轧辊的冷却后由旋转接头出水口流入管道后最终回到储水箱。储水箱底部有排污阀，顶部有补水管道。

6.1.1.4　铸轧机机架

大长径比管棒实验轧机机架按照装配方式可以分为剖分箱体式和轴承座式。剖分箱体式通常为铸件，分为上下两部分，二者间通过预应力拉杆连接，结构紧凑，刚度较高，但结构可调整性差。轴承座式是指铸轧辊辊系与机架间通过轴承座固定，安装和调整灵活，但刚度较差。作为初代样机，为了使三辊固-液铸轧复合原理样机便于改造和调整，最终采用轴承座式，孔型中心设置限位结构，并且在机架上沿圆周方向均匀布置压下装置来提高设备刚度。

6.1.2　熔炼浇注系统

熔炼浇注系统主要包括熔炼设备、溜槽、布流器、仿形侧封以及辅助设备等。实验所用的覆层金属为工业纯铜，熔点为1082℃左右。熔炼设备为电阻加热炉，配有控温装置和保护气体，最高加热温度为1250℃。其他辅助工具主要有高纯石墨坩埚、保温棉等。实验前将切割好的铜锭加入石墨坩埚中，将电阻加热炉加热至熔炼温度，待铜锭熔化后保温。

6.1.3　主传动系统

三辊固-液铸轧复合原理样机为单辊驱动，主传动系统主要包括变频器、电动机及减速机等，主传动系统的参数见表6-1。变频器为电机的控制器，调节电机转速，二者共同组成变频调速控制系统，然后通过减速机直接驱动铸轧辊，使其以一定的转速和输出扭矩工作。

表6-1　主传动系统的主要技术参数

设　备	类　别	参　数
变频器	功率 调速类型	3kW 三相异步电机变频调速
电动机	功率 级数	3kW 6级
减速机	类型 减速比	摆线针轮减速机 87

减速机的作用是保证主传动系统最终输出三辊固-液铸轧复合技术所需的低转速和大转矩。摆线针轮减速机基于少齿差行星传动原理，具有传动比大、体积小、效率高、噪声低、传动稳、同轴输出等特点，是冶金、矿山等行业的首选设备。

6.1.4　原理样机虚拟装配

基于SOLIDWORKS软件建立各零部件的三维模型并进行虚拟装配，完成三辊固-液铸轧复合成套原理样机设计，如图 6-5 所示。利用质量属性功能计算整体质量，利用干涉检查功能避免几何干涉问题，并结合标准件尺寸进行扳手空间检查，避免安装干涉问题，最后输出工程图纸进行加工制造。

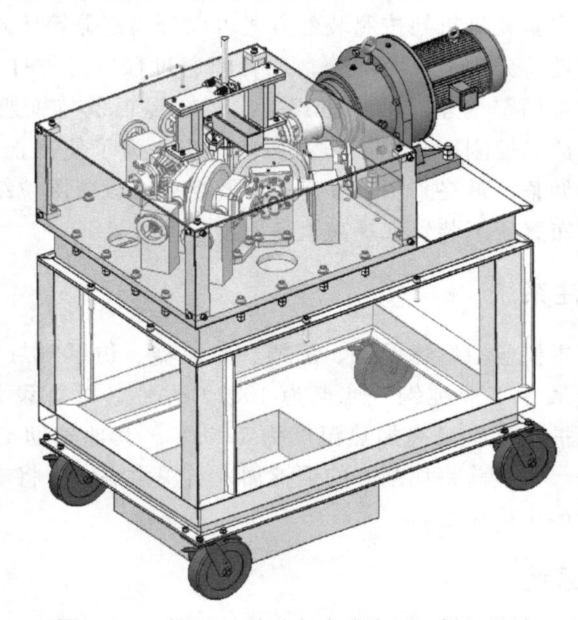

图 6-5 三辊固-液铸轧复合成套原理样机设计

6.2 三辊固-液铸轧复合原理样机结构优化

6.2.1 基体金属预热温度控制方法

6.2.1.1 一维非稳态轴对称差分模型

GRYDIN 等人对比了轧制复合与铸轧复合技术，结果表明铸轧复合技术中温度对界面结合强度的影响显著[132]。并且 HAGA 等人的研究表明，提高基体温度有助于提高界面结合强度[133]，但对于金属包覆材料三辊固-液铸轧复合技术而言，基体温度过高时易出现断裂、变形等缺陷。三辊固-液铸轧复合技术中，液态覆层金属与固态基体金属在布流器内直接接触传热，示意图如图 6-6 所示，因此有望通过调控工艺参数控制布流器出口（即铸轧区入口）处的基体温度。布流器内固-液换热过程基本假设如下。

1）基体金属形状具有轴对称性，因此可将其简化为轴对称模型。

2）基体金属处于恒速运动状态，忽略沿轴向的热传导，将其简化为一维非稳态导热问题。

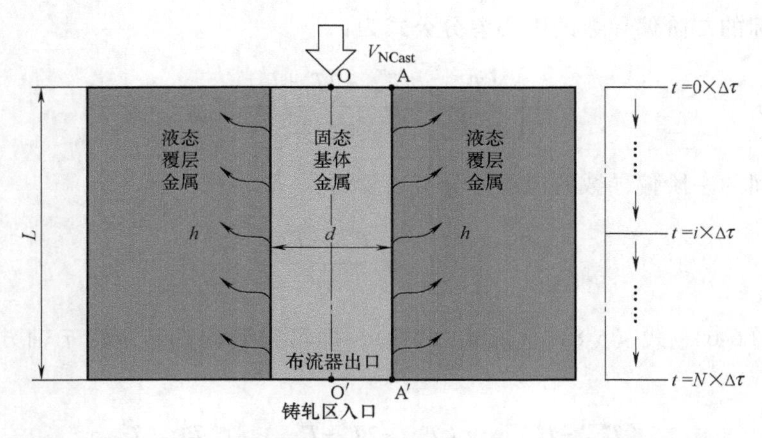

图 6-6　液态覆层金属与固态基体金属在布流器内直接接触传热示意图

圆柱坐标系（r，θ，z）下的常物性、无内热源的三维非稳态导热微分方程为：

$$\lambda\left(\frac{\partial^2 T}{\partial r^2}+\frac{1}{r}\frac{\partial T}{\partial r}+\frac{1}{r^2}\frac{\partial^2 T}{\partial \theta^2}+\frac{\partial^2 T}{\partial z^2}\right)=c_p\rho\frac{\partial T}{\partial \tau} \tag{6-1}$$

式中　λ——热导率［W/(m·K)］；

c_p——定压比热容［J/(kg·K)］；

ρ——密度（kg/m^3）；

τ——时间（s）。

常物性、无内热源的一维非稳态导热微分方程可以简化为：

$$\lambda\left(\frac{\partial^2 T}{\partial r^2}+\frac{1}{r}\frac{\partial T}{\partial r}\right)=c_p\rho\frac{\partial T}{\partial \tau} \tag{6-2}$$

初始状态基体金属各处温度均为常值，即

$$T(r)=T_0 \tag{6-3}$$

轴对称模型的旋转轴线为绝热边界

$$-\lambda\left.\frac{\partial T}{\partial r}\right|_{r=0}=0 \tag{6-4}$$

轴对称模型的表面边界为对流换热边界

$$-\lambda\left.\frac{\partial T}{\partial r}\right|_{r=r_0}=h(T-T_{\mathrm{Cast}}) \tag{6-5}$$

将求解区域离散成有限个网格，在时间维度上，以时间步长 $\Delta\tau$ 划分 N 个网格，以 k 表示其序号；在 r 轴方向上，以网格步长 Δr 划分 M 个网格，以 i 表示其序号。因此，物体内节点 i 在时刻 $k\Delta\tau$ 的温度可以表示为 T_{ki}。中间节点示意图如图 6-7a 所示，节点 i 在时刻 $k\Delta\tau$ 的温度对坐标的一阶偏导数的中心差分方程为：

$$\left(\frac{\partial T}{\partial r}\right)_{i,k}=\frac{T_{i+1}^{k}-T_{i-1}^{k}}{2\Delta r} \tag{6-6}$$

对坐标的二阶偏导数的中心差分公式为：

$$\left(\frac{\partial^2 T}{\partial r^2}\right)_{i,k}=\frac{T_{i+1}^k-2T_i^k+T_{i-1}^k}{(\Delta r)^2} \tag{6-7}$$

对时间的一阶偏导数的向前差分可表示为：

$$\left(\frac{\partial T}{\partial \tau}\right)_{i,k}=\frac{T_i^{k+1}-T_i^k}{\Delta \tau} \tag{6-8}$$

将式（6-6）~式（6-8）代入式（6-2），即可得到内部节点沿 r 轴方向的差分方程：

$$c_p\rho\frac{(T_i^{k+1}-T_i^k)}{\Delta \tau}=\lambda\left[\frac{(T_{i+1}^k-2T_i^k+T_{i-1}^k)}{(\Delta r)^2}+\frac{1}{r_i}\frac{T_{i+1}^k-T_{i-1}^k}{2\Delta r}\right] \tag{6-9}$$

整理得

$$T_i^{k+1}-T_i^k=\frac{\lambda\Delta\tau}{c_p\rho(\Delta r)^2}\left[(T_{i+1}^k-2T_i^k+T_{i-1}^k)+\frac{\Delta r}{2r_i}(T_{i+1}^k-T_{i-1}^k)\right] \tag{6-10}$$

令

$$F_0=\frac{\lambda\Delta\tau}{c_p\rho(\Delta r)^2}=\frac{a\Delta\tau}{(\Delta r)^2} \tag{6-11}$$

将式（6-11）代入式（6-10），则可以得到中间节点的差分方程为：

$$T_i^{k+1}=F_0\left(1+\frac{\Delta r}{2r_i}\right)T_{i+1}^k+F_0\left(1-\frac{\Delta r}{2r_i}\right)T_{i-1}^k+(1-2F_0)T_i^k \tag{6-12}$$

该方程的稳定性条件为：

$$1-2F_0\geqslant 0 \tag{6-13}$$

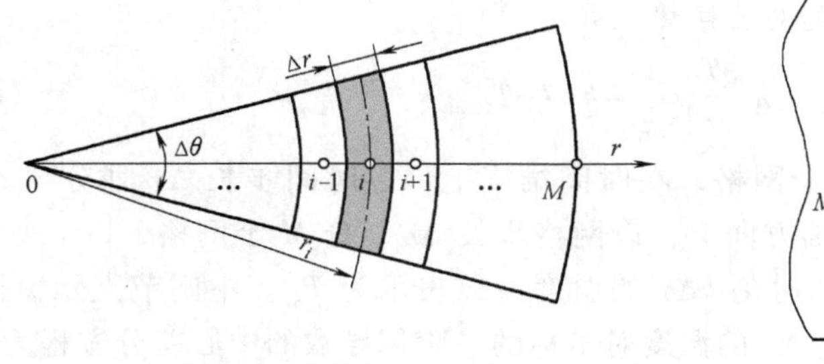

a) 中间节点

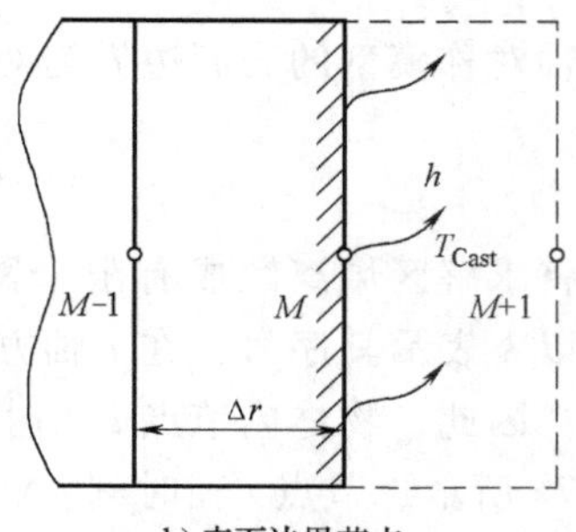

b) 表面边界节点

图 6-7　一维非稳态传热节点示意图

表面边界节点如图 6-7b 所示，假设在表面边界节点 M 以外再虚设一个节点 $M+1$，根据式（6-12）可得到其差分方程为：

$$T_M^{k+1}=F_0\left(1+\frac{\Delta r}{2r_M}\right)T_{M+1}^k+F_0\left(1-\frac{\Delta r}{2r_M}\right)T_{M-1}^k+(1-2F_0)T_M^k \tag{6-14}$$

将式（6-6）代入式（6-5）可以得到表面边界节点的中心差分公式为：

$$-\lambda\frac{T_{M+1}^k-T_{M-1}^k}{2\Delta r}=h(T_M^k-T_{\mathrm{Cast}}) \tag{6-15}$$

由于表面边界节点 $M+1$ 是虚设节点，联立式（6-14）和式（6-15）两式并消除 T_{kM+1}，令

$$B_i=h\Delta r/\lambda \tag{6-16}$$

整理得到表面边界节点 M 的差分方程为：

$$T_M^{k+1}=\left(1-2F_0-2F_0B_i\left(1+\frac{\Delta r}{2r_M}\right)\right)T_M^k+2F_0T_{M-1}^k+2F_0B_i\left(1+\frac{\Delta r}{2r_M}\right)T_{\mathrm{Cast}} \tag{6-17}$$

该方程的稳定性条件为：

$$1-2F_0-2F_0B_i\left(1+\frac{\Delta r}{2r_m}\right)\geqslant 0 \tag{6-18}$$

根据绝热边界公式（6-4），用同样方法可以得到旋转轴线边界节点的差分方程：

$$T_0^{k+1}=2F_0T_1^k+(1-2F_0)T_0^k \tag{6-19}$$

为了保证整个计算过程的稳定性，上述稳定性条件需要同时满足。

为了便于参数化分析，基于 VB 软件编制了布流器出口处基体金属温度计算程序，计算流程图如图 6-8 所示。为了提高计算精度，热物性参数随节点温度变化进行插值计算。为了验证一维非稳态轴对称差分模型的准确性，基于 FLUENT 软件建立了等比例仿真模型作为对比，模拟工艺参数取值见表 6-2。

模拟结果与计算结果对比如图 6-9 所示，从图中可以看出，计算程序与仿真软件的轴向温度分布和径向温度分布计算结果高度一致，验证了一维非稳态轴对称差分模型的准确性。并且计算程序避免了商业软件集成的前处理与后处理功能，因此计算速度更快，配合材料数据库，可用于工艺参数的影响分析和铸轧区入口温度预测。

表 6-2　模拟工艺参数取值

参　　数	单位	基准值	分析范围	变化量
基体金属半径 r_0	mm	10	6~12	1
覆层金属高度 L	mm	60	20~100	20
覆层金属浇注温度 T_{Cast}	K(℃)	1393(1120)	1373~1423(1100~1150)	10
基体金属温度 T_{Sub}	K(℃)	25	—	—
名义铸轧速度 v_{NCast}	m/min	3.5	2.5~4.5	0.25
界面传热系数 h	W/(m^2·K)	4000	—	—

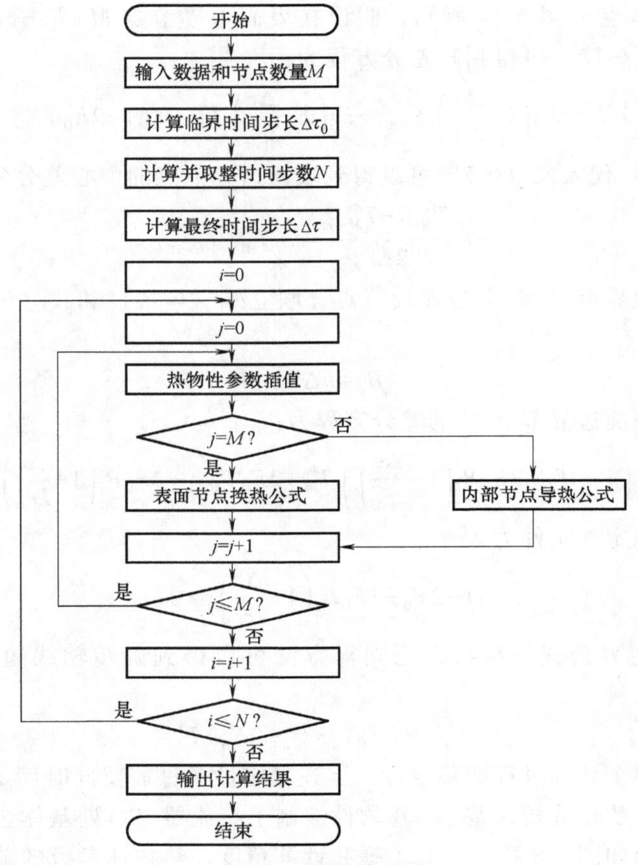

图 6-8　计算流程图

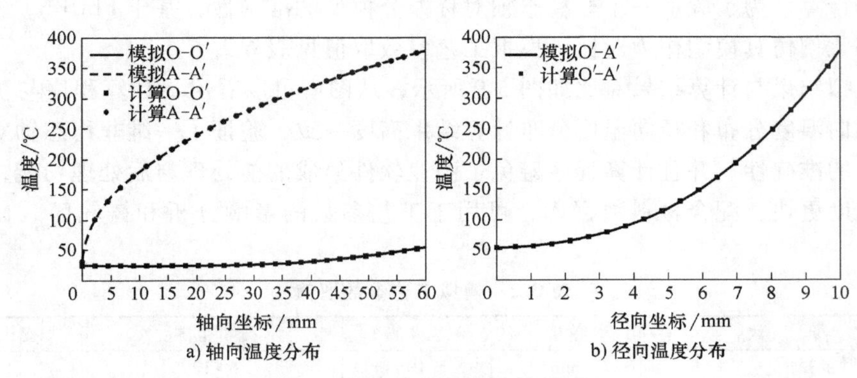

图 6-9　模拟结果与计算结果对比

6.2.1.2　名义铸轧速度影响

当覆层金属高度 $L=60\text{mm}$，基体金属半径 $r_0=10\text{mm}$，覆层金属浇注温度 $T_{\text{Cast}}=1393\text{K}(1120℃)$，名义铸轧速度 v_{NCast} 对铸轧区入口处基体金属温度的影响如

图 6-10 所示。基体金属温度依赖于其与覆层金属之间的热量传递。随着名义铸轧速度增大，布流器内基体金属与覆层金属间的固-液换热时间减少，因此铸轧区入口处基体金属的表面温度和芯部温度均明显降低，并且二者之间的温差逐渐减小。此外，基体金属内热量传递方式为热传导，因此表面温度的下降幅度和响应速度均大于芯部温度。

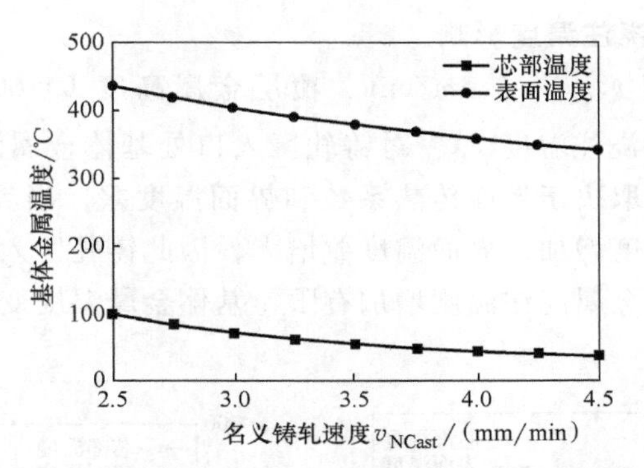

图 6-10 名义铸轧速度 v_{NCast} 对基体金属温度的影响

6.2.1.3 覆层金属高度影响

当名义铸轧速度 $v_{NCast}=3.5m/min$，基体金属半径 $r_0=10mm$，覆层金属浇注温度 $T_{Cast}=1393K(1120℃)$，覆层金属高度 L 对铸轧区入口处基体金属温度的影响如图 6-11 所示。随着覆层金属高度增加，布流器内基体金属与覆层金属间的固-液换热时间增加，因此铸轧区入口处基体金属温度整体显著升高，并且表面温度的升高幅度和响应速度均大于芯部温度，因此表面温度与芯部温度之间的温差逐渐增大。除此以外，覆层金属高度越大时高温熔体容量越大，综合温降越小，可避免过早在布流器内部凝固。

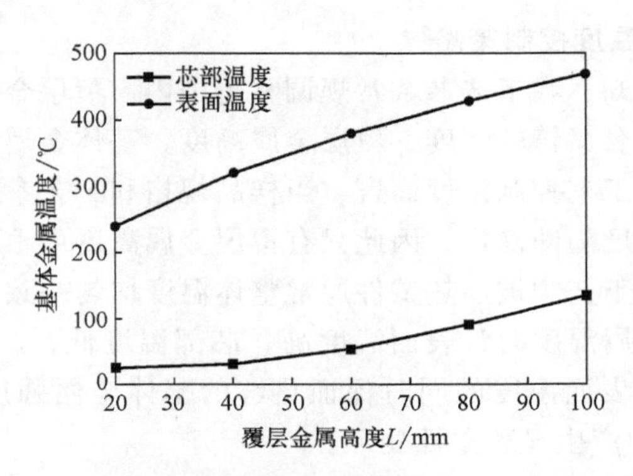

图 6-11 覆层金属高度对基体金属温度的影响

6.2.1.4 基体金属半径影响

当名义铸轧速度 $v_{NCast}=3.5m/min$，覆层金属高度 $L=60mm$，覆层金属浇注温

度 $T_{Cast}=1393K(1120℃)$，基体金属半径 r_0 对铸轧区入口处基体金属温度的影响如图 6-12 所示。基体金属半径增加，表面温度变化向芯部传递所需的时间变长，芯部对表面的冷却作用更为显著。因此随着基体金属半径增加，铸轧区入口处基体金属温度整体呈降低趋势，并且芯部温度降低更加明显，表面温度与芯部温度之间的温差逐渐增大。

6.2.1.5 覆层金属浇注温度影响

当名义铸轧速度 $v_{NCast}=3.5m/min$，覆层金属高度 $L=60mm$，基体金属半径 $r_0=10mm$，覆层金属浇注温度 T_{Cast} 对铸轧区入口处基体金属温度的影响如图 6-13 所示。界面传热强弱取决于界面传热系数和界面温度差，当界面传热系数一定时，随着覆层金属浇注温度增加，界面温度差增大，因此铸轧区入口处基体金属温度呈升高趋势。但因覆层金属浇注温度增加有限，基体金属温度变化幅度很小，且对芯部温度影响不显著。

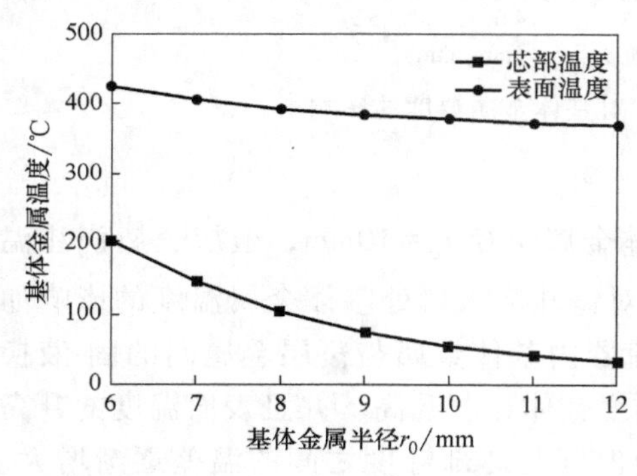

图 6-12 基体金属半径对基体金属温度的影响

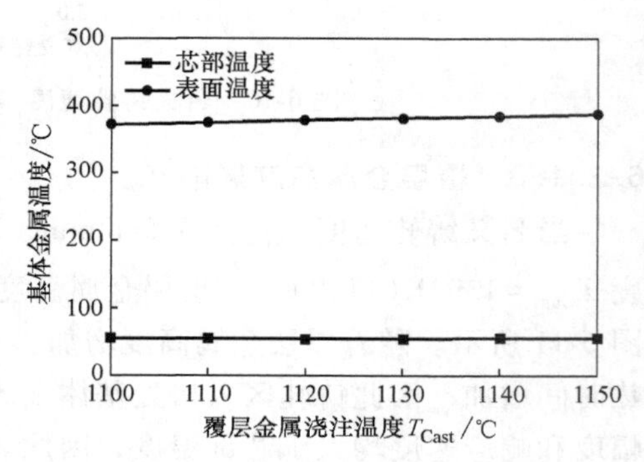

图 6-13 覆层金属浇注温度对基体金属温度的影响

6.2.1.6 基体金属温度控制策略

通过上述分析可知，在工艺参数常规调整范围内，覆层金属浇注温度对基体金属温度的影响较小，名义铸轧速度、覆层金属高度、基体金属半径对基体金属温度的影响较为显著。从工艺控制角度而言，当样品规格和工艺参数确定之后，基体金属半径和名义铸轧速度随即确定，因此只有覆层金属高度可根据需要在较大范围内进行调整。传统预热工艺中被加热试件通常整体温度均匀一致，而通过调整覆层金属高度来控制基体金属温度时，表面温度高，芯部温度低，二者之间的温差较大，因此可以在获得较高表面温度的同时保证足够的基体金属强度，避免基体金属在固-液铸轧复合过程中产生显著塑性变形。

6.2.2 铸轧辊冷却能力影响因素分析

6.2.2.1 基本假设及仿真模型

铸轧辊在服役过程中承受着周期性热冲击载荷，温度场分布对其寿命和可靠性具有重要影响，而其冷却能力也是铸轧速度提升的关键因素。铸轧辊通常由辊芯和辊套装配而成，根据二者之间是否有冷却水流通可将其沿轴向划分为冷却区和非冷却区，如图 6-14 所示。关于板带铸轧辊的研究主要侧重于轴向冷却均匀性，但因冷却区宽度通常远比非冷却区大，因此非冷却区影响可以忽略，如图 6-14a 所示。三辊固-液铸轧复合技术中孔型铸轧辊沿圆周方向均匀布置，结构更加紧凑，孔型铸轧辊的冷却区与非冷却区比例相当，如图 6-14b 所示，二者对最终冷却效果的影响尚不清晰，在铸轧辊结构设计时亟需理论指导。

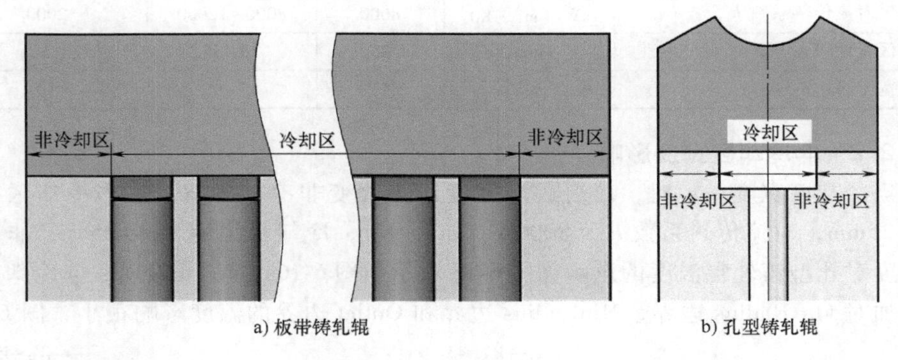

a) 板带铸轧辊　　b) 孔型铸轧辊

图 6-14　铸轧辊特征

基于 FLUENT 软件建立孔型铸轧辊稳态温度场分析模型，忽略辐射换热和空气的影响。几何模型及网格模型如图 6-15 所示，考虑几何对称性，采取二分之一模型，为了保证计算精度，对铸轧区进行网格局部加密。材料的热物性参数见第 2 章，模拟工艺参数取值见表 6-3。

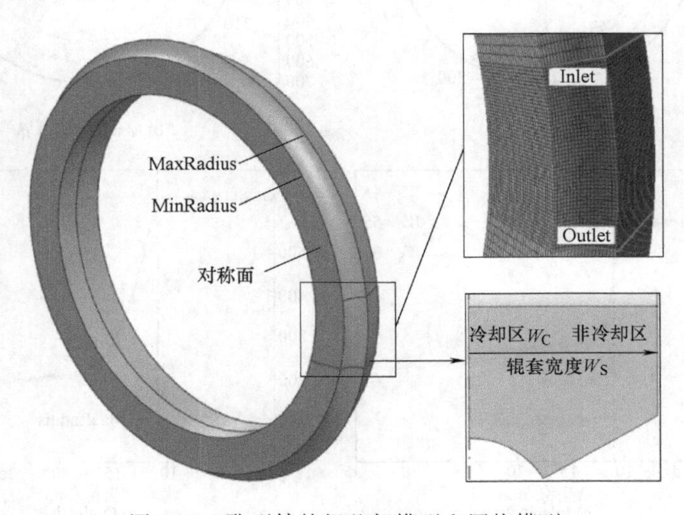

图 6-15　孔型铸轧辊几何模型和网格模型

表 6-3 模拟工艺参数取值

参　　数	单位	基准值	分析范围	变化量
辊套名义半径 r_0	mm	125	—	—
辊套内径	mm	95	—	—
铸轧区接触角	(°)	20	—	—
铸轧区平均温度	℃	1000	—	—
铸轧区平均传热系数	kW/(m²·K)	20	—	—
冷却水平均温度 T_W	℃	25	5~25	10
冷却区对流传热系数 h_c	kW/(m²·K)	8000	8000~12000	2000
冷却区宽度 W_C	mm	25	25~35	5
辊套宽度 W_S	mm	55	45~65	10

6.2.2.2 非冷却区宽度影响

当冷却区宽度一定时，改变辊套宽度即为改变非冷却区宽度。当冷却区宽度 $W_C=25$mm，对流传热系数 $h_c=8000\text{W}/(\text{m}^2\cdot\text{K})$，冷却水温度 $T_W=25$℃，非冷却区宽度对孔型铸轧辊温度的影响如图 6-16 所示。图 6-16a、b、d 表明，非冷却区宽度增加对 MaxRadius 边界、MinRadius 边界和 Outlet 边界的温度影响很小，图 6-16c

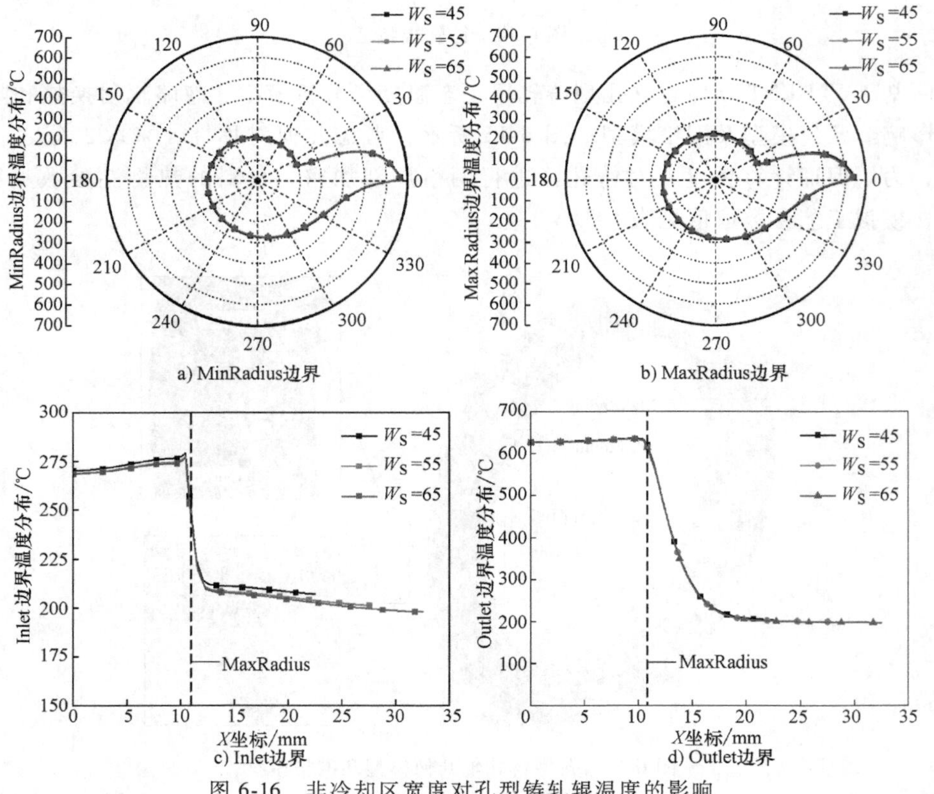

a) MinRadius边界　b) MaxRadius边界
c) Inlet边界　d) Outlet边界

图 6-16 非冷却区宽度对孔型铸轧辊温度的影响

表明随非冷却区宽度增加时 Inlet 边界的温度呈下降趋势，但幅度很小。因此，非冷却区宽度对孔型铸轧辊温度的影响很小，主要根据强度要求确定即可。

6.2.2.3　冷却区宽度影响

当辊套宽度 $W_S = 55\text{mm}$，对流传热系数 $h_c = 8000\text{W}/(\text{m}^2 \cdot \text{K})$，冷却水温度 $T_W = 25℃$，冷却区宽度对孔型铸轧辊温度的影响如图 6-17 所示。随着冷却区宽度增加，冷却水与铸轧辊辊套间的接触面积显著增大，即冷却面积增大，因此孔型铸轧辊整体温度呈下降趋势，自离开铸轧区后至再次进入铸轧区前铸轧辊表面温降逐渐增大，如图 6-17 所示。

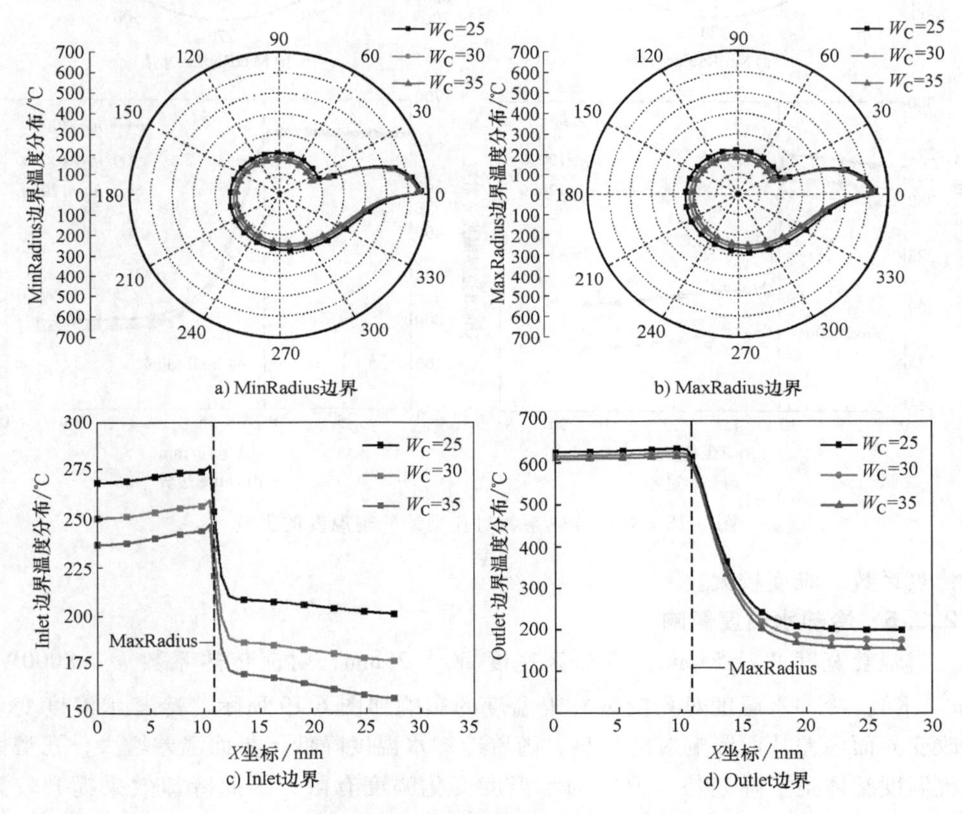

图 6-17　冷却区宽度对孔型铸轧辊温度的影响

6.2.2.4　对流传热系数影响

当辊套宽度 $W_S = 55\text{mm}$，冷却区宽度 $W_C = 25\text{mm}$，冷却水温度 $T_W = 25℃$，对流传热系数对孔型铸轧辊温度的影响如图 6-18 所示。对流传热强弱主要取决于两个因素，即对流传热系数与界面温差。随着对流传热系数增加，铸轧辊温度整体呈下降趋势，但下降幅值取决于对流传热系数的变化量。对流传热系数的主要影响因素有流体物理性质、流体流动状态和界面形貌等，在常规工况中，要想大幅度提升对

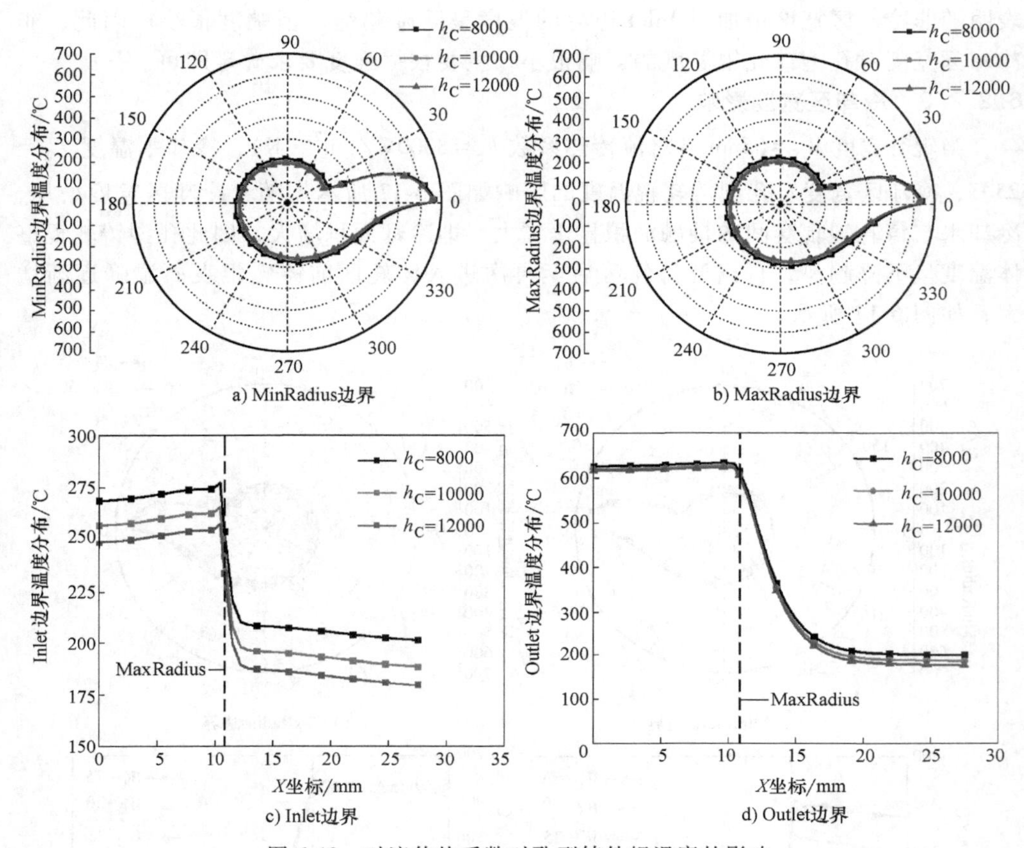

图 6-18　对流传热系数对孔型铸轧辊温度的影响

流传热系数，难度较大。

6.2.2.5　冷却水温度影响

当辊套宽度 $W_S=55\text{mm}$，冷却区宽度 $W_C=25\text{mm}$，对流传热系数 $h_c=8000\text{W}/(\text{m}^2\cdot\text{K})$，冷却水温度对孔型铸轧辊温度的影响如图 6-19 所示。冷却水温度变化是改变界面温差从而影响对流传热，随着冷却水温度降低，界面温差增大，孔型铸轧辊温度整体呈下降趋势，但冷却水温度变化幅度有限，因此冷却效果提升较为有限。

6.2.2.6　综合影响因素分析

通过单变量分析可以发现，非冷却区宽度对孔型铸轧辊冷却能力影响较小，只要其满足强度要求即可，而提高冷却区宽度、对流传热系数和降低冷却水温度有利于提高孔型铸轧辊冷却能力，但每种因素的可调整范围有限，因此很难依靠单一因素实现冷却能力的显著提升，需要综合多个因素进行协同优化，从而实现冷却能力提高的最终目标。此外，有望通过铜辊套、纳米流体、微型表面结构等方法进一步提升冷却能力。

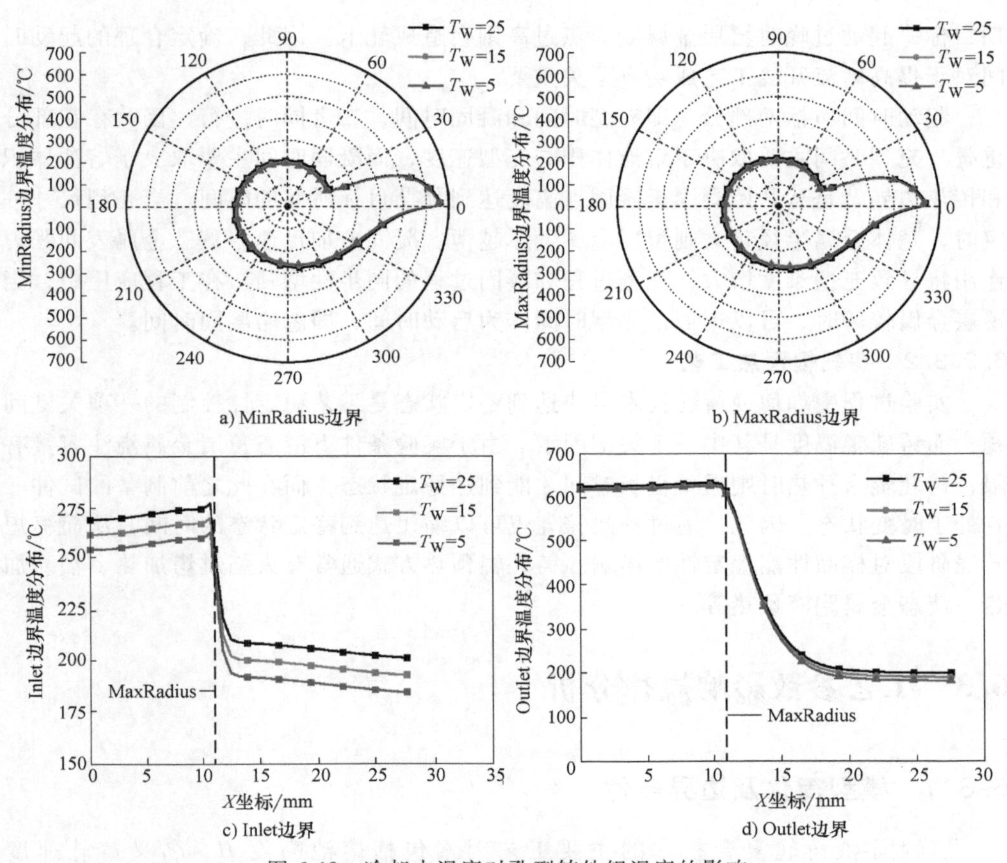

图 6-19　冷却水温度对孔型铸轧辊温度的影响

6.2.3　开浇工艺方案优化

6.2.3.1　堵流开浇工艺

铸轧复合技术虽然具有高效率、短流程等优点，但开浇阶段的成功率则会直接影响其生产的连续性。因此，如何提高开浇成功率和提高连续浇注总量已经成为铸轧复合技术工业化的核心。前期研究表明，在实验条件下采用堵流开浇方案可有效提高开浇过程的成功率，具体流程如下。

1）将基体金属一端套装堵流环，预制基体金属坯料。

2）将预制基体金属坯料由底部反向轧制，穿过导卫装置以保证基体金属与孔型中心重合，并且使堵流环堵住铸轧区出口。

3）通过布流系统浇注液态覆层金属，当熔池内液位达到设定值时起动铸轧机，逐步达到稳定生产状态。

堵流开浇工艺中充型与凝固同时进行，其成功与否主要取决于最后一步的铸轧机起动时机。起动过早时覆层金属凝固点过低，将造成液态金属泄漏，无法实现预期目标，起动过晚时覆层金属凝固点过高则会造成轧卡。因此，确定合理的起动时间对于提高堵流开浇工艺成功率至关重要。

起动时间包括两部分，即充型时间和凝固时间，二者同时进行，因此存在部分重叠。充型时间主要取决于熔池体积与充型速度，而凝固时间主要取决于熔池体积和传热边界，是从开始凝固至凝固点高度达到预期目标所需的时间。当孔型尺寸一定时，基体金属半径越大则覆层金属壁厚越薄，凝固愈加迅速，液态金属表面张力作用将导致充型难度增大，充型过程和凝固过程的同步性增强。在工程应用中，当覆层金属较薄时，可以近似把充型时间作为启动时间，即忽略凝固时间。

6.2.3.2 铸轧辊预热工艺

实验过程中如何使铸轧技术尽快达到稳定状态是工艺稳定性控制的一项关键问题，而铸轧辊温度是其中一个关键因素。由于实验条件下液态覆层金属浇注容量有限，铸轧辊未预热时则需要很长时间才能到达稳定状态，而在此之前制备的试件一直处于时变状态。因此，通过预热铸轧辊可以缩短达到稳定状态的时间，从而缩短开浇阶段对样品性能稳定性的影响。铸轧辊预热方式通常有火焰烘烤加热、辐射加热、液态金属跑液预热等。

6.3 工艺参数影响规律分析

6.3.1 模型简化及边界条件

三辊固-液铸轧复合技术的主要工艺因素包括熔池高度 H、名义铸轧速度 v_{NCast}、覆层金属浇注温度 T_{Cast}、基体金属预热温度 T_{Sub}、基体金属半径 r_s 等，为获得合理的工艺窗口来缩短工艺开发周期，基于热-流耦合模型对工艺因素进行参数化分析，获得凝固点高度 H_{KP} 和铸轧区出口平均温度 T_{Out} 的变化规律，用于指导后期实验研究，模拟工艺参数取值见表 6-4。铸轧区出口变形抗力根据温度和变形条件按照覆层金属材料本构模型进行计算。

表 6-4 模拟工艺参数取值

工艺变量	单位	基准值	分析范围	变化量
铸轧辊名义半径 R_0	mm	125	—	—
孔型半径 r_0	mm	12.5	—	—
熔池高度 H	mm	30	20~40	5
名义铸轧速度 v_{NCast}	m/min	3.5	3~5	0.5
覆层金属浇注温度 T_{Cast}	℃	1120	1100~1140	10
基体金属预热温度 T_{Sub}	℃	25	25~525	100
基体金属半径 r_s	mm	10	8~11	1

对于固-液铸轧区而言，输入热量有两类，分别是覆层金属输入热量和基体金属输入热量。覆层金属输入热量主要取决于名义铸轧速度、入口面积和浇注温度，其中入口面积取决于覆层金属厚度和熔池高度，基体金属输入热量主要取决于名义铸轧速度、基体金属预热温度和基体金属半径。输出热量通常只针对覆层金属而言，也可分为两类，分别是铸轧辊冷却传热和基体金属冷却传热。根据能量守恒，铸轧区温度最终取决于输入热量和输出热量的综合作用。

6.3.2　熔池高度影响

单一变量条件时熔池高度对凝固点高度和应变的影响如图 6-20a 所示，对覆层金属铸轧区出口平均温度和变形抗力的影响如图 6-20b 所示。随着熔池高度增大，覆层金属体积增大，并且与铸轧辊和基体金属间的接触高度和接触面积均增大，接触时间变长。根据能量守恒原理，在输入热量一定的情况下，输出热量增加，因此凝固点高度呈增大趋势，应变也随之增大，铸轧区出口平均温度呈降低趋势，从而变形抗力随之增大。熔池高度与凝固点高度和铸轧区出口平均温度间关系的拟合结果见如下两式。

$$H_{KP}=1.13H-11.64 \tag{6-20}$$

$$T_{Out}=-15H+1090.6 \tag{6-21}$$

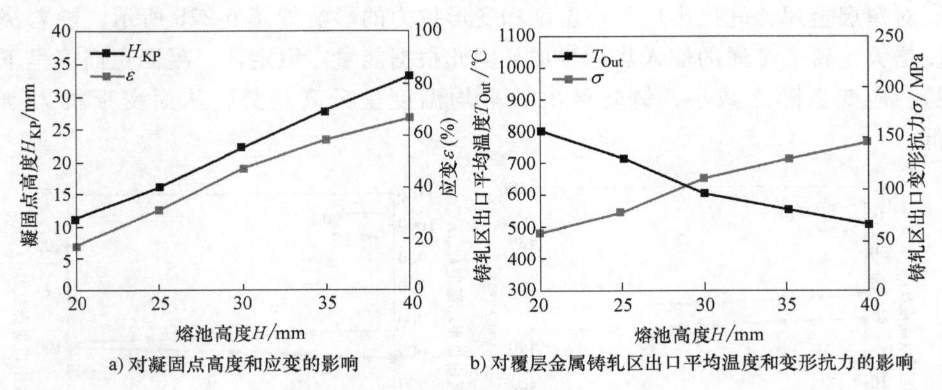

a) 对凝固点高度和应变的影响　　b) 对覆层金属铸轧区出口平均温度和变形抗力的影响

图 6-20　熔池高度的影响

6.3.3　名义铸轧速度影响

单一变量条件时名义铸轧速度对凝固点高度和应变的影响如图 6-21a 所示，对覆层金属铸轧区出口平均温度和变形抗力的影响如图 6-21b 所示。随着名义铸轧速度增大，输入热量增加，并且覆层金属与铸轧辊和基体金属间的接触时间变短，因此凝固点高度呈减小趋势，应变也随之减小，铸轧区出口平均温度呈增加趋势，从而变形抗力减小。名义铸轧速度与凝固点高度和铸轧区出口平均温度间关系的拟合结果见如下两式。

$$H_{KP}=-3.23v_{NCast}+33.55 \tag{6-22}$$

$$T_{Out}=83.85v_{NCast}+313.53 \tag{6-23}$$

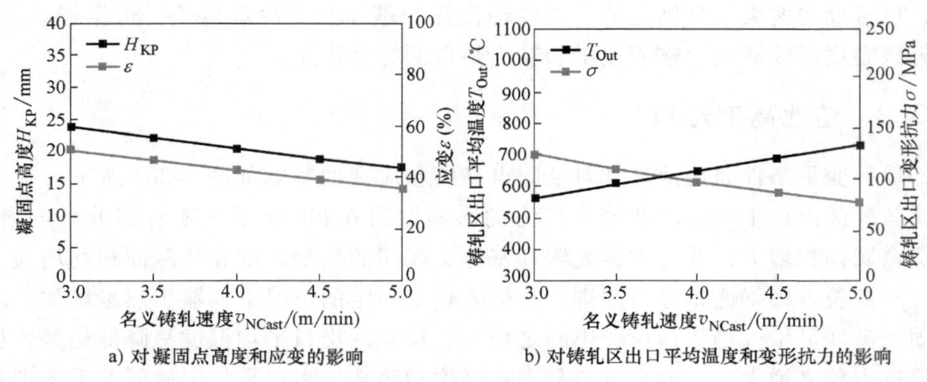

a) 对凝固点高度和应变的影响　　b) 对铸轧区出口平均温度和变形抗力的影响

图 6-21　名义铸轧速度的影响

6.3.4　覆层金属浇注温度影响

单一变量条件时覆层金属浇注温度对凝固点高度和应变的影响如图 6-22a 所示，对覆层金属铸轧区出口平均温度和变形抗力的影响如图 6-22b 所示。随着浇注温度增大，覆层金属的输入热量增加，因此根据能量守恒定律，凝固点高度呈下降趋势，应变也随之减小，铸轧区出口平均温度呈升高趋势，从而变形抗力随之降低。

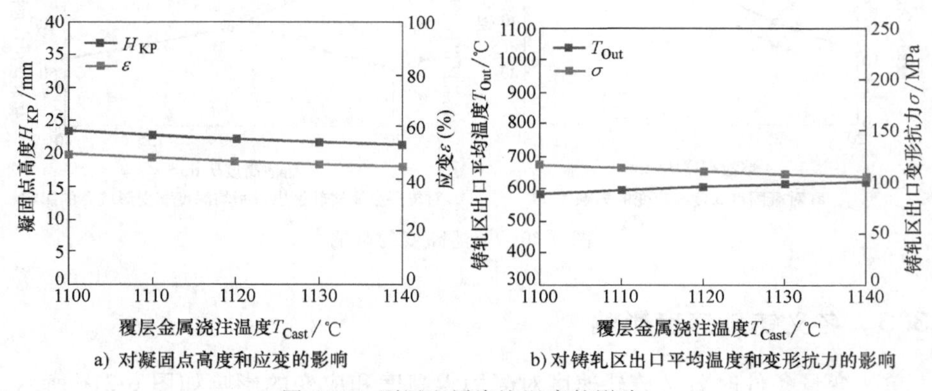

a) 对凝固点高度和应变的影响　　b) 对铸轧区出口平均温度和变形抗力的影响

图 6-22　覆层金属浇注温度的影响

覆层金属浇注温度与凝固点高度和铸轧区出口平均温度间关系的拟合结果分别为式（6-24）和式（6-25）。覆层金属浇注温度的可调整范围通常较小，对凝固点高度和铸轧区出口平均温度的影响并不显著，但对凝固过冷度和液态金属流动性影

响较大。浇注温度低时，过冷度低，有利于提高铸轧速度，但同时覆层金属的流动性将变差，不利于提高铸轧速度，因此应根据工艺需求综合考虑。

$$H_{KP}=-0.0533T_{Cast}+82.02 \tag{6-24}$$

$$T_{Out}=0.94T_{Cast}-446.25 \tag{6-25}$$

6.3.5 基体金属预热温度影响

单一变量条件时基体金属预热温度对凝固点高度和应变的影响如图 6-23a 所示，对覆层金属铸轧区出口平均温度和变形抗力的影响如图 6-23b 所示。基体金属预热温度是通过影响覆层-基体间的界面传热从而最终影响铸轧区温度场分布。随着基体金属预热温度升高，基体金属的输入热量增加，故凝固点高度呈减小趋势，应变也随之减小，铸轧区出口平均温度呈升高趋势，从而变形抗力随之降低。

基体金属预热温度与凝固点高度和铸轧区出口平均温度间关系的拟合结果见式 (6-26) 和式 (6-27)。基体金属预热温度高时有利于固-液界面浸润，但是预热温度过高时基体金属强度较低，在固-液铸轧复合过程中易出现显著变形，当基体为管材时将表现为压扁现象，而当基体金属熔点与覆层金属相近或更低时，则将表现为轧断或者熔断。

$$H_{KP}=-0.007T_{Sub}+22.44 \tag{6-26}$$

$$T_{Out}=0.299T_{Sub}+600.42 \tag{6-27}$$

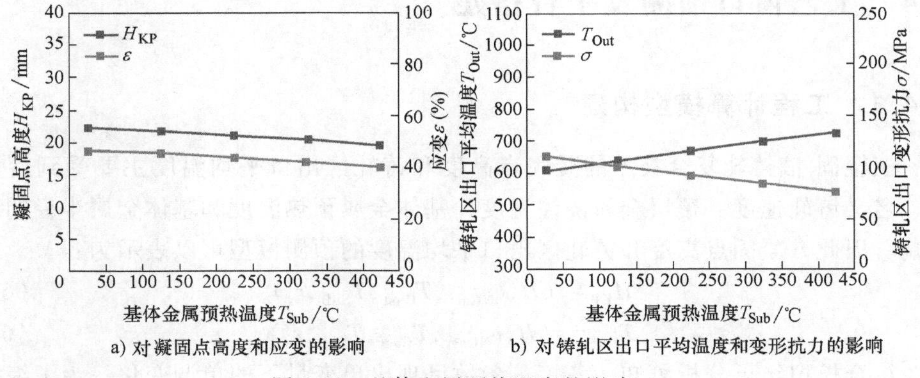

a) 对凝固点高度和应变的影响　　b) 对铸轧区出口平均温度和变形抗力的影响

图 6-23 基体金属预热温度的影响

6.3.6 基体金属半径影响

单一变量条件时基体金属半径对凝固点高度和应变的影响如图 6-24a 所示，对覆层金属铸轧区出口平均温度和变形抗力的影响如图 6-24b 所示。当孔型半径一定时，随着基体金属半径增大，基体金属输入热量增大，同时覆层金属壁厚减小，覆层金属输入热量减小。然而，因为覆层金属输入热量的减小程度要显著大于基体金属输入热量的增加程度，并且固-液铸轧复合过程中基体金属吸收覆层金属热量的能力增强，因此凝固点高度呈增大趋势，应变也随之增大，铸轧区出口平均温度呈降低趋势，从而变形抗力随之增大。

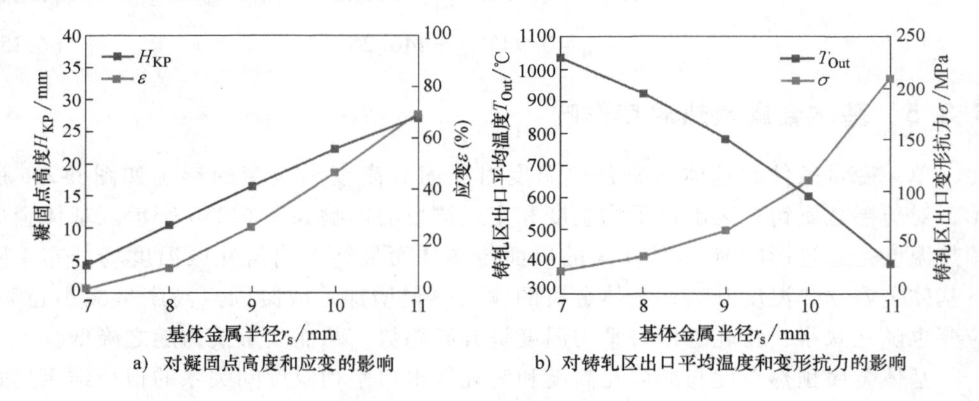

a）对凝固点高度和应变的影响　　b）对铸轧区出口平均温度和变形抗力的影响

图 6-24　基体金属半径的影响

基体金属半径与凝固点高度和铸轧区出口平均温度间关系的拟合结果如下两式：

$$H_{KP}=-0.151r_s^2+8.5r_s-47.76 \tag{6-28}$$

$$T_{Out}=-16.27r_s^2+132.06r_s+911.86 \tag{6-29}$$

6.4 工艺窗口预测及平台搭建

6.4.1 工程计算模型构建

三辊固-液铸轧复合技术的凝固点高度和铸轧区出口平均温度主要受到熔池高度、名义铸轧速度、覆层金属浇注温度、基体金属预热温度和基体金属半径的综合影响。因此，凝固点高度和铸轧区出口平均温度的预测模型可以表示为：

$$H_{KP}=f(H,v_{NCast},T_{Cast},T_{Sub},r_s) \tag{6-30}$$

$$T_{Out}=g(H,v_{NCast},T_{Cast},T_{Sub},r_s) \tag{6-31}$$

综合模拟结果分析可知，各工艺参数呈现出单变量下的单调变化，为了综合考虑多变量条件下各参数的影响，预测模型可近似构建为如下形式：

$$H_{KP}=C_H(1.13H-11.64)(-3.23v_{NCast}+33.55)\times(-0.0533T_{Cast}+82.02)(-0.007T_{Sub}+22.44)(-0.151r_s^2+8.5r_s-47.76) \tag{6-32}$$

$$T_{Out}=C_T(-15H+1090.6)\times(83.85v_{NCast}+313.53)(0.94T_{Cast}-446.25)\times(0.299T_{Sub}+600.42)(-16.27r_s^2+132.06r_s+911.86) \tag{6-33}$$

其中，C_H 和 C_T 分别是凝固点高度和铸轧区出口平均温度的修正系数。当 $H=$

30mm、$v_{NCast}=3.5m/min$、$T_{Cast}=1120℃$、$T_{Sub}=25℃$ 和 $r_s=10mm$ 时，将上述参数代入式（6-32）和式（6-33）即可求得修正系数 C_H 和 C_T，最终得到的凝固点高度和铸轧区出口平均温度预测模型分别如以下两式：

$$H_{KP}=4.08\times10^{-6}\times(1.13H-11.64)(-3.23v_{NCast}+33.55)(-0.0533T_{Cast}+82.02)(-0.007T_{Sub}+22.44)(-0.151r_s^2+8.5r_s-47.76) \tag{6-34}$$

$$T_{Out}=7.01\times10^{-12}\times(-15H+1090.6mm)(83.85v_{NCast}+313.5)(0.94T_{Cast}-446.3)(0.299T_{Sub}+600.4)(-16.27r_s^2+132.06r_s+911.86) \tag{6-35}$$

预测模型对于用于拟合的基础工况均吻合良好，最大误差不超过5%。为了进一步验证预测模型的准确性，当 $H=30mm$、$v_{NCast}=4\ m/min$、$T_{Sub}=25℃$ 和 $r_s=9mm$，覆层金属浇注温度为变量时作为验证工况，数值仿真模拟结果（以S表示）与预测模型计算结果（以C表示）对比如图6-25所示，二者吻合良好，进一步证明预测模型可用于工程中工艺参数影响规律分析。同时需要指出，当任意工况与用于拟合的基础工况间差异性越显著时，数值仿真模拟结果与预测模型计算结果间的偏差将越大。

综上所述，对于某一规格样品而言，其工艺参数的可调整范围通常较小，因此凝固点高度和铸轧区出口平均温度预测模型可用于定性分析和半定量评估，以获得合理的工艺窗口，从而显著缩短工艺开发周期。

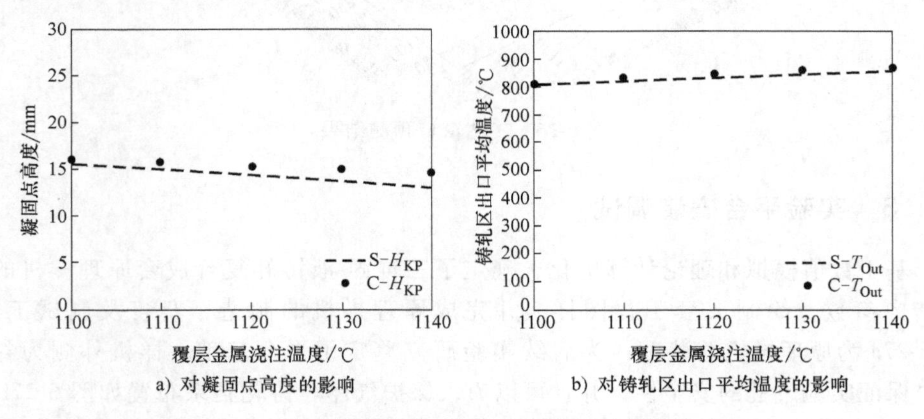

图6-25　数值模拟仿真结果与预测模型计算结果对比

6.4.2　合理工艺窗口预测

实际生产过程中，凝固点高度是控制核心，它决定了工艺稳定性和样品质量均匀性。当凝固点太低时，液态覆层金属将泄漏，相反，凝固点太高时，易出现轧卡并导致生产中断。根据式（6-34），当熔池高度为30mm，基体金属半径为10mm

时，名义铸轧速度与覆层金属浇注温度、基材金属预热温度和凝固点高度之间的关系如下：

$$v_{\mathrm{NCast}}=\frac{-153.97H_{\mathrm{KP}}}{(-0.0533T_{\mathrm{Cast}}+82.02)(-0.007T_{\mathrm{Sub}}+22.44)}+10.39\mathrm{mm/s} \qquad (6\text{-}36)$$

为了实现稳定的固-液铸轧复合并保证界面结合效果，最大凝固点高度设为20mm，最小凝固点高度设为15mm。因此，合理的名义铸轧速度应位于对应 H_{KP} = 20mm 和 H_{KP} = 15mm 的两个曲面之间，工艺窗口预测结果如图 6-26 所示，随着覆层金属浇注温度和基体金属预热温度的提高，允许的名义铸轧速度将随之减小。

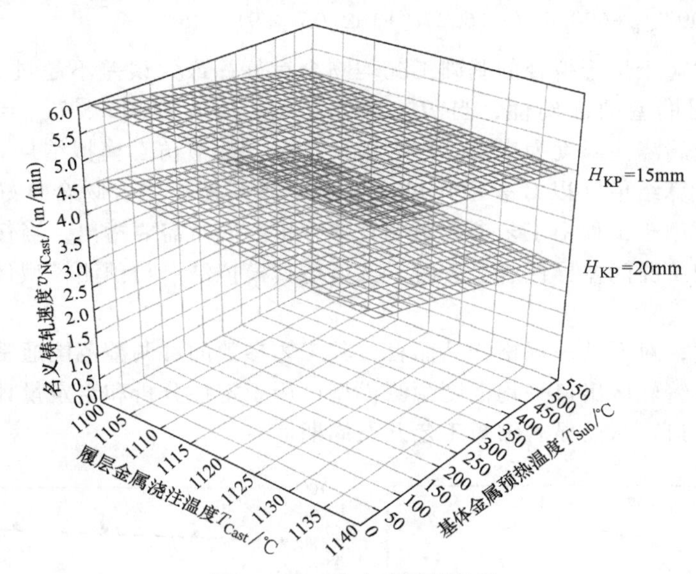

图 6-26　工艺窗口预测结果

6.4.3　实验平台安装调试

基于数值模拟和理论计算优化，确定了三辊固-液铸轧复合成套原理样机的最终结构参数，绘制成套工程图样，并完成原理样机的制造、安装及调试工作，图 6-27a 为原理样机总装配，为后续实验研究奠定了平台基础。样机外侧为封闭式，保证实验过程的安全性，并且可以通入保护气体。铸轧辊系布置如图 6-27b 所示，主辊系与副辊系间通过锥齿轮传动，辊系端部为非标水冷旋转接头，结构如图 6-27c 所示。三个铸轧辊辊面贴合紧密，共同围成圆形组合孔型，图 6-27d 所示。

仿形侧封与布流器为模块化设计，如图 6-28 所示，分体式结构便于拆装，匹配孔型铸轧辊的仿形结构可以实现与三个铸轧辊的紧密贴合，共同保证了三辊固-液铸轧复合过程中熔池的封闭性。

a) 原理样机总装配

b) 铸轧辊系布置

c) 水冷旋转接头结构

d) 圆形组合孔型

图 6-27 三辊固-液铸轧复合成套原理样机

图 6-28 仿形侧封与布流器

第7章 金属包覆材料三辊固-液铸轧复合实验研究

金属包覆材料三辊固-液铸轧复合技术包括凝固成形和塑性成形两个过程，覆层金属物理状态由液态转变为固态，复合界面也经历了固-液界面向固-半固态界面、固-固界面的转变，并且界面处的压力和温度条件处于时变状态。凝固成形和塑性成形过程产生的性能不均匀通常无法通过热处理完全消除，从而最终影响样品服役性能。因此，金属包覆材料三辊固-液铸轧复合技术中凝固成形均匀性和塑性成形均匀性是保证样品性能均匀性的前提。

本章结合数值模拟和理论分析，基于自主搭建的三辊固-液铸轧复合实验平台开展基础实验研究，分析典型样品缺陷类型及其产生原因；并基于 ProCAST 软件建立热-流-组织多场耦合仿真模型，分析工艺布置模式和体形核参数对铸轧区凝固组织周向均匀性的影响，研究复合界面宏微观形貌，表征样品性能周向均匀性。

7.1 铸轧复合实验方案

7.1.1 实验操作流程

三辊固-液铸轧复合实验的操作流程如下。

1）将覆层金属坯料放入石墨坩埚，置于带有保护气体的加热炉中，将加热炉加热至 1200℃ 并保温，保证覆层金属坯料全部熔化。

2）对基体金属表面进行机械打磨，再用酒精清洗并自然烘干。

3）调试三辊固-液铸轧复合原理样机，设定铸轧机转速，对铸轧辊和布流器进行预热，同时将基体金属穿过导卫装置并堵流。

4）将盛有液态覆层金属的石墨坩埚取出，同时在铸轧区入口处通入保护气体，待覆层金属达到浇注温度时开始向布流器内浇注。

5）待熔池充满时起动原理样机并同时继续浇注液态覆层金属，经固-液铸轧复合可实现连续制备金属包覆材料。

工业生产时钢棒前处理可实现连续自动化，常用的前处理包括表面处理和热处

理两部分，具体工艺过程包括：放线、机械除锈、拉拔/矫直、退火、冷却、酸洗、清洗、烘干、刷毛等。然而，实验过程条件有限，重点研究固-液铸轧复合过程，验证工艺可行性。

7.1.2　检测控制系统

检测控制系统主要包括传感器、数据收集装置、数据处理装置等。各类传感器负责采集固-液铸轧复合过程的温度、压力等关键信息，见表7-1。数据收集装置采集传感器测得的信号并将其传递给数据处理装置进行处理。

表7-1　各类传感器及功能

数据采集装置	数　量	功　能
流量计	1个	冷却水流量
温度计	2个	冷却水进/出口水温
压力传感器	1套	轧制力
热电偶	若干	温度
红外测温枪	1套	铸轧区出口样品温度

7.1.3　关键测试方案

温度和压力是三辊固-液铸轧复合技术中的核心测试参数，直接决定着工艺稳定性和样品质量，也是揭示机理的关键因素。

（1）铸轧区复合界面温度演变

测试温度主要包括铸轧区出口温度和铸轧区复合界面温度演变。图7-1所示为铸轧区复合界面温度测试方案示意图，铸轧区空间狭小且涉及液相高温，因此先在表面焊接热电偶，然后从内部布置温度信号线连接数据采集装置，最后利用终端处

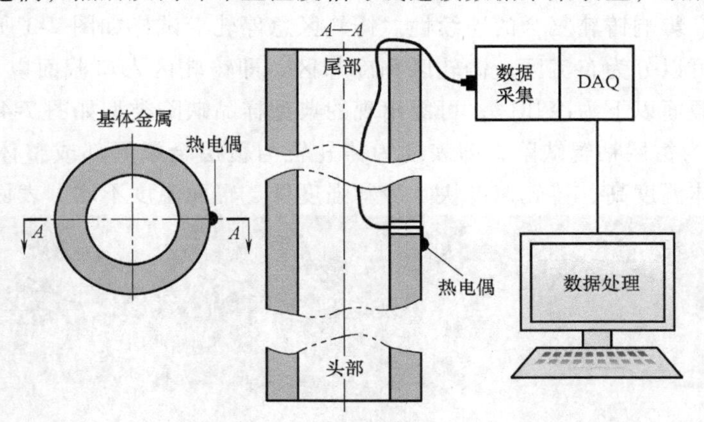

图7-1　铸轧区复合界面温度测试方案示意图

理器进行数据处理。铸轧区出口温度可通过红外测温设备进行非接触式测量，或者停机后采用热电偶进行接触式测量。

（2）轧制压力

孔型铸轧辊系沿圆周方向均布，因此测试主传动铸轧辊系轧制压力即可。轧制压力测试方案示意图如图 7-2a 所示，两个压力传感器布置于轴承座与机架立柱之间，通过压下装置预紧，并通过动态信号测试分析系统进行实时数据采集和处理，如图 7-2b 所示。

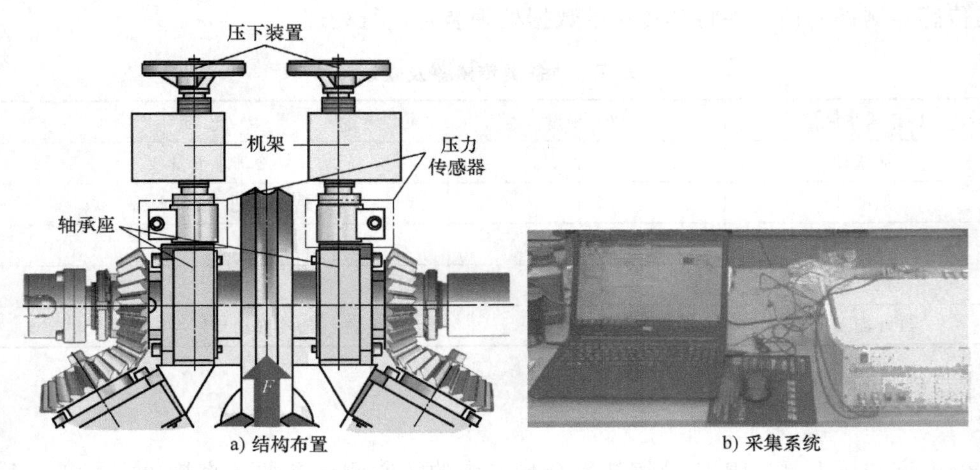

a) 结构布置　　b) 采集系统

图 7-2　轧制压力测试方案示意图

7.1.4　典型样品缺陷及原因

基于自主搭建的三辊固-液铸轧复合实验平台开展铜包钢复合棒制备实验研究，当凝固点过低时易出现轧漏现象，而凝固点过高时则会出现轧卡现象，二者均会导致生产中断，影响铸轧复合的连续性。铸轧区急停轧卡试样如图 7-3 所示，根据所处阶段不同可以分为布流区、铸轧区和冷却区，即铸轧区入口截面以上为布流区，铸轧区出口截面以下为冷却区，可能出现的典型样品缺陷类型如图 7-4 所示。

图 7-4a 为覆层粘辊缺陷，即表现为铸轧辊与覆层金属局部或整体粘连而无法分离，当熔体温度高、铸轧速度快、冷却强度低、辊面温度不均、表面粗糙度差或

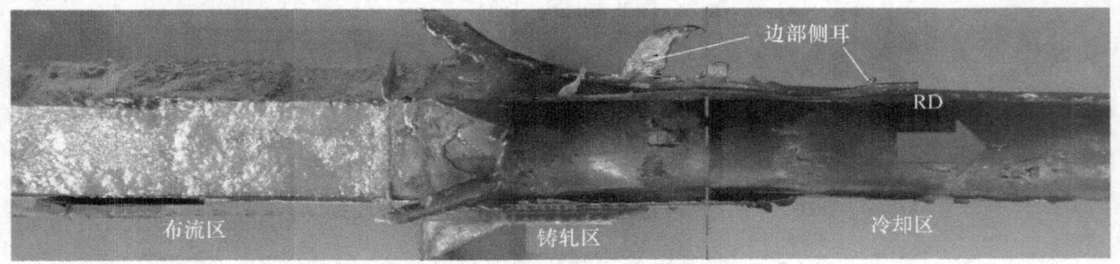

图 7-3　铸轧区急停轧卡试样

辊面润滑条件恶劣时，在较高温度和轧制压力作用下易出现铸轧辊-覆层金属粘连现象。实际生产中，除了合理选择工艺参数以外，还可通过在铸轧辊辊面均匀涂覆石墨乳等润滑材料来有效避免粘辊。

图 7-4b 所示为壁厚不均，即表现为覆层金属壁厚沿圆周方向分布不均，其主要原因有两个，一是覆层金属浇注不均，二是铸轧辊孔型位置偏离。

图 7-4c 所示为截面偏心，即表现为样品截面中基体金属与覆层金属圆心不重合，本质是基体金属轴线与孔型中心偏离。产生原因主要有两个，一是设备上方导卫装置中心与孔型中心位置偏离，二是固-液铸轧复合过程中因覆层金属浇注不均导致基体金属周向受力不均而产生的偏离。

图 7-4d 所示为边部侧耳，即表现为样品截面周向存在多余耳状金属，其主要原因是铸轧区出口截面主要由孔型铸轧辊和仿形侧封构成，铸轧区内剧烈塑性变形过程中设备存在配合间隙，导致覆层金属从间隙挤出。

图 7-4e 所示为轴线偏转，即表现为基体金属轴线存在一定偏转，造成样品沿轴线方向上截面中覆层金属壁厚持续分布不均。在实际中，各类径向截面缺陷类型通常并不是单独出现的，而是具有一定的关联性和并发性，从而最终导致轴向截面缺陷。

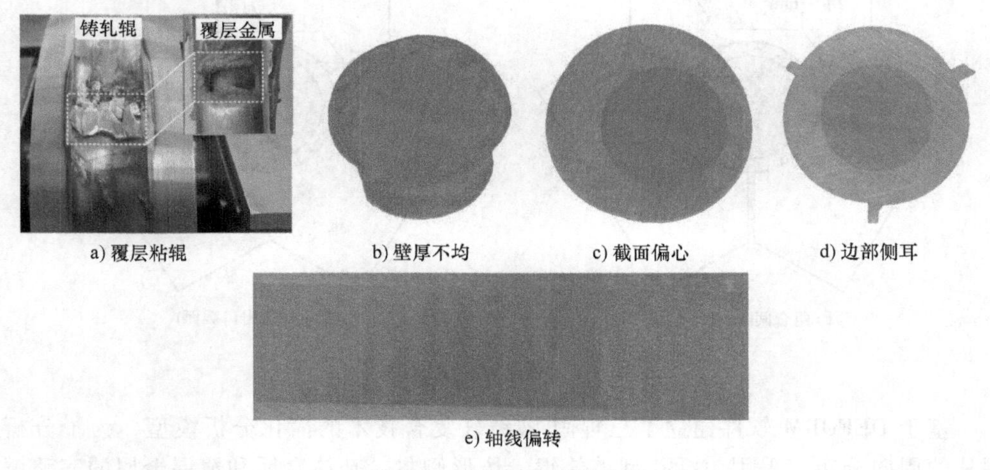

a) 覆层粘辊　b) 壁厚不均　c) 截面偏心　d) 边部侧耳

e) 轴线偏转

图 7-4　典型样品缺陷类型

7.2　侧耳产生机理分析

7.2.1　仿真模型

如前所述，铸轧区的配合间隙可能发生于仿形侧封与孔型间（用 L_{SD} 表示）和孔型铸轧辊系间（用 L_R 表示），因此实际间隙类型主要存在四种情况，如图 7-5 所示。图 7-5a 表示侧封间隙，例如只有仿形侧封与孔型间存在 2mm 的配合间隙。

图 7-5b 表示辊缝间隙，例如只有孔型铸轧辊辊面间存在 1mm 的配合间隙。图 7-5c 表示组合间隙，即同时存在前述侧封间隙和辊缝间隙，图 7-5d 表示理想状态，即不存在配合间隙。

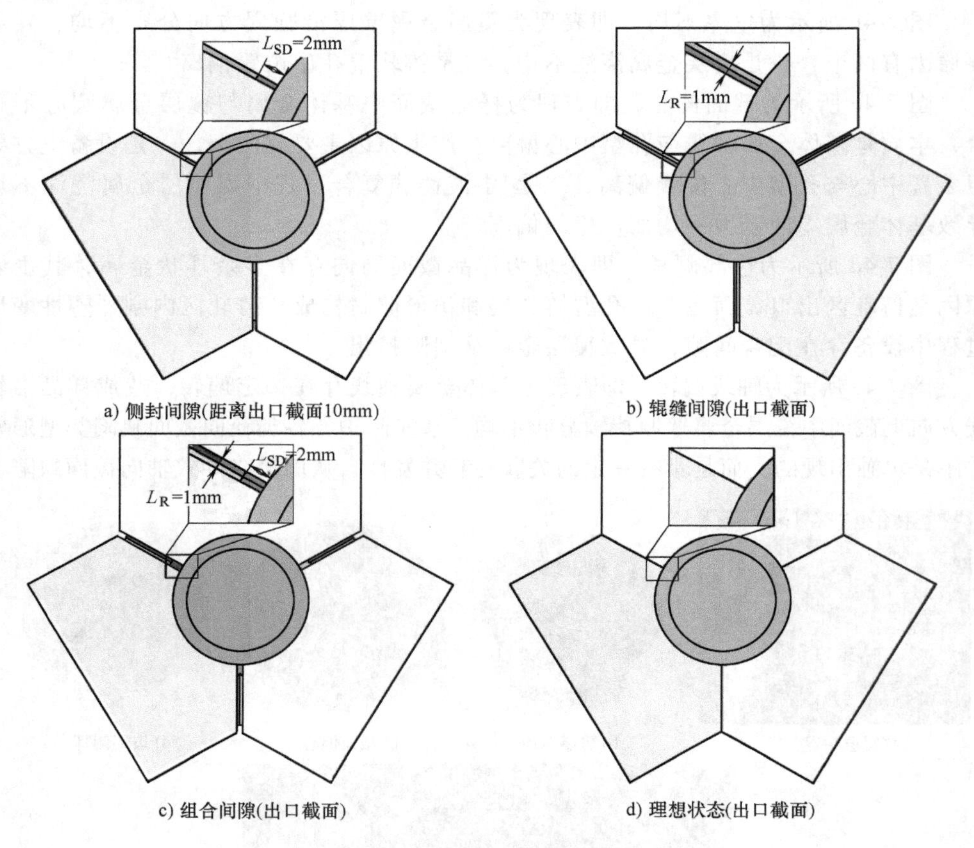

图 7-5　铸轧区间隙类型

基于 DEFORM 软件建立了三辊固-液铸轧复合技术的简化分析模型，为了分析侧耳的周向分布，采用包括孔型铸轧辊、仿形侧封、基体金属和覆层金属的完整模型，有限元仿真模型示意图如图 7-6 所示，只考虑凝固点以下变形区影响（变形区高度即对应于凝固点高度）。其中，覆层金属为变形体，其余为刚体，铸轧辊名义半径为 125mm，孔型半径为 12. 5mm，基体金属半径为 10mm，名义铸轧速度为 4. 5m/min。

7. 2. 2　配合间隙对侧耳影响

当变形区高度为 40mm 时，四种不同配合间隙类型对边部侧耳的实验结果如图 7-7 所示。图 7-7a 所示为侧封间隙时的实验结果，变形区侧封间隙处产生覆层金属堆积，但因出口截面处铸轧辊辊面完全贴合，堆积覆层金属无法连续挤出，因此

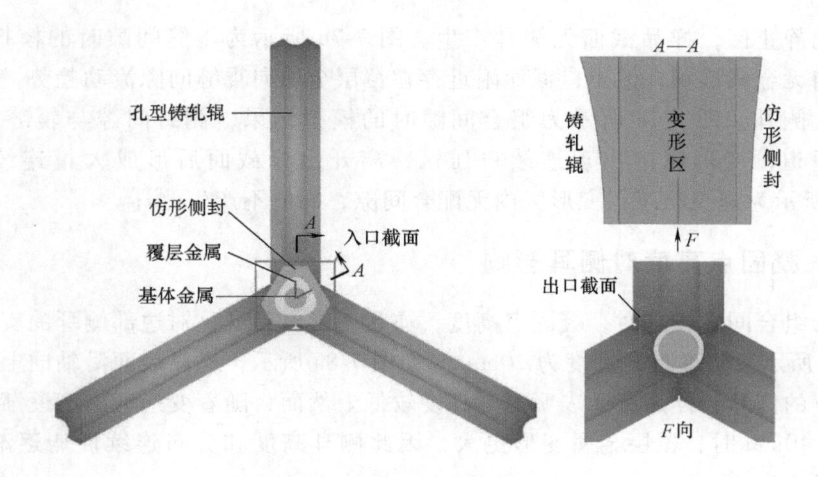

图 7-6　有限元仿真模型示意图

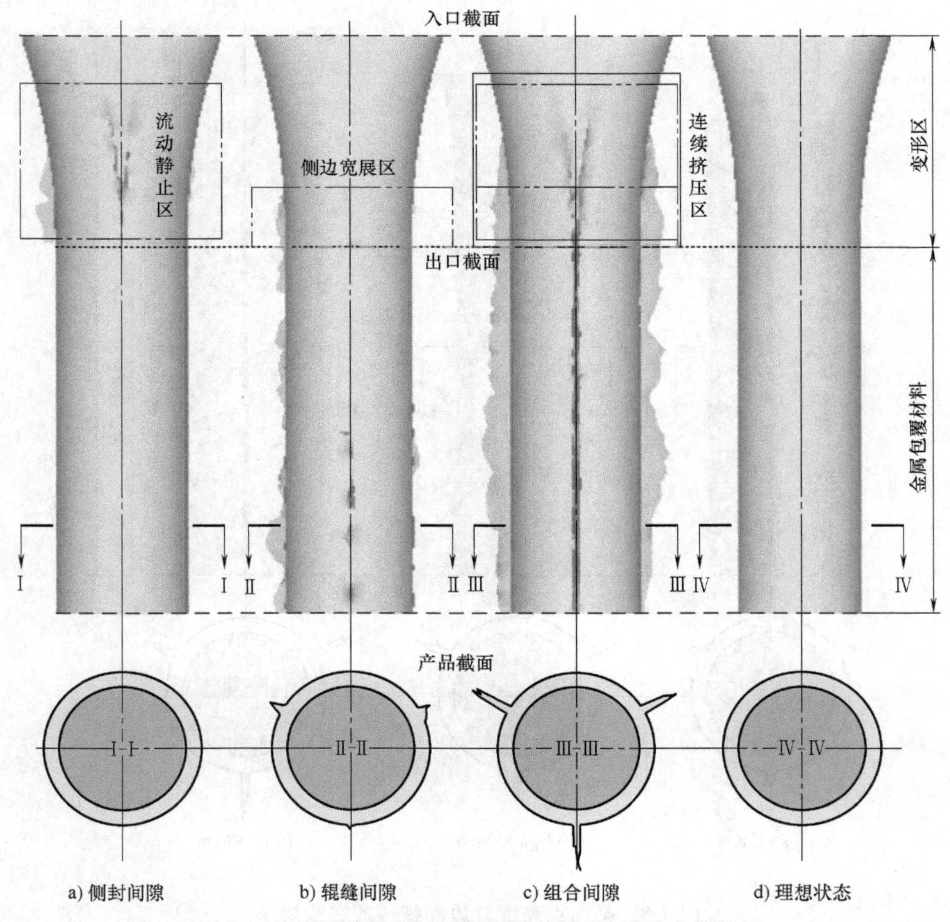

图 7-7　四种不同配合间隙类型对边部侧耳的实验结果

形成流动静止区，样品截面无侧耳产生。图 7-7b 所示为辊缝间隙时的模拟结果，变形区内无金属堆积，但出口截面附近存在覆层金属向辊缝间隙流动趋势，形成少量不连续侧耳。图 7-7c 所示为组合间隙时的模拟结果，侧封间隙与辊缝间隙形成连通通道，变形区内出现连续挤压区，离开出口截面后形成大量连续侧耳。图 7-7d 所示为理想状态，变形区内无配合间隙，因此不产生侧耳。

7.2.3　凝固点高度对侧耳影响

当为组合间隙类型时，凝固点高度，亦为变形区高度，对边部侧耳的实验结果如图 7-8 所示。当变形区高度为 20mm 时如图 7-8a 所示，样品表面沿轴向上分布少量不连续的侧耳，样品截面表明侧耳高度较低。然而，随着变形区高度逐渐增加到 30mm 和 40mm 时，覆层金属变形更大，因此侧耳高度和分布连续性均逐渐提高，如图 7-8b 和 c 所示。

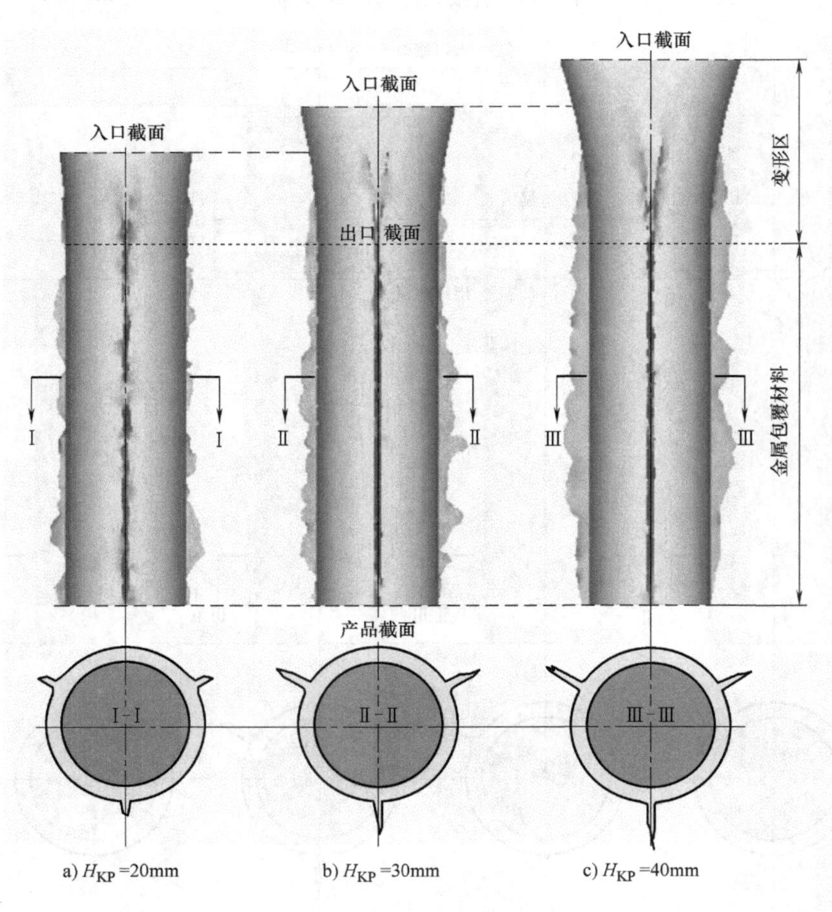

图 7-8　凝固点高度对边部侧耳的实验结果

7.2.4　实验验证及解决方案

仿真分析结果表明，铸轧区内不合理配合间隙是侧耳产生的根源，并且凝固点高度显著影响侧耳高度及其连续性。基于凝固点高度预测模型，通过改变工艺参数可以获得近似预设凝固点高度，图 7-9 所示为铸轧区存在组合间隙时不同凝固点高度下的边部侧耳实验结果。凝固点高度较低时，侧耳不连续且高度较低，如图 7-9a 所示。当凝固点较高时，侧耳高度和连续性均显著增大，如图 7-9b 所示。虽然实验过程中尚无法准确测定凝固点高度，但定性分析表明实验结果的规律性与模拟结果吻合，可在一定程度上间接验证模拟的准确性。

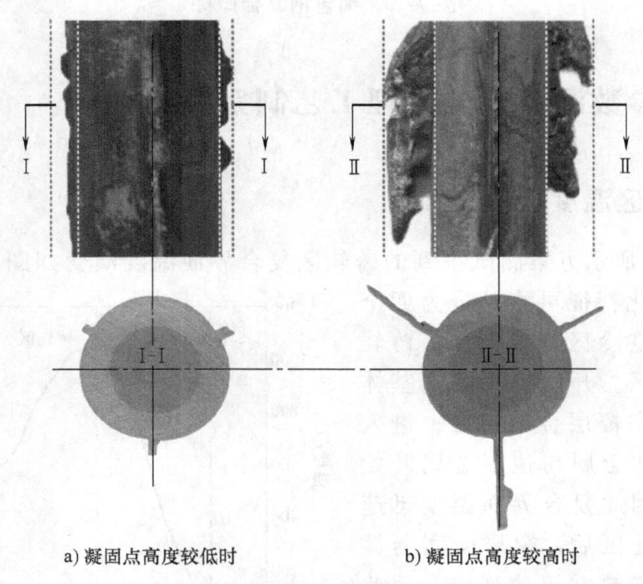

a) 凝固点高度较低时　　b) 凝固点高度较高时

图 7-9　组合间隙下的边部侧耳实验结果

配合间隙是普遍存在的，无法实现理想的无间隙状态，但可以通过数控加工和一体化配加工来提高原理样机的装配精度，从而实现近似的理想状态。此外，通过合理优化工艺参数调控凝固点高度，即控制变形区高度，可以有效抑制边部侧耳产生。

通过修磨提高原理样机装配精度，基于合理工艺窗口预测，在熔池高度为 30mm，名义铸轧速度为 4.5m/min，浇注温度为 1120℃，孔型直径为 25mm 时，成功制备了三种不同包覆比的铜包钢复合棒材，试样如图 7-10a 所示，样品截面如图 7-10b 所示。可以看出，覆层金属壁厚较为均匀，无宏观孔洞、裂纹等凝固缺陷，从宏观角度而言铜-钢复合界面连续且均匀，结合效果良好，初步实现了预期目标。

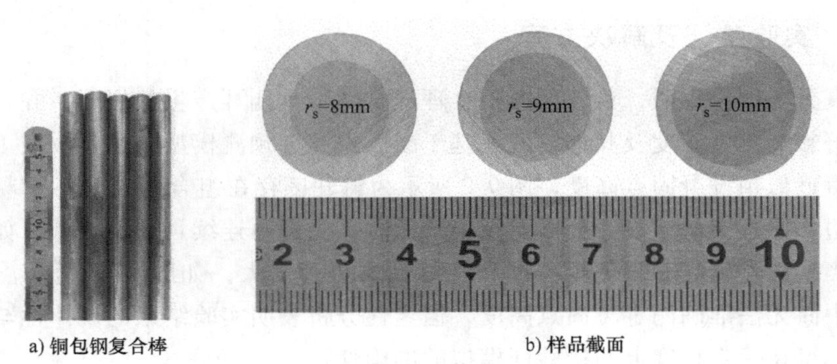

图 7-10 铜包钢复合棒材

7.3 工艺参数测试及热处理工艺制定策略

7.3.1 铸轧区温度-压力测试

利用图 7-1 所示方案测试得到的铸轧区复合界面温度演变如图 7-11 所示，按照时间序列变化特征可将其分为四个区域，即开始空冷区、布流区、铸轧区和结束空冷区。开始空冷区内基体金属尚未与液态覆层金属接触；进入布流区后，基体金属与覆层金属开始接触并换热，因此复合界面温度迅速升高；到达铸轧区后，覆层金属与铸轧辊进行接触换热并迅速降温，因此复合界面温度迅速下降；离开铸轧区后即进入结束空冷区，因覆层金属温度高而基体金属温度低，所以对金属包覆材料而言热量传递方向为由外向内，因此在均温过程中复合界面温度呈缓慢上升趋势并逐渐平稳。

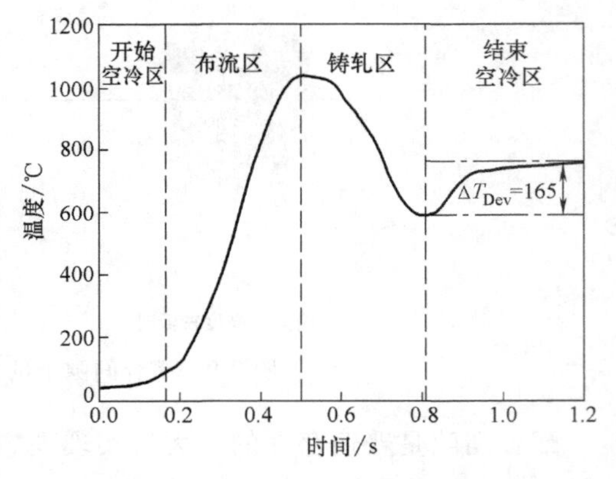

图 7-11 铸轧区复合界面温度演变

需要说明的是，除了热电偶体积影响，在固-液铸轧复合完成以前，热电偶一直处于复合界面时变温度追踪状态，测试温度与实际温度间会存在一定滞后特性和测量偏差。因此，结束空冷区的温度变化 ΔT_{Dev} 既包含基体-覆层间的均温温差，也包含热电偶测试的滞后偏差。

在铸轧速度为 4.5m/min，浇注温度为 1120℃，孔型直径为 25mm 时，三种不同钢棒直径时的铸轧区出口平均温度和轧制压力实验测试与理论计算值对比见表 7-2。单变量条件下，随着钢棒直径的减小，铸轧区出口平均温度呈增大趋势，整辊轧制力呈降低趋势。铸轧区出口平均温度最大相对误差约为5%，轧制力最大相对误差约为15%，轧制力相对误差要明显大于铸轧区出口平均温度相对误差，主要原因是凝固点高度和材料变形抗力与轧制力密切相关，并且二者受温度变化影响显著。

除了测试误差，实验过程中对铸轧辊进行了预热，尽量缩短达到稳态的时间，但因实验场地及原理样机限制导致样品长度受限，实验工况与模拟工况存在一定差异是无法避免的。因此，实验测试结果与工程计算结果规律保持一致。铸轧区出口平均温度的实验测试值通常小于理论计算值，而整辊轧制压力则是实验测试值大于理论计算值。

表 7-2　实验测试值与理论计算值对比

参　　数	工况	实验测试值	理论计算值	相对误差(%)
铸轧区出口平均温度/℃	$r_s=10$mm	584	611	4.4
	$r_s=9$mm	763	790	3.4
	$r_s=8$mm	902	936	3.6
整辊轧制力/kN	$r_s=10$mm	65.2	56.9	12.7
	$r_s=9$mm	22.7	19.4	14.5
	$r_s=8$mm	7.4	6.4	13.5

7.3.2　热处理工艺制定策略

金属包覆材料三辊固-液铸轧复合技术制备的试样通常还需要经过后续热处理工艺调控最终服役性能。然而，制备过程中产生的性能不均匀性通常无法通过热处理完全消除，从而最终影响样品服役性能。因此，本书重点解决制备过程中的性能均匀性问题，仅在此基础上探讨热处理工艺制定策略，为后续系统研究奠定基础。

对于层状金属复合材料而言，基体金属和覆层金属通过复合界面构成一体，基体金属性能、复合界面性能和覆层金属性能共同决定着样品综合性能。目前，如何在考虑组元金属性能差异基础上构建以服役性能为目标的协调热处理工艺制定策略亟待解决。高导电金属包覆材料的基体金属主要发挥其结构属性，覆层金属主要发挥其功能属性，因此热处理工艺制定的基本原则为：根据基体金属的热处理性能，结合覆层金属的热处理功能设计，以不造成覆层金属间粘连的最高温度作为热处理温度上限。

对于铜包钢复合材料而言，覆层金属厚度较薄，主要发挥其功能特性，复合界面主要影响界面强度和电阻率，基体金属则主要决定着力学性能。根据服役环境对铜包钢抗拉强度要求的不同，可将供货状态分为硬态和软态，硬态线材的抗拉强度通常为800~1100MPa，软态线材的抗拉强度通常为300~600MPa。根据热处理调控实施节点的不同可分为调控基体金属性能的初态热处理、中间辅助热处理和调控成品性能的终态热处理。

通常，热处理温度越高、热处理时间越长，则扩散越充分，但界面结合效果不一定越理想。热处理温度是保证原子充分扩散的首要条件，对于层状金属复合材料而言，热处理温度初选范围通常可取为组元金属中低熔点金属熔点的0.5～0.85倍，铜包钢复合材料应以铜的熔点（1082℃）为依据，即温度初选范围为541～920℃。热处理时间则是以绿色环保为原则，在保证复合界面紧密接触和原子充分扩散的条件下尽量短一些为好。

单根复合棒材类热处理时，可以选择温度高、时间短的热处理工艺，从而提高生产率。而盘状复合线材类热处理时，则应该选择温度低、时间长的热处理工艺，以避免高温下覆层金属间粘连。

7.4 热-流-组织多场耦合分析

三辊固-液铸轧复合技术包括凝固成形和塑性成形两个过程，二者之间存在耦合影响。其中，凝固组织不均匀性通常不能通过塑性变形完全消除，并且通常会遗传到最终样品，从而影响服役性能。基于ProCAST软件可以建立热-流-组织耦合模型，虽然该模型无法考虑塑性变形的影响，但可以用于分析三辊固-液铸轧复合技术铸轧内凝固组织的演变及影响因素，为覆层金属组织均匀性调控提供指导。

7.4.1 控制方程

基于ProCAST软件建立的热-流-组织耦合模型的计算过程为：先利用热-流耦合计算温度场，然后以温度场结果作为组织场模拟的初始条件，进行凝固组织仿真。其中，温度场仿真基于导热偏微分方程，流场分析满足质量守恒、动量守恒及能量守恒，组织场模拟涉及的主要模型如下。

(1) 异质形核模型

凝固组织仿真中采用连续形核模型，形核密度变化满足高斯分布，考虑晶粒生长导致固相率增大对形核位置的消减作用，得到某一过冷度 ΔT 下晶核密度 $n(\Delta T)$ 为：

$$n(\Delta T)=\int_0^{\Delta T}\frac{\mathrm{d}n}{\mathrm{d}\Delta T}[1-f_{\mathrm{s}}(\Delta T)]\mathrm{d}(\Delta \mathrm{T}) \tag{7-1}$$

取高斯分布[134]为：

$$\frac{\mathrm{d}n}{\mathrm{d}(\Delta T)}=\frac{n_{\max}}{\sqrt{2\pi}\Delta T_\sigma}\exp\left[-\frac{(\Delta T-\Delta T_{\max})}{2\Delta T_\sigma^2}\right] \tag{7-2}$$

其中，$n(\Delta T)$ 为过冷度 ΔT 下晶核密度；$n_{\max}$ 为最大形核密度；$\Delta T_{\max}$ 为最大形核

过冷度（℃）；ΔT_σ 为标准方差过冷度（℃）；f_s 为固相分数。考虑到铸轧过程中辊面形核和内部形核的不同，采取两种不同的形核函数进行描述。

（2）枝晶生长动力学模型

凝固过程中枝晶尖端的总过冷度通常包括四个部分，如下式：

$$\Delta T=\Delta T_c+\Delta T_t+\Delta T_k+\Delta T_r \tag{7-3}$$

式中　ΔT_c——成分过冷度（℃）；

ΔT_t——热过冷度（℃）；

ΔT_k——动力学过冷度（℃）；

ΔT_r——曲率过冷度（℃）。

铸轧技术属于亚快速凝固，与快速凝固相比，枝晶生长速度不高，可以忽略枝晶尖端动力学过冷度。此外，凝固是在准平衡状态下进行的，可认为合金的平均分配系数及溶液中溶质扩散系数保持不变。故修正后的 KGT 模型如下

$$\Delta T=\Delta T_c+\Delta T_r \tag{7-4}$$

整理可得枝晶前沿生长速率 v 与过冷度 ΔT 之间的关系[135]：

$$v=\alpha(\Delta T)^2+\beta(\Delta T)^3 \tag{7-5}$$

其中，α 与 β 是和合金成分有关的常数。

7.4.2　边界条件

虽然基于 ProCAST 软件建立的热-流-组织耦合仿真模型无法考虑铸轧区塑性变形的影响，但是凝固点以上的初始凝固组织对于后续组织的演变显著影响。根据对称面 Symmetry-Ⅰ 和 Symmetry-Ⅱ 上的宏观晶粒尺寸与取向表征铸轧区凝固组织的周向均匀性，可分析布置模式与形核参数对周向组织均匀性的影响规律，典型温度场模拟结果示意图如图 7-12 所示。

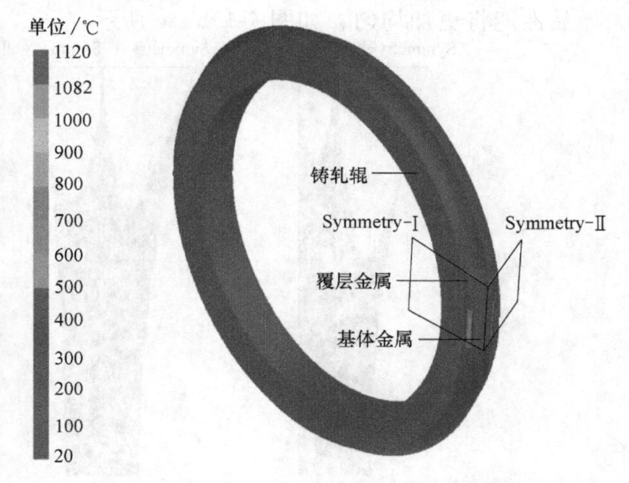

图 7-12　热-流-组织多场耦合仿真典型温度场模拟结果示意图

覆层金属组织场模拟参数取值见表 7-3[136]。熔池入口速度基于名义铸轧速度按照质量守恒定律计算，覆层金属流动、基体金属平动和铸轧辊转动可以利用软件提供的 UserFunction 功能编写用户子函数实现。

表 7-3 覆层金属组织场模拟参数取值[136]

参　数	单　位	基准值
液相线温度	℃	1082
溶质扩散系数	m^2/s	3×10^{-9}
Gibbs-Thompson 系数	K · m	0.9×10^{-7}
面形核平均过冷度 $\Delta T_{S,mean}$	℃	1
面形核过冷度方差 $\Delta T_{S,\sigma}$	℃	0.5
面形核参数 $n_{s,max}$	—	1.5×10^{7}
体形核平均过冷度 $\Delta T_{V,mean}$	℃	3
体形核过冷度方差 $\Delta T_{V,\sigma}$	℃	0.5
体形核参数 $n_{V,max}$	—	5.1×10^{8}
晶粒生长动力学参数 a_2	m/(s · K)	2.102×10^{-6}
晶粒生长动力学参数 a_3	m/(s · K)	6.137×10^{-7}

7.4.3 布置模式对凝固组织影响

当工艺参数相同时，不同工艺布置模式时的铸轧区凝固组织模拟结果如图 7-13 所示。模拟结果表明，双辊布置模式时，对称面 Symmetry-Ⅱ处无塑性变形，对称面 Symmetry-Ⅰ和 Symmetry-Ⅱ处的晶粒尺寸和取向差异显著，因此凝固组织圆周方向上均匀性较差，如图 7-13a 所示。三辊或四辊布置模式时，对称面 Symmetry-Ⅰ和 Symmetry-Ⅱ处的晶粒尺寸和取向更加一致，因此凝固组织周向均匀性显著提高，样品性能将更加均匀，如图 7-13b、c 所示。

a) 双辊布置模式

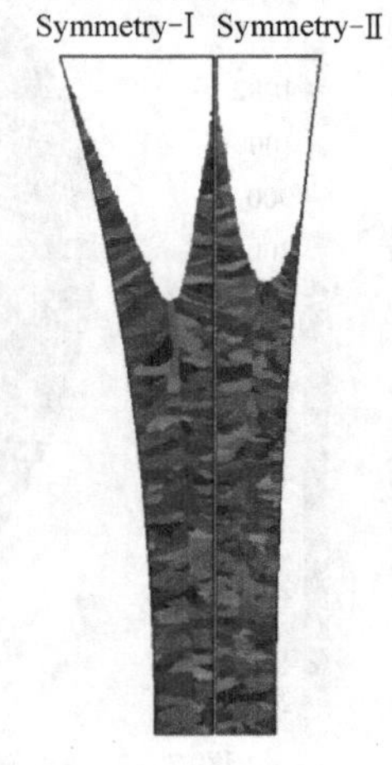

b) 三辊布置模式

c) 四辊布置模式

图 7-13 不同工艺布置模式时的铸轧区凝固组织模拟结果

7.4.4　形核参数对凝固组织影响

体形核率的提升并不改变铸轧区温度，因此凝固点高度不变。三辊布置模式时，不同体形核参数对凝固组织影响的模拟结果如图 7-14 所示。当体形核率为 5.1×10^{8} 时，对称面 Sym-Ⅰ和 Sym-Ⅱ均主要为柱状晶，如图 7-14a 所示；随着体形核率的增大，柱状晶尺寸减小、数量减少，等轴晶数量增加，并且对称面 Sym-Ⅱ处覆层金属体积比对称面 Sym-Ⅰ处要小，因此对称面 Sym-Ⅱ变化比对称面 Sym-Ⅰ更为显著，如图 7-14b、c、d 所示；当体形核率达到 5.1×10^{10} 时，对称面 Sym-Ⅰ和 Sym-Ⅱ均主要为细小等轴晶，二者无明显差异，如图 7-14e 所示。

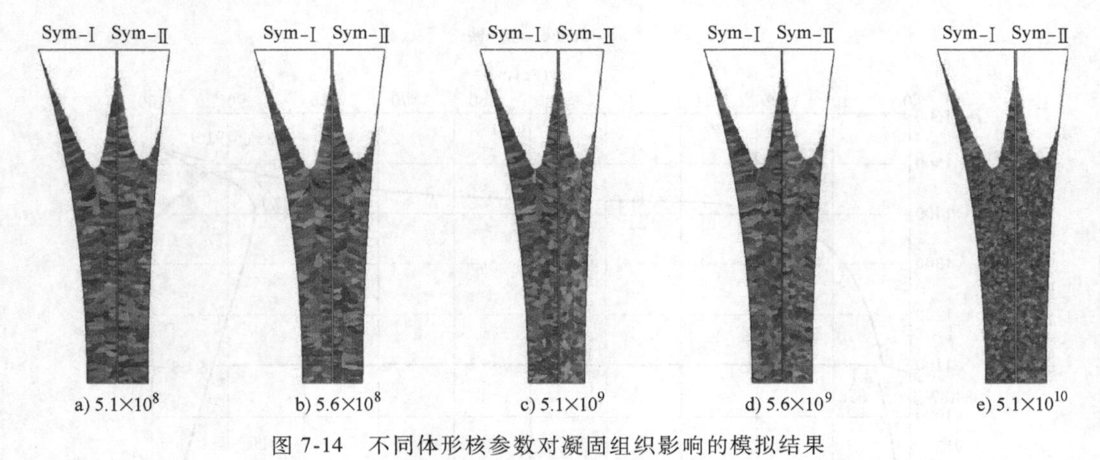

图 7-14　不同体形核参数对凝固组织影响的模拟结果

在变形条件相同时，通常初始凝固组织尺寸越小，样品性能越好。然而，改变熔池高度、覆层金属浇注温度、名义铸轧速度、基体金属预热温度、基体金属半径等很难获得细小凝固组织，因此只能通过改变体形核率实现。目前，固-液铸轧复合过程有望通过添加形核剂、机械振动、复合能场等方式来提高液态覆层金属体形核率，减小初始凝固组织尺寸，从而最终提升样品性能。

7.5　样品周向性能均匀性分析

7.5.1　铜-铁界面反应机制

Cu-Fe 二元相图[137] 如图 7-15 所示，从图中可以看出，铜和铁在液态时是无限互溶的，而在固态时则是有限互溶，两组元间不形成任何金属间相，整个成分范围内合金的组成都是该体系相图两端固溶体相的混合物。

Cu/Fe 元素扩散的驱动力主要取决于 Cu、Fe 元素的扩散系数、浓度梯度以及晶体结构、缺陷等。扩散系数主要取决于扩散温度和扩散激活能，扩散激活能是原子在扩散过程中跃迁时拥有的最小能量，主要是为了克服周围原子对其作用。扩散系数是一个随着扩散进行一直变化的动态数值[138]，与复合界面处元素的分布情况、扩散层厚度等密切相关。扩散系数、扩散激活能和温度满足 ARREHENIUS 指数关系：

$$D=D_0\exp(-Q/RT) \tag{7-6}$$

式中 D——扩散系数（m^2/s）；

Q——扩散激活能（kJ/mol）；

D_0——扩散因子（m^2/s）；

R——扩散系数常数，$R=8.314J/(mol\cdot K)$；

T——加热温度（K）。

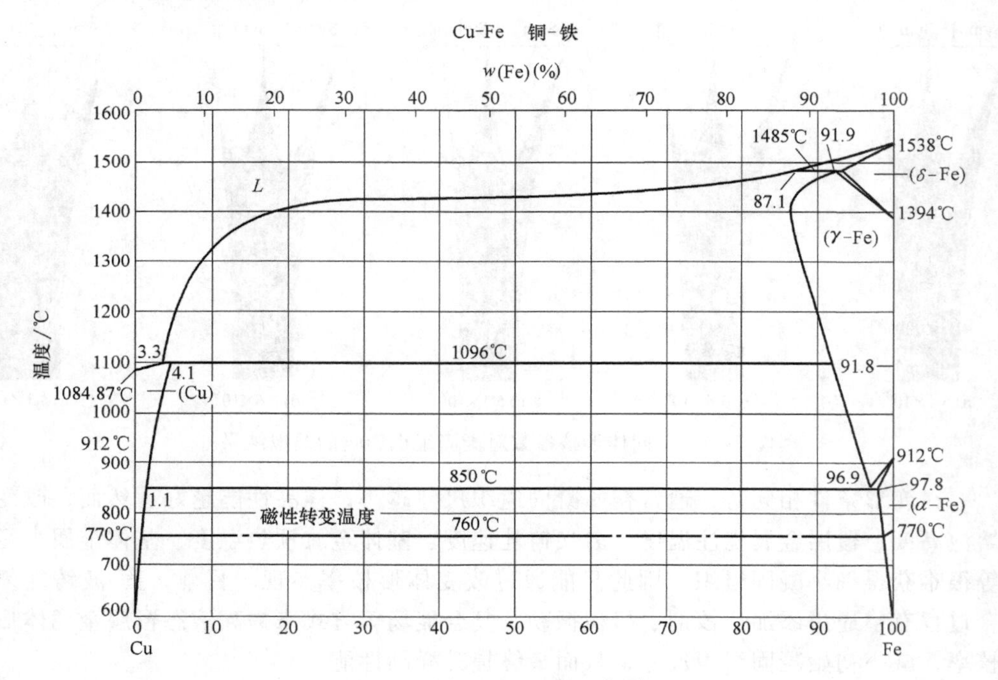

图 7-15 Cu-Fe 二元相图[137]

Fe 在 Cu 基体中的扩散因子为 $1.4\times10^{-4}m^2/s$，扩散激活能为 216.9kJ/mol，Cu 在 Fe 基体中的扩散因子为 $1.9\times10^{-5}m^2/s$，扩散激活能为 283.9kJ/mol[139]。根据式（7-6）可求出在不同温度下 Fe 在 Cu 基体（Cu(S)-Fe）和 Cu 在 Fe 基体（Fe(S)-Cu）的互扩散系数与扩散温度的关系。

Fe 在 Cu 基体（Cu(S)-Fe）的互扩散系数随扩散温度的变化如图 7-16a 所示，Cu 在 Fe 基体（Fe(S)-Cu）的互扩散系数随扩散温度的变化如图 7-16b 所示。随着扩散温度的升高，互扩散系数呈增大趋势，尤其是当温度高于 850 ℃时，互扩散系数增大显著。在相同条件下，扩散温度对 Fe 在 Cu 基体中扩散系数的影响比 Cu 在 Fe 基体中扩散系数的影响大，并且 Fe 在 Cu 基体中的扩散系数大于 Cu 在 Fe 基体

中的扩散系数，这表明扩散过程中 Fe 元素在复合界面处的扩散能力比 Cu 元素强，扩散更充分[140]。

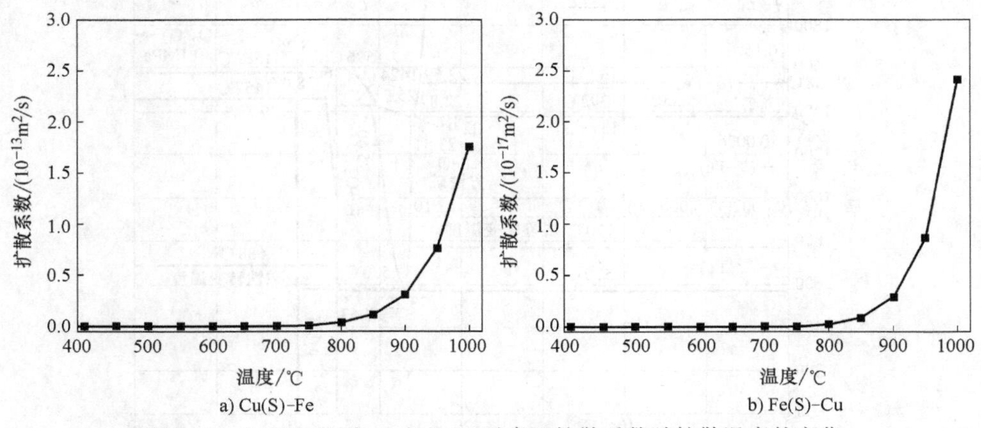

图 7-16　Cu(S)-Fe 和 Fe(S)-Cu 元素互扩散系数随扩散温度的变化

氧为间隙原子，其扩散速度远大于铜和铁，因此氧元素对于复合界面性能的影响较大，其来源主要分为两类，即复合前液态覆层金属含有氧元素和复合时外部环境引入界面氧元素。Cu-O 二元平衡相图如图 7-17a 所示[137]，1065 ℃时氧在铜中的极限溶解度仅为 0.008%，其余氧以 Cu_2O+Cu 的共晶体形式存在。王璞研究表明，无氧铜中含氧量约为 0.0019%，远低于氧在铜中的溶解度，因此以固溶体状态存在，但有氧铜的氧含量（质量分数）远大于 0.008%，因此多数氧都以 Cu_2O+Cu 的共晶体形式存在[141]。Fe-O 二元平衡相图如图 7-17b 所示，铁的氧化物主要

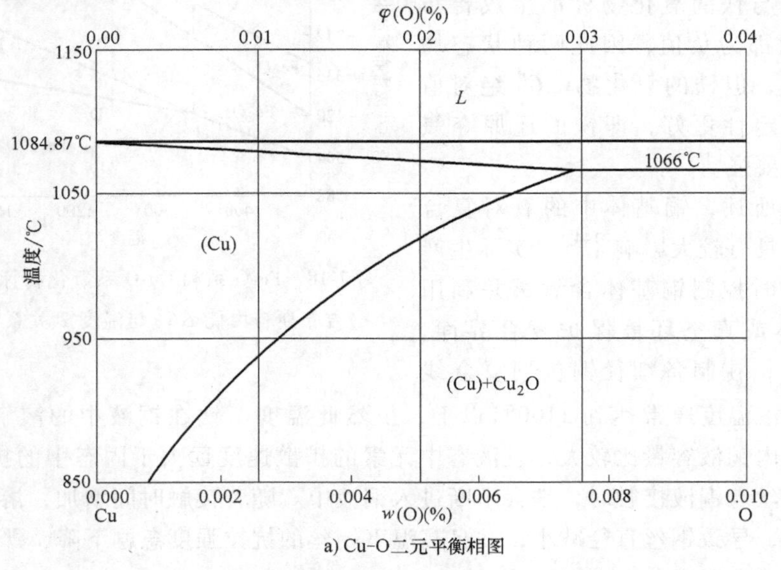

图 7-17　Cu-O 和 Fe-O 二元平衡相图[137]

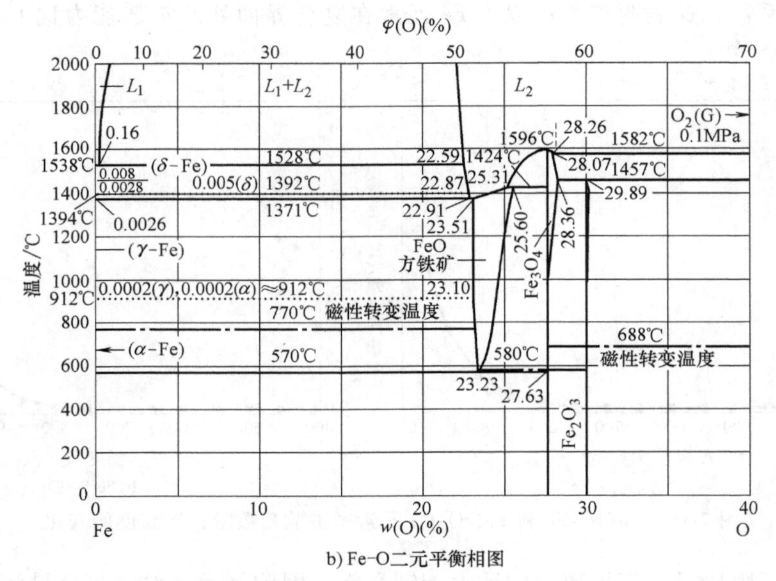

b) Fe-O二元平衡相图

图 7-17 Cu-O 和 Fe-O 二元平衡相图[137]（续）

有 FeO、Fe_3O_4、Fe_2O_3 等，氧在铁中的质量分数超过 30%后，将主要形成 Fe_2O_3，因此在界面处形成铁的氧化物，通常为 Fe_2O_3。

Fe-O 系和 Cu-O 系氧化物标准生成吉布斯自由能 ΔG^θ 与温度 T 的关系如图 7-18 所示[142]，在 0~1200℃范围内氧化亚铜与铁的氧化物标准生成吉布斯自由能都为负值，因此两种状态均可能存在，但铁的氧化物 ΔG^θ 绝对值更大、稳定性更好，即铁的还原夺氧能力比铜要强[143]。

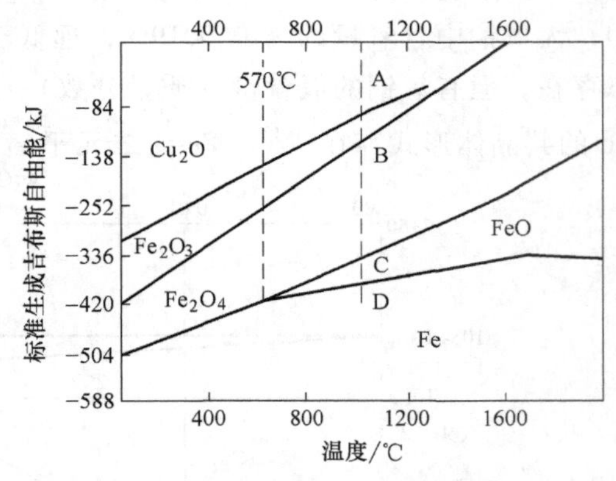

图 7-18 Fe-O 系和 Cu-O 系氧化物标准生成吉布斯自由能 ΔG^θ 与温度 T 关系[142]

综上所述，铜基体中的氧对复合界面同样具有较大影响[144]，实际生产中需要同时控制铜基体含氧量并利用惰性气体或真空环境保护复合界面。除此以外，在制备细径铜包钢复合线材时，铜液温度通常达到 1100℃以上，虽然此温度下铁在铜液中的溶解度不大，但布流器内铜液容量比较大，且液态中元素的扩散速度远大于固态中的扩散速度，所以当钢丝与铜液接触时，铁会不断进入铜液中。随着接触时间增加，溶于铜液中的铁增多，导致钢丝直径减小，并且高温下钢丝的抗拉强度急剧下降，严重时甚至出现熔断或拉断现象。

7.5.2　复合界面宏微观形貌

利用线切割将制备的铜包钢复合棒进行截面切分，如图 7-19 所示。无保护气体时很难实现界面结合，固-液铸轧复合后基体与覆层间仅为过盈配合，当截面切分后配合应力释放，二者发生分离，如图 7-19a 所示。有气体保护时，固-液铸轧复合后基体与覆层间容易实现界面结合，因此截面切分后基体与覆层在复合界面约束下未出现分离，如图 7-19b 所示。

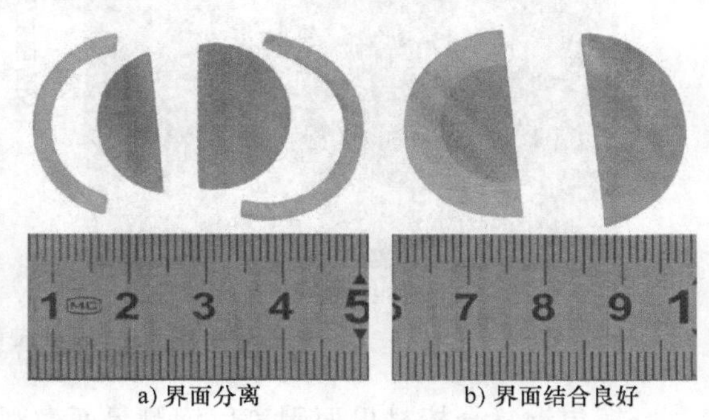

a) 界面分离　b) 界面结合良好

图 7-19　切分后的铜包钢复合棒截面

利用 AXIO OBSERVER 3M 金相显微镜观察复合界面处铜侧微观组织，结果如图 7-20a、b 所示，铜侧无明显孔洞、夹杂等铸造缺陷，基体与覆层间形成连续复合界面。采用 FEI SCIOS DUALBEAM 双束电子显微镜对复合界面进行微观形貌和元素分布分析，图 7-20c、d 表明复合界面连续且均匀，图 7-20e 中的 EDS 面扫描结果表明，复合界面处铜和铁存在互相扩散，图 7-20f 中的 EDS 线扫描结果表明元素分布过渡平滑，无明显中间化合物产生，扩散层厚度约为 1.4μm。

a) 100倍界面处微观组织

b) 500倍界面处微观组织

c) 2000倍界面处微观形貌

d) 20000倍界面处微观形貌

图 7-20　铜-钢复合界面

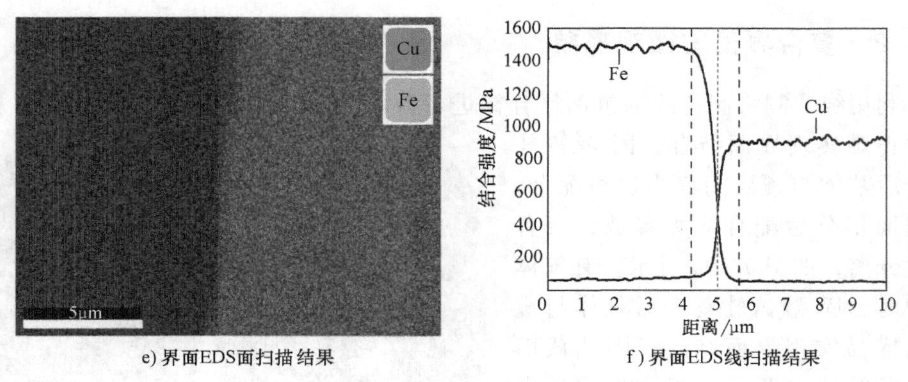

e) 界面EDS面扫描结果　　f) 界面EDS线扫描结果

图 7-20　铜-钢复合界面（续）

铜包钢复合棒材界面剥离后钢侧界面微观形貌如图 7-21a 所示，从图中可以看出，钢侧界面呈现明显的山脊状，韧窝细小均匀，断裂方式为韧性断裂，图 7-21b 所示 EDS 面扫描结果表明界面主要为铜元素，即断裂位置主要位于铜侧。因此，综合复合界面宏微观形貌特征可知，三辊固-液铸轧复合工艺制备的铜包钢复合棒界面可以实现冶金结合，其样品可作为成品应用，也可作为其他深加工工艺的原料。

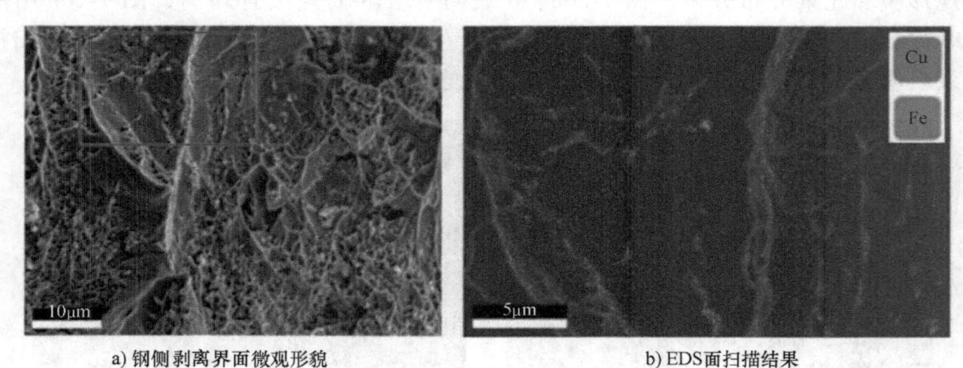

a) 钢侧剥离界面微观形貌　　b) EDS面扫描结果

图 7-21　剥离界面微观形貌

7.5.3　样品性能周向均匀性

金属包覆材料由基体金属和覆层金属通过界面复合形成，基体金属性能、覆层金属性能和复合界面性能共同决定着样品综合性能。对于三辊固-液铸轧复合工艺而言，因基体金属初始性能均匀，产品周向性能的均匀性主要取决于覆层金属性能和复合界面的周向分布均匀性。考虑三辊固-液铸轧复合工艺的周向分布周期性，在单个铸轧辊的二分之一孔型范围内进行分析即可。

图 7-22 所示为样品周向性能均匀性测试方案，取样位置示意图如图 7-22a 所示，在覆层金属中心位置均布取三个试样位置#1、#2 和#3，在复合界面位置均布取三个试样位置#Ⅰ、#Ⅱ和#Ⅲ，并在覆层金属圆周方向上进行维氏硬度测试来表征力

学性能，硬度测试点布置示意图如图 7-22b 所示，试验载荷 100g，保载时间 15s。需要明确的是，试样为铸轧态，并非最终热处理后的服役状态。

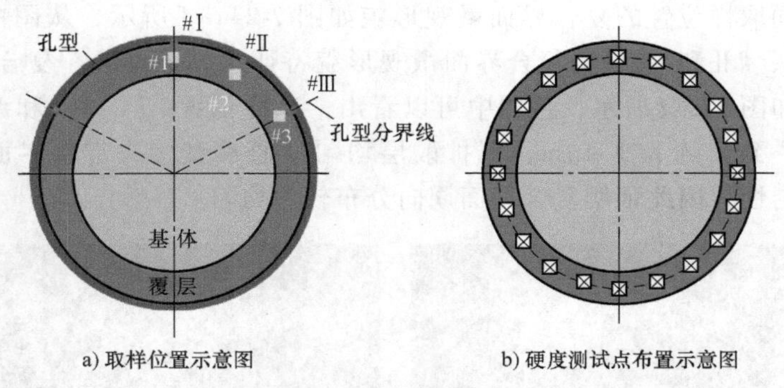

a) 取样位置示意图　　b) 硬度测试点布置示意图

图 7-22　样品周向性能均匀性测试方案

铜侧三个不同取样位置的铸轧态金相组织如图 7-23a、b、c 所示。由图 7-11 可知，因覆层金属离开铸轧区出口后温度仍较高，再结晶晶粒较大，主要为等轴晶，并有少量孪晶，试样位置#1、#2 和#3 处的平均晶粒尺寸分别为 23μm、29μm 和 26μm，无显著特征差异，因此证明铜包钢复合棒中覆层金属的微观组织周向分布较为均匀。利用 QNESS10 显微硬度仪测试铜侧圆周方向上的维氏硬度，结果如图 7-23d 所示。

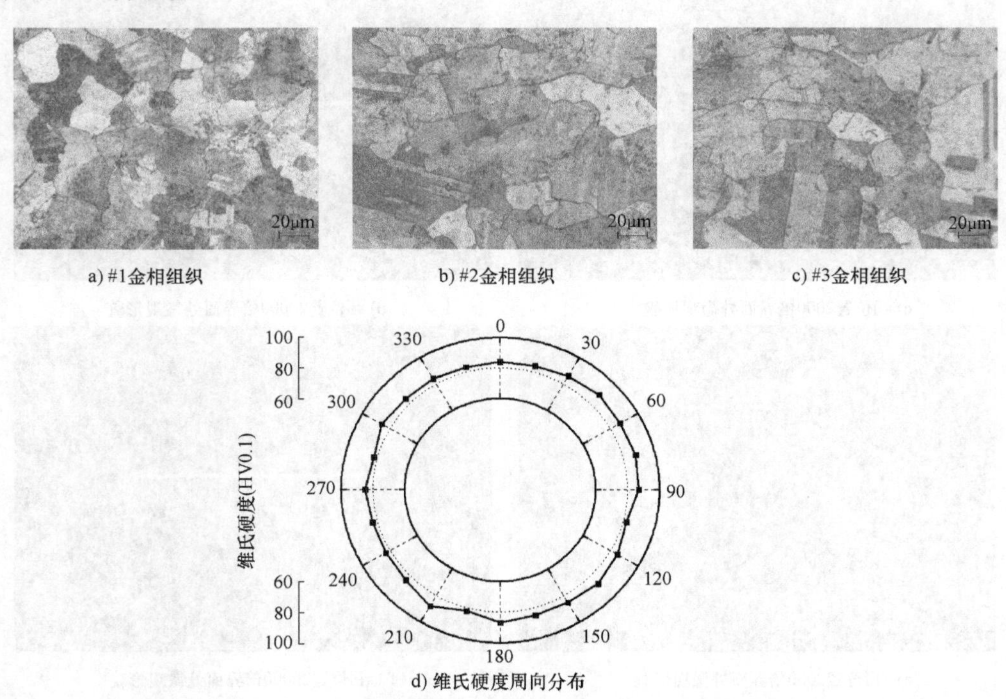

a) #1金相组织　　b) #2金相组织　　c) #3金相组织

d) 维氏硬度周向分布

图 7-23　铜侧铸轧态金相组织及维氏硬度周向分布

从图中可以看出，圆周方向上的维氏硬度波动范围较小，证明覆层金属力学性能周向性能较为均匀。

三个不同取样位置的复合界面微观形貌如图 7-24a~f 所示，从图中可以看出，试样位置#Ⅰ、#Ⅱ和#Ⅲ处的复合界面微观形貌特征无显著差异。复合界面的 EDS 线扫描结果如图 7-24g 所示，从图中可以看出，试样位置#Ⅰ、#Ⅱ和#Ⅲ处的扩散层厚度基本一致，约为 1.4μm。而扩散层均匀性通常直接决定着界面结合强度、导电性等均匀性，因此证明复合界面周向分布较为均匀。

a) #Ⅰ位置2000倍界面处微观形貌

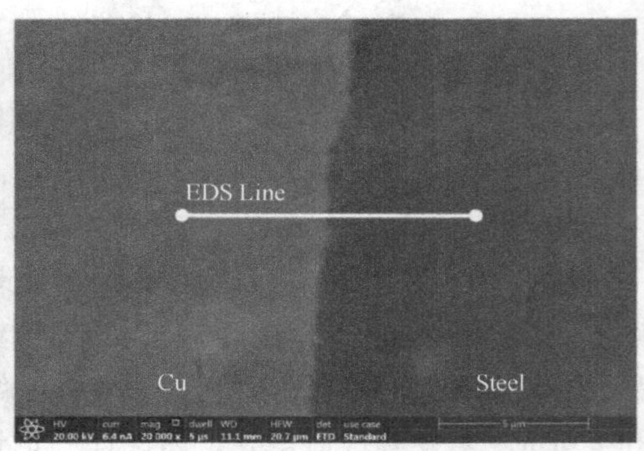

b) #Ⅰ位置20000倍界面处微观形貌

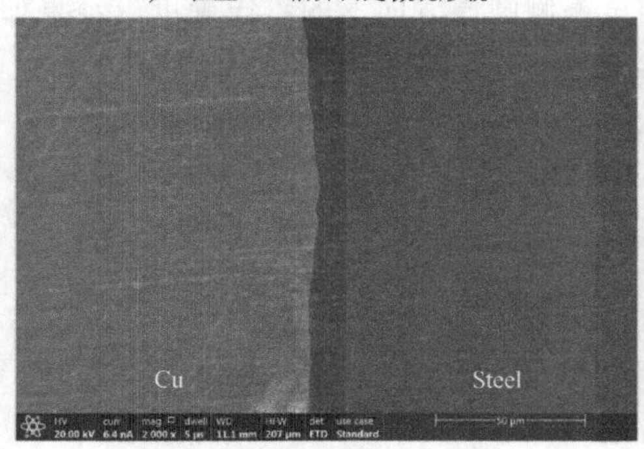

c) #Ⅱ位置2000倍界面处微观形貌

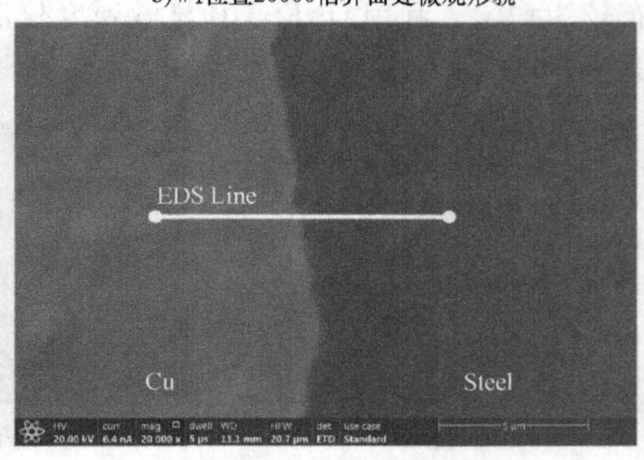

d) #Ⅱ位置20000倍界面处微观形貌

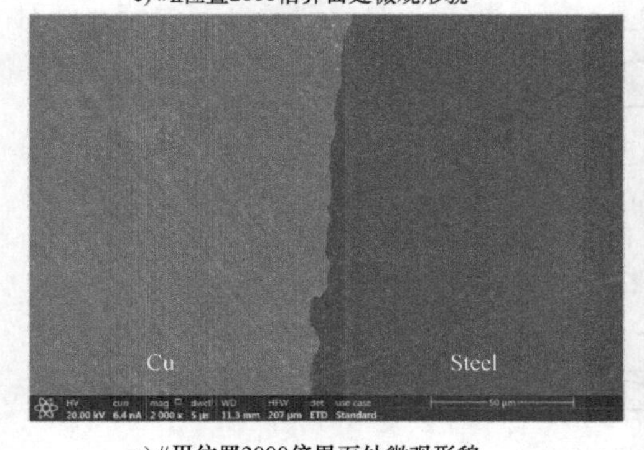

e) #Ⅲ位置2000倍界面处微观形貌

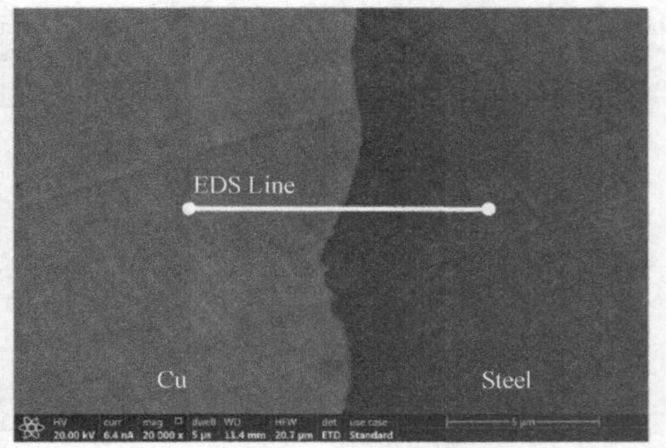

f) #Ⅲ位置20000倍界面处微观形貌

图 7-24 复合界面周向分布

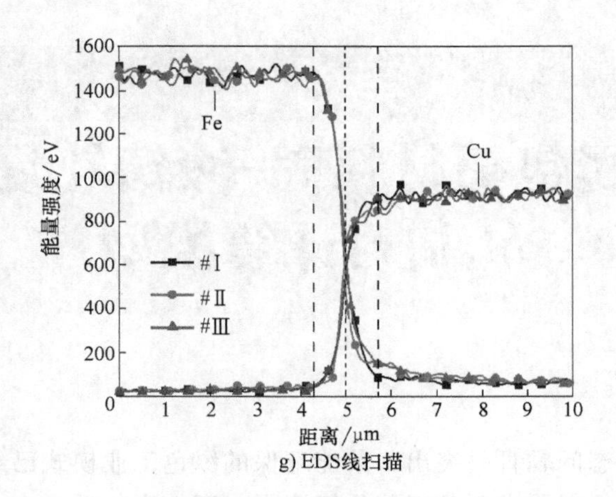

g) EDS线扫描

图 7-24　复合界面周向分布（续）

综上所述，三辊固-液铸轧复合技术制备的金属包覆材料覆层金属性能和复合界面周向分布均匀性良好，即样品周向性能均匀性较为理想，符合工艺预期目标。

第8章 金属包覆材料固-液铸轧复合轧制力计算模型

随着环境和生态问题日益突出，节能环保的绿色工业模式已经成为当前工业发展的首要目标，不仅仅要求制备工艺的短流程、高效率、低污染，还要实现设备的轻量化，降低能源消耗。轧制技术中，轧制力是表征设备能力的主要参数，在设备设计时至关重要，力能参数计算不仅影响到轧辊、机架等核心部件的强度校核，还决定着联轴器扭矩、主电机功率等关键部件的选取。

多辊固-液铸轧复合技术的铸轧区几何形状特殊，相互作用力学行为及接触状态演变过程较为复杂，并且涉及覆层金属物理状态变化。铸轧区内液态、半固态以及固态时的金属流动特性尚未揭示，工艺参数对力能参数的影响尚不清晰，亟待开发一套计算简便、可靠性高的轧制力工程计算模型，为后续装备设计和优化提供理论依据。

因此，为解决设备设计时力能参数选取问题，本章基于几何关系建立铸轧区截面演变模型，分析铸轧区力学图示及金属流动，并在合理假设基础上建立铸轧力工程计算模型，最后利用有限元模型进行验证，为后续揭示铸轧区内铸轧辊-覆层金属-基体金属间的相互作用力学行为奠定基础。

8.1 固-液铸轧区特性分析

多辊固-液铸轧复合技术中铸轧区几何特征复杂，为深入理解铸轧区从入口截面到出口截面的演变过程，下面重点结合三辊布置模式分析铸轧区几何特性、力学图示及金属流动。

8.1.1 出口截面几何参数

三辊固-液铸轧复合技术的铸轧区出口截面（即熔池高度 H 为 0mm 时）的几何参数如图 8-1 所示。对于多辊固-液铸轧复合工艺而言，出口截面为以 O 为圆心、r_0 为半径的完整的圆形孔型，圆形孔型上任意一点 F 和圆心连成的直线 OF 与对称线 OG 间的角度为夹角 θ，点 F 在水平方向上的投影为点 A。由几何关系可知，点

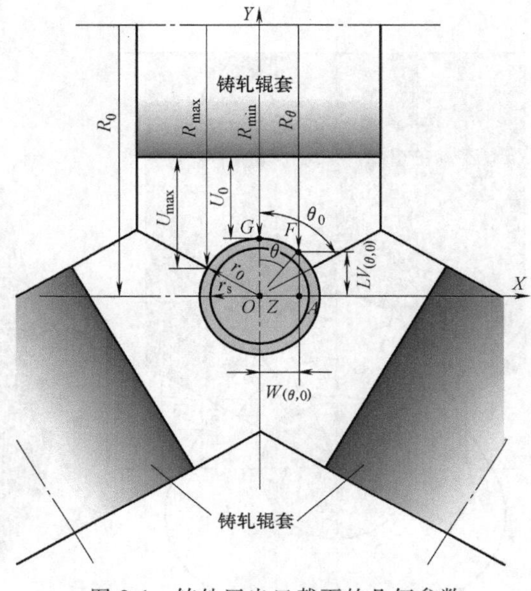

图 8-1　铸轧区出口截面的几何参数

F 所处的水平宽度 $W_{(\theta,0)}$、垂直高度 $LV_{(\theta,0)}$、孔型回转半径 R_θ 以及线速度 v_θ 分别为

$$W_{(\theta,0)}=r_0\sin\theta \tag{8-1}$$

$$LV_{(\theta,0)}=r_0\cos\theta \tag{8-2}$$

$$R_\theta=R_0-r_0\cos\theta \tag{8-3}$$

$$v_\theta=\omega R_\theta \tag{8-4}$$

孔型最大回转半径 R_{max} 为：

$$R_{max}=R_0-r_0\cos\theta_0 \tag{8-5}$$

孔型最小回转半径 R_{min} 为：

$$R_{min}=R_0-r_0 \tag{8-6}$$

孔型平均回转半径 R_{Ave} 为：

$$R_{Ave}=\frac{R_{max}+R_{min}}{2}=\frac{R_0-(r_0+r_0\cos\theta_0)}{2} \tag{8-7}$$

铸轧辊的有效壁厚 U_0 为设计时所需确定的关键参数，与铸轧辊辊身强度、冷却能力等因素相关，铸轧辊最大壁厚 U_{max} 由有效壁厚和孔型尺寸共同决定，是加工制造过程中的重要参数，可表达为：

$$U_{max}=U_0+R_{max}-R_{min}=U_0+r_0(1-\cos\theta_0) \tag{8-8}$$

8.1.2　熔池高度及变形区高度

如前所述，熔池高度是一项关键工艺参数，即工艺设定值，决定着铸轧辊与覆层金属的有效接触区域。变形区高度等于凝固点高度 H_{KP}，是铸轧技术的控制核心，但其取决于结构参数及各个工艺参数，因此属于间接控制变量。

8.1.3　入口截面几何参数

三辊固-液铸轧复合技术的铸轧区入口截面几何参数如图 8-2 所示。当熔池高度 H 为 0mm 时，即代表着出口截面，随着熔池高度 H 逐渐增大，入口截面的轮廓逐渐变大，其与出口截面的差异也逐渐变大。

将出口截面轮廓上的点 O、点 A、点 F 和点 G 向入口截面投影得到点 O'、点 A'、点 F'和点 G'，$A'F'$沿垂直方向延伸与入口截面轮廓交于点 E'，铸轧辊轴线为 BC，过点 E'做铸轧辊径向截面，则点 E'在入口截面的水平宽度 $W_{(\theta,H)}$、垂直高度 $LV_{(\theta,H)}$ 以及孔型回转半径 R_θ、线速度 v_θ 分别为：

$$W_{(\theta,H)}=r_0\sin\theta \tag{8-9}$$

$$R_\theta=R_0-r_0\cos\theta \tag{8-10}$$

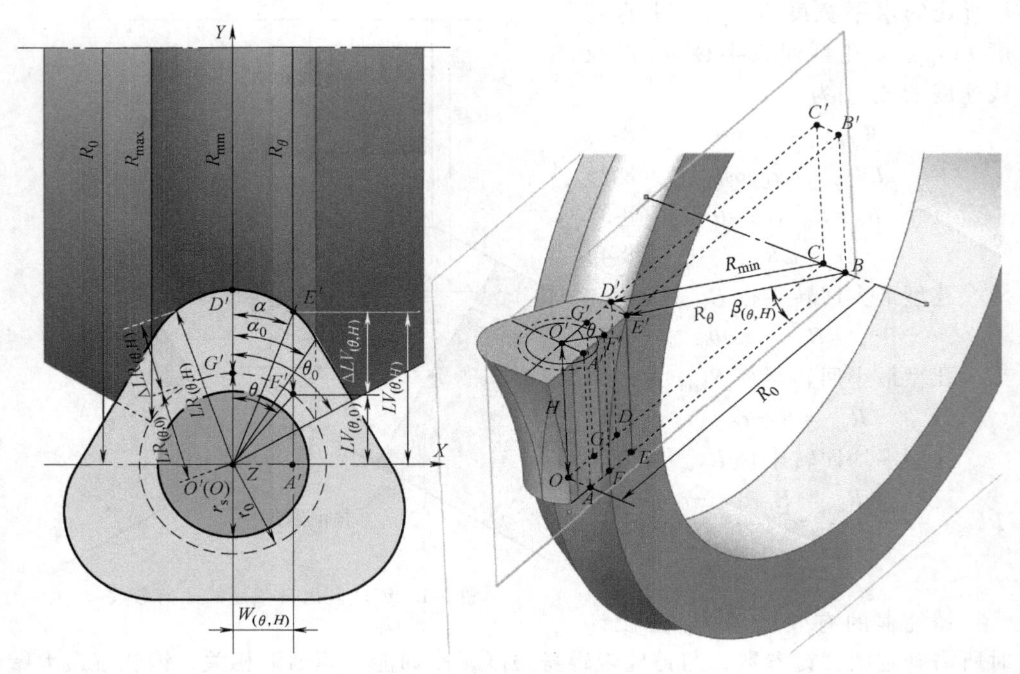

图 8-2　铸轧区入口截面几何参数

$$LV_{(\theta,H)}=R_0-\sqrt{R_\theta^2-H^2} \tag{8-11}$$

$$v_\theta=\omega R_\theta \tag{8-12}$$

线速度在水平和竖直方向上的分量分别为：

$$v_{\theta\text{-V}}=\omega R_\theta\frac{H}{R_\theta}=\omega H \tag{8-13}$$

$$v_{\theta\text{-H}}=\omega\sqrt{R_\theta^2-H^2} \tag{8-14}$$

点 E' 所在铸轧辊径向截面上的圆心角 $\beta_{(\theta,H)}$ 和接触弧长 $M_{(\theta,H)}$ 分别为：

$$\beta_{(\theta,H)}=\arcsin(H/R_\theta)=\arcsin[H/(R_0-r_0\cos\theta)] \tag{8-15}$$

$$M_{(\theta,H)}=R_\theta\beta_{(\theta,H)}=(R_0-r_0\cos\theta)\arcsin[H/(R_0-r_0\cos\theta)] \tag{8-16}$$

入口截面轮廓与出口截面轮廓间的垂直高度差 $\Delta LV_{(\theta,H)}$ 为：

$$\Delta LV_{(\theta,H)}=LV_{(\theta,H)}-LV_{(\theta,0)}=R_0-\sqrt{(R_0-r_0\cos\theta)^2-H^2}-r_0\cos\theta \tag{8-17}$$

点 E' 在入口截面上的圆心角 α、径向距离 $LR_{(\alpha,H)}$ 和径向距离差 $\Delta LR_{(\alpha,H)}$ 分别为：

$$\alpha=\arctan(W_{(\theta,H)}/LV_{(\theta,H)})=\arctan(r_0\sin\theta/(R_0-\sqrt{(R_0-r_0\cos\theta)^2-H^2})) \tag{8-18}$$

$$LR_{(\alpha,H)}=\sqrt{W_{(\theta,H)}^2+LV_{(\theta,H)}^2}=\sqrt{(r_0\sin\theta)^2+(R_0-\sqrt{(R_0-r_0\cos\theta)^2-H^2})^2} \tag{8-19}$$

$$\Delta LR_{(\alpha,H)}=LR_{(\alpha,H)}-r_0=\sqrt{(r_0\sin\theta)^2+(R_0-\sqrt{(R_0-r_0\cos\theta)^2-H^2})^2}-r_0 \tag{8-20}$$

特别指出，从图 8-2 中可以看出，入口截面轮廓由弧线和直线组成，弧线与直线间存在分界圆心角 α_0。因此，对于入口截面的轮廓而言，在 $0°\sim\alpha_0$ 角度范围内的弧线取决于孔型结构，可由几何关系求解，$\alpha_0\sim\theta_0$ 角度范围内的直线取决于仿形侧封，可用线性插值求解。此外，当铸轧辊数量及结构不同时，入口截面分界圆心角 α_0 与孔型分界角 θ_0 有关，可表示为：

$$\alpha_0=\arctan(W_{(\theta_0,H)}/LV_{(\theta_0,H)})=\arctan[r_0\sin\theta_0/(R_0-\sqrt{(R_0-r_0\cos\theta_0)^2-H^2})] \tag{8-21}$$

入口截面的分界圆心角 α_0 处的径向距离 $LR_{(\alpha_0,H)}$ 和径向距离差 $\Delta LR_{(\alpha_0,H)}$ 分别为：

$$LR_{(\alpha_0,H)}=\sqrt{W^2_{(\theta_0,H)}+LV^2_{(\theta_0,H)}}=\sqrt{(r_0\sin\theta_0)^2+(R_0-\sqrt{(R_0-r_0\cos\theta_0)^2-H^2})^2} \tag{8-22}$$

$$\Delta LR_{(\alpha_0,H)}=LR_{(\alpha_0,H)}-r_0=\sqrt{(r_0\sin\theta_0)^2+(R_0-\sqrt{(R_0-r_0\cos\theta_0)^2-H^2})^2}-r_0 \tag{8-23}$$

入口截面的孔型分界角 θ_0 处对应的径向距离 $LR_{(\theta_0,H)}$ 和径向距离差 $\Delta LR_{(\theta_0,H)}$ 为：

$$LR_{(\theta_0,H)}=LR_{(\alpha_0,H)}\cos(\theta_0-\alpha_0) \tag{8-24}$$

$$\Delta LR_{(\theta_0,H)}=LR_{(\theta_0,H)}-r \tag{8-25}$$

因此，最终得到熔池高度为 H 时铸轧区入口截面 $0°\sim\theta_0$ 角度范围内的径向距离 $LR_{(\alpha,H)}$ 计算方式：

$$\begin{cases}LR_{(\alpha,H)}=\sqrt{(r_0\sin\theta)^2+[R_0-\sqrt{(R_0-r_0\cos\theta)^2-H^2}]^2} & 0\leqslant\alpha\leqslant\alpha_0(0\leqslant\theta\leqslant\theta_0)\\ LR_{(\alpha,H)}=LR_{(\alpha_0,H)}+\dfrac{\alpha-\alpha_0}{\theta_0-\alpha_0}[LR_{(\alpha_0,H)}-LR_{(\theta_0,H)}] & \alpha_0<\alpha<\theta_0\\ LR_{(\theta_0,H)}=\sqrt{(r_0\sin\theta_0)^2+[R_0-\sqrt{(R_0-r_0\cos\theta_0)^2-H^2}]^2}\cos(\theta_0-\alpha_0) & \alpha=\theta_0\end{cases} \tag{8-26}$$

当假设凝固点在圆周方向上几何分布均匀时，凝固点所在截面与铸轧区入口截面平行，因此几何参数计算方法完全相同。此外，由几何关系可知，铸轧区与铸轧辊之间的接触区在 Z 轴上的投影即为熔池高度 H。

8.1.4　力学图示及金属流动

根据孔型轧制条件，假设凝固点高度沿圆周方向分布均匀时，圆周方向上的覆层金属压下量是不均匀的，在孔型顶部压下量最大，延伸率也最大。偏移孔型顶部距离越大压下量越小，在孔型分界处压下量达到最小，延伸率也最小。变形区出口截面如图 8-3a 所示，内侧为基体金属，外侧为圆形孔型，二者为同圆心。因此覆层金属壁厚分布均匀，相当于内外受压的等壁厚圆环变形，单元体主变形图示为沿径向（r）和切向（θ）压缩，轴向（Z）延伸，其主应力图示为三向压缩，力学图示如图 8-3b 所示。

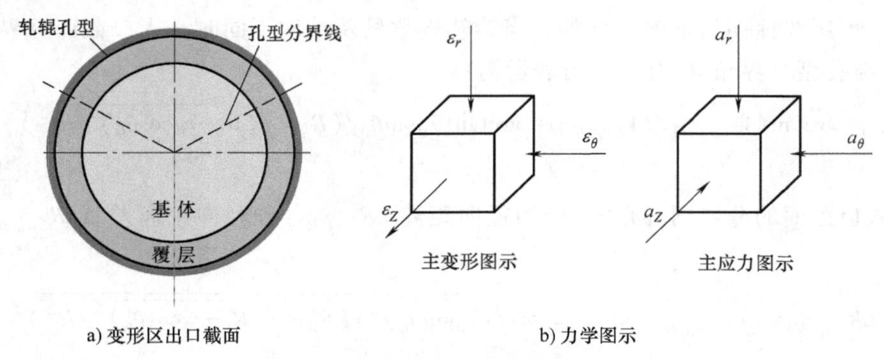

a) 变形区出口截面　　b) 力学图示

图 8-3　变形区出口截面力学示意图

变形区中间截面如图 8-4a 所示，铸轧辊孔型和仿形侧封共同构成封闭的变形孔型。由于圆周方向几何均匀性影响，当覆层金属壁厚压缩时，可能产生两个方向的延伸，即环向流动和纵向延伸，覆层金属处于三维变形状态，相当于内外受压的非等壁厚圆环变形。单元体主变形图示为沿径向压缩，切向和轴向延伸，其主应力图示为三向压缩，如图 8-4b 所示。特殊之处，当位于孔型分界线时，由于周向分布对称性，单元体主变形图示和主应力图示与图 8-3b 中状态相同。

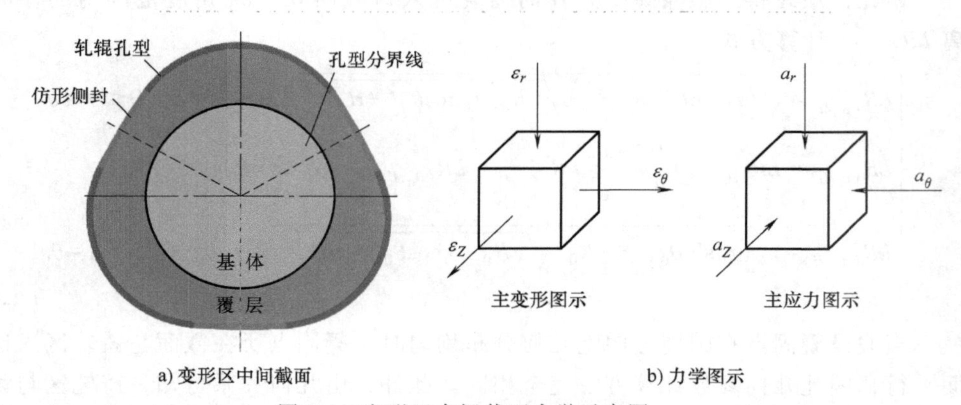

a) 变形区中间截面　　b) 力学图示

图 8-4　变形区中间截面力学示意图

假设覆层金属的纵向流动速度沿壁厚保持不变，在出口截面上纵向流动速度为常量，则铸轧区覆层金属的纵向流动速度可由秒流量相等原则求得。覆层金属的环向流动对接触表面摩擦力、轧制压力等有较大影响，研究多辊固-液铸轧复合工艺中覆层金属的三维变形问题，首先要确定环向位移。然而，当环向流动很弱时可采用轴对称假设，认为其没有环向流动。覆层金属与孔型接触的表面金属径向流动速度可根据接触点的几何条件确定，与基体金属接触的内表面由于受芯棒的限制作

用，其径向流动速度为零。由于金属包覆材料的覆层金属壁厚与外径相比一般很小，可近似认为径向流动速度沿径向按线性变化或不变。

孔型参数优化的目的是提高变形在圆周方向上的均匀性，并使金属应尽可能地流向纵向（轴向），而尽可能少的流向环向（切向）。由于压下金属的不均匀性和变形的连续性，孔型顶部金属以较大的延伸率流向纵向，为保证金属变形的连续性，迫使相邻位置以相同的延伸率向纵向延伸。因此，当忽略端部条件时金属各部分的实际延伸应取平均值。这种均匀化现象不仅发生在变形区出口，而且也发生在整个变形区内。变形区内各横截面上金属运动速度的差异与金属总的运动速度相比甚小，故可近似认为横截面上各点处金属运动速度是相同的，即通常所谓的平截面假设。

轧件与孔型间接触表面的摩擦应力模型可以参考限动芯棒连轧管技术，通常采用混合摩擦理论。根据轧件与孔型的接触表面摩擦应力沿变形区长度上的分布特征，可将接触区沿变形区长度方向分为：滑动摩擦区、制动摩擦区和停滞摩擦区。根据轧制条件，沿环向各处，这三个区域可同时存在，也可不同时存在。轧件与芯棒的接触表面摩擦因数通常要比轧件与孔型间的摩擦因数小得多[145]，因此一般认为不存在制动摩擦区，并且由于芯棒速度总是小于轧件速度，通常认为接触表面不存在摩擦停滞区。

多辊固-液铸轧复合技术中的覆层金属与孔型间接触表面的摩擦情况与限动芯棒连轧管技术相似，但覆层金属与基体金属间接触表面的摩擦情况与限动芯棒连轧管技术相比差异很大。基体金属运动依赖于与覆层金属间的摩擦应力，即处于随动状态。

在铸轧区入口处，基体金属与覆层金属间为物理接触，主要表现为滑动摩擦。在铸轧区出口处，覆层金属与基体金属间形成冶金结合时，能够同步运动，即不存在相对滑动。当铸轧区内基体金属不发生塑性变形和延伸时，基体金属的运动速度则为定值，因此基体金属速度始终大于或等于覆层金属。从铸轧区入口至铸轧区出口，整个过程中基体金属与覆层金属间的摩擦因数处于持续增大状态，直至最终二者完全结合，因此固-液铸轧复合后期通常要比覆层金属与孔型间的摩擦因数大。

8.2　轧制力工程计算模型

8.2.1　基本假设

多辊固-液铸轧复合技术中，覆层金属受力来源有三个，分别是铸轧辊的轧制力、仿形侧封的挤压力和基体金属的反作用力。而对于设备设计而言，所需的主要参数为铸轧辊的轧制力。基体金属为固态，表面温度较高但心部温度较低，覆层金属存在液态、半固态和固态的物理状态变化过程，根据图 5-2 和图 5-4 可知，固-液铸轧复合过程中二者变形抗力差距显著，可将凝固点以下固-固轧制复合变形阶段视为纯减壁的随动芯棒轧管过程，基本假设如下。

1）多辊固-液铸轧复合为稳定轧制过程，三辊布置模式时可取三分之一模型。

2）凝固点高度沿圆周方向均匀分布，忽略液态覆层金属的影响，只考虑凝固点以下固态覆层金属的变形行为。

3）覆层金属为理想刚塑性体，铸轧辊及基体金属为不变形刚体。

4）忽略覆层金属环向流动，铸轧辊作用下的覆层金属塑性变形为平面变形。

8.2.2 微分单元划分

三辊固-液铸轧复合技术的变形区入口截面（即凝固点高度 H_{KP} 所在截面）条元划分示意图如图 8-5 所示，由于几何对称性，取其二分之一分析即可。对于三辊布置模式，分界角 θ_0 为 60°，即覆层金属与铸轧辊沿 X 轴方向的接触区间为 $0\sim x_0$，将其划分为 n 个宽度为 Δx 的纵向条元，条元与条元的交界面及边界面称为条元节面。节面与覆层金属外表面的交线称为外节线，节面与覆层金属内表面的交线称为内节线。节面在变形区出口截面（即 H_0 所在截面）上的圆心角为 θ_i（$i=1, 2, \cdots, n$）表示，在入口截面上对应的圆心角用 α_i（$i=1, 2, \cdots, n$）表示，几何关系如下：

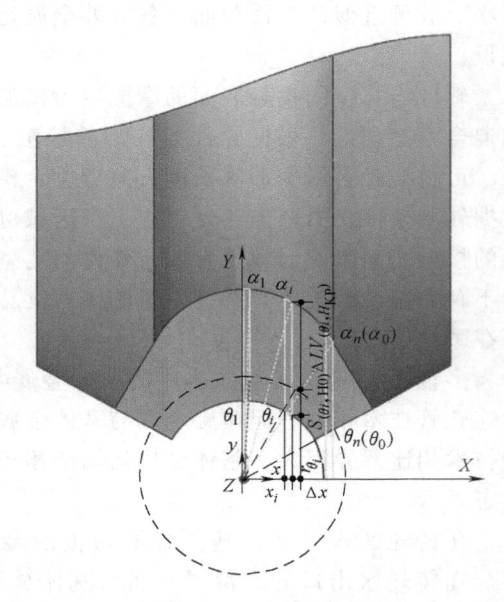

图 8-5　变形区入口截面条元划分示意图

$$\alpha_i=\arctan\left[r_0\sin\theta_i/\left(R_0-\sqrt{(R_0-r_0\cos\theta_i)^2-H_{KP}^2}\right)\right] \tag{8-27}$$

$$x_i=r_0\sin\theta_i \tag{8-28}$$

$$\Delta x=r_0(\sin\theta_i-\sin\theta_{i-1}) \tag{8-29}$$

$$R_{\theta_i}=R_0-r_0\cos\theta_i \tag{8-30}$$

$$\Delta LV_{(\theta_i,H_{KP})}=LV_{(\theta_i,H_{KP})}-LV_{(\theta_i,H_0)}=R_0-\sqrt{(R_0-r_0\cos\theta_i)^2-H_{KP}^2}-r_0\cos\theta_i \tag{8-31}$$

$$S_{(\theta_i,H_{KP})}=\Delta LV_{(\theta_i,H_{KP})}+S_{(\theta_i,H_0)} \tag{8-32}$$

当 $x_i\leqslant r_s\sin\theta_0$ 时

$$S_{(\theta_i,H_0)}=r_0\cos\theta_i-\sqrt{{r_s}^2-(r_0\sin\theta_i)^2} \tag{8-33}$$

当 $x_i>r_s\sin\theta_0$ 时

$$S_{(\theta_i,H_0)} = r_0\cos\theta_i \tag{8-34}$$

条元节面的咬入角 $\beta_{(\theta_i,H_{KP})}$ 为：

$$\beta_{(\theta_i,H_{KP})} = \arcsin(H_{KP}/(R_0-r_0\cos\theta_i)) = \arctan\left[H_{KP}/\sqrt{(R_0-r_0\cos\theta_i)^2-H_{KP}^2}\right] \tag{8-35}$$

从式（8-35）中可以看出，铸轧辊名义半径 R_0 越小、孔型半径 r_0 越大、出口截面上的圆心角 θ_i 越大、凝固点高度 H_{KP} 越高时，咬入角 $\beta_{(\theta_i,H_{KP})}$ 将越大。因此，临界咬入条件可以表示为：

$$\tan\beta_{(\theta_i,H_{KP})} = \frac{1}{\sqrt{\left(\frac{R_0-r_0\cos\theta_i}{H_{KP}}\right)^2-1^2}} \leqslant \mu_R \tag{8-36}$$

式中　μ_R——覆层金属与铸轧间的摩擦因数。

式（8-36）变换可得变形区最大高度计算公式：

$$H_{KP} \leqslant \frac{(R_0-r_0\cos\theta_i)\mu_R}{\sqrt{1+\mu_R^2}} \tag{8-37}$$

8.2.3　单位压力公式

在第 i 个条元中选取单元体，变形区条元作用力示意图如图 8-6 所示，将作用

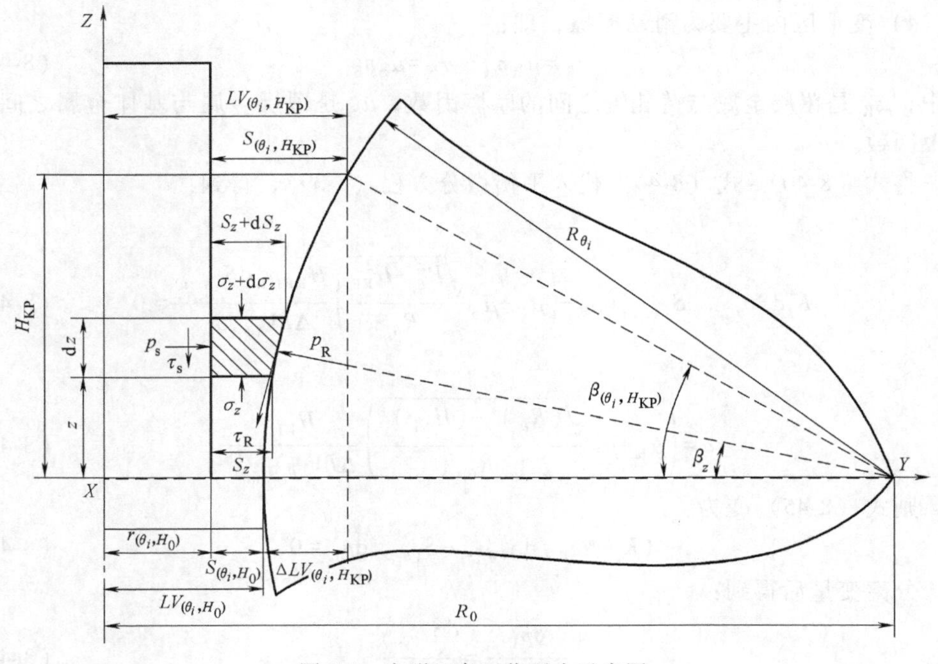

图 8-6　变形区条元作用力示意图

在单元体上的外力向 Z 轴投影，其和为零，因此单元体力平衡微分方程可写为：

$$\sigma_z S_{(\theta_i,z)} + p_R \mathrm{d}S_{(\theta_i,z)} - \tau_S \mathrm{d}z - (\sigma_z + \mathrm{d}\sigma_z)(S_{(\theta_i,z)} + \mathrm{d}S_{(\theta_i,z)}) - \tau_R \mathrm{d}z = 0 \tag{8-38}$$

将式（8-38）合并同类项并忽略高次项得：

$$(p_R - \sigma_z)\mathrm{d}S_{(\theta_i,z)} - S_{(\theta_i,z)}\mathrm{d}\sigma_z - (\tau_R + \tau_S)\mathrm{d}z = 0 \tag{8-39}$$

其中，覆层金属与铸轧辊间的摩擦力 τ_R 在后滑区为正值，前滑区为负值，覆层金属与基体金属间的摩擦力 τ_S 恒为正值。

为了方便工程计算，假设：

1）屈服条件近似写为：

$$p_R - \sigma_z = K_f = 1.15\sigma_S \tag{8-40}$$

2）相应的接触弧用弦代替，即：

$$S_{(\theta_i,z)} = \frac{\Delta LV_{(\theta_i,H_{KP})}}{H_{KP}} z + S_{(\theta_i,H_0)} \tag{8-41}$$

$$\mathrm{d}z = \frac{H_{KP}}{\Delta LV_{(\theta_i,H_{KP})}} \mathrm{d}S_{(\theta_i,z)} \tag{8-42}$$

3）变形区内，基体金属对覆层金属的单位压力 p_S 与铸轧辊对覆层金属的单位压力 p_R 沿 Y 轴的投影相等，即：

$$p_S = p_R \cos\beta_z \approx p_R \frac{\sqrt{R_{\theta_i}^2 - H_{KP}^2}}{R_{\theta_i}} \tag{8-43}$$

4）变形区内主要为滑动摩擦，即：

$$\tau_R = \mu_R p_R \quad \tau_S = \mu_S p_S \tag{8-44}$$

其中，μ_R 是覆层金属与铸轧辊之间的摩擦因数，μ_S 是覆层金属与基体金属之间的摩擦因数。

将式（8-40）~式（8-44）代入平衡微分方程（8-39），得到：

$$K_f \mathrm{d}S_{(\theta_i,z)} - S_{(\theta_i,z)}\mathrm{d}p_R - \left(\mu_R + \mu_S \frac{\sqrt{R_{\theta_i}^2 - H_{KP}^2}}{R_{\theta_i}}\right) \frac{H_{KP} p_R \mathrm{d}S_{(\theta_i,z)}}{\Delta LV_{(\theta_i,H_{KP})}} = 0 \tag{8-45}$$

令

$$a = \left(\mu_R + \mu_S \frac{\sqrt{(R_{\theta_i})^2 - (H_{KP})^2}}{R_{\theta_i}}\right) \frac{H_{KP}}{\Delta LV_{(\theta_i,H_{KP})}} \tag{8-46}$$

则式（8-45）变为：

$$(K_f - a p_R)\mathrm{d}S_{(\theta_i,z)} - S_{(\theta_i,z)}\mathrm{d}p_R = 0 \tag{8-47}$$

分离变量后得到：

$$\frac{\mathrm{d}p_R}{K_f - a p_R} = \frac{\mathrm{d}S_{(\theta_i,z)}}{S_{(\theta_i,z)}} \tag{8-48}$$

1）对于前滑区：

对式（8-48）积分，前滑区任意位置的屈服条件为 $K_{f_q}^{S_z}$，代入边界条件，当 $S_{(\theta_i,z)}=S_{(\theta_i,H_0)}$ 时 $p_R=K_{H_0 f}$，得到前滑区的单位压力公式：

$$p_R^q=\frac{K_{f_q}^{S_z}}{a_q}-\frac{(K_{f_q}^{S_z}-a_qK_f^{H_0})}{a_q}\left(\frac{S_{(\theta_i,0)}}{S_{(\theta_i,z)}}\right)^{a_q} \tag{8-49}$$

$$a_q=\left(-\mu_R+\mu_S\frac{\sqrt{R_{\theta_i}^2-H_{KP}^2}}{R_{\theta_i}}\right)\frac{H_{KP}}{\Delta LV_{(\theta_i,H_{KP})}} \tag{8-50}$$

2）对于后滑区：

对式（8-48）积分，后滑区任意位置的屈服条件为 $K_{(S_z,f_h)}$，代入边界条件，当 $S_{(\theta_i,z)}=S_{(\theta_i,H_{KP})}$ 时 $p_R^h=K_{(H_{KP},f)}$，得到后滑区的单位压力公式

$$p_R^h=\frac{K_{f_h}^{S_z}}{a_h}-\frac{(K_{f_h}^{S_z}-a_hK_f^{H_{KP}})}{a_h}\left(\frac{S_{(\theta_i,H_{KP})}}{S_{(\theta_i,z)}}\right)^{a_h} \tag{8-51}$$

$$a_h=\left(\mu_R+\mu_S\frac{\sqrt{R_{\theta_i}^2-H_{KP}^2}}{R_{\theta_i}}\right)\frac{H_{KP}}{\Delta LV_{(\theta_i,H_{KP})}} \tag{8-52}$$

考虑周向传热传质均匀性，可近似认为变形抗力仅沿熔池高度方向变化，即变形区从入口截面 H_{KP} 到出口截面 H_0，覆层金属温度逐渐降低，材料变形抗力逐渐增大。在工程计算中，可根据凝固点处屈服条件 $K_f^{H_{KP}}$ 和铸轧区出口处屈服条件 $K_f^{H_{KP}}$，近似得到整个变形区内的等效屈服条件 K_f^E

$$K_f^E=\frac{K_f^{H_{KP}}+K_f^{H_0}}{2} \tag{8-53}$$

因此，前滑区的单位压力公式（8-49）可以简化为：

$$p_R^q=\frac{K_f^E}{a_q}-\frac{(K_f^E-a_qK_f^E)}{a_q}\left(\frac{S_{(\theta_i,0)}}{S_{(\theta_i,z)}}\right)^{a_q} \tag{8-54}$$

后滑区的单位压力公式（4-51）可以简化为：

$$p_R^h=\frac{K_f^E}{a_h}-\frac{(K_f^E-a_hK_f^E)}{a_h}\left(\frac{S_{(\theta_i,H_{KP})}}{S_{(\theta_i,z)}}\right)^{a_h} \tag{8-55}$$

8.2.4 平均单位压力公式

三辊固-液铸轧复合技术中半个铸轧辊的轧制力近似等于 n 个条元上轧制力之和，因此整个铸轧辊的轧制力 F_{KP} 计算公式如下：

$$F_{KP}=2\sum_{i=1}^{n}p_iA_i \tag{8-56}$$

式中　p_i——第 i 个条元与铸轧辊接触面的平均单位压力（MPa）；

A_i——第 i 个条元与铸轧辊接触面的投影面积（mm^2）。

第 i 个条元与铸轧辊接触面的投影面积 A_i 为：

$$A_i = H_{KP}\Delta x \tag{8-57}$$

平均单位压力等于变形区的总变形力除以接触面积的垂直投影高度差

$$p_i = \frac{1}{\Delta LV_{(\theta_i,H_{KP})}}\left\{\int_{S_{(\theta_i,H_M)}}^{S_{(\theta_i,H_{KP})}} p_x^h \mathrm{d}S_{(\theta_i,z)} + \int_{S_{(\theta_i,0)}}^{S_{(\theta_i,H_M)}} p_x^q \mathrm{d}S_{(\theta_i,z)}\right\} \mathrm{N/mm^2} \tag{8-58}$$

其中，p_x^h 为后滑区单位压力；p_x^q 为前滑区单位压力，H_M 为中性面高度。

将式（8-54）和式（8-55）代入式（8-58）并积分整理后得到：

$$p_i = \frac{1}{\Delta LV_{(\theta_i,H_{KP})}}\left\{\frac{K_f^E}{a_q}\left[S_{(\theta_i,H_M)} - \left(\frac{S_{(\theta_i,H_0)}}{S_{(\theta_i,H_M)}}\right)^{a_q}\right] - \frac{K_f^E}{a_h}\left[S_{(\theta_i,H_M)} - \left(\frac{S_{(\theta_i,H_{KP})}}{S_{(\theta_i,H_M)}}\right)^{a_h}\right]\right\} \tag{8-59}$$

因覆层金属变形量相对较小，工程计算时可近似认为：

$$S_{(\theta_i,H_M)} = \frac{S_{(\theta_i,H_0)} + S_{(\theta_i,H_{KP})}}{2} \tag{8-60}$$

8.3　模型验证及工艺因素影响分析

8.3.1　仿真模型及边界条件

以三辊固-液铸轧复合技术为例，基于 DEFORM 软件建立凝固点以下固-固轧制复合变形过程的有限元模型来验证轧制力工程计算模型的准确性。模拟工艺参数取值见表 8-1，其中铸轧辊名义半径为 125mm，孔型半径为 12.5mm，基体金属半径为 10mm，名义铸轧速度为 3.5m/min。

表 8-1　模拟工艺参数取值

工艺变量	单位	基准值	分析范围	变化量
变形区高度 H_{KP}	mm	30	20~40	10
材料等效变形抗力	MPa	50	30~70	10

考虑模型的分布周期性和几何结构对称性，有限元仿真模型分为两种。一种是半辊仿真模型，即取单个铸轧单元的二分之一进行分析，如图 8-7a 所示；一种是整辊仿真模型，即取完整单个铸轧单元进行分析，如图 8-7b 所示。模型中铸轧辊的转速与基体金属的平动速度根据名义铸轧速度计算。模型基本假设如下。

1）铸轧辊、仿形侧封和基体金属为刚体，覆层金属为变形体。

2）覆层金属的材料等效变形抗力为定值，不随温度和应变速率变化。

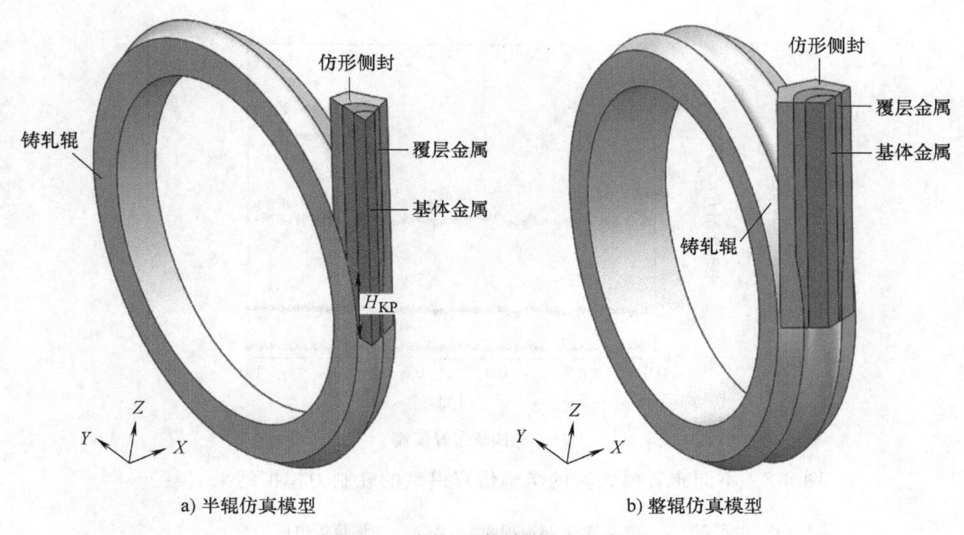

图 8-7　有限元仿真模型示意图

8.3.2　布置模式影响分析

不同布置模式时的半辊仿真模型的轧制力模拟结果如图 8-8 所示，由于孔型沿周向分布且是施加变形作用的主体，覆层金属周向壁厚逐渐均匀化减薄，因此 X 轴方向和 Y 轴方向的力较大，Z 轴方向的力较小。此外，在相同网格密度时，随着铸轧辊数量增加，轧制力波动趋于平缓，并且三个方向的力均减小，主要原因是孔型与覆层金属间的接触面积减小。其中，X 轴方向的力与覆层金属的周向变形流动密切相关，不同工艺布置模式时的覆层金属流动云图与速度场等值面如图 8-9 所示。从图中可以看出，随着铸轧辊数量增加，覆层金属周向流动趋势减缓，沿高度方向分布逐渐均匀，因此速度等值面逐渐变得平直，与此同时，X 轴方向的力逐渐

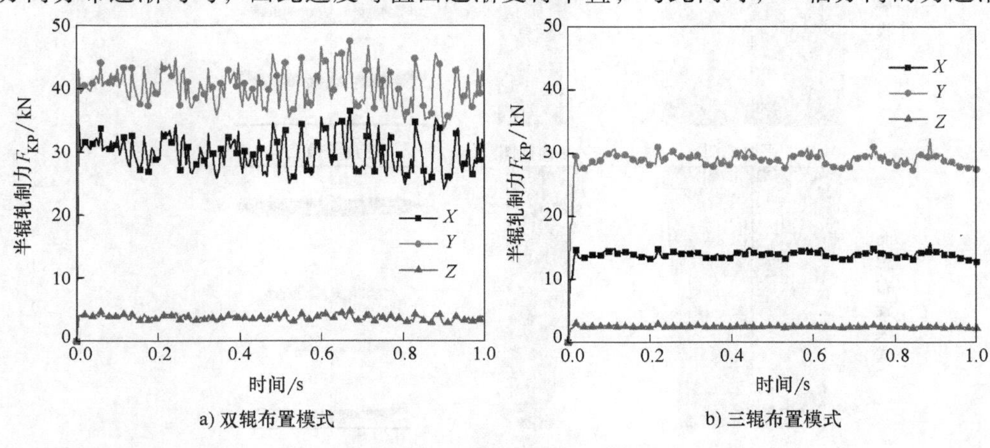

图 8-8　不同布置模式时的半辊仿真模型的轧制力模拟结果

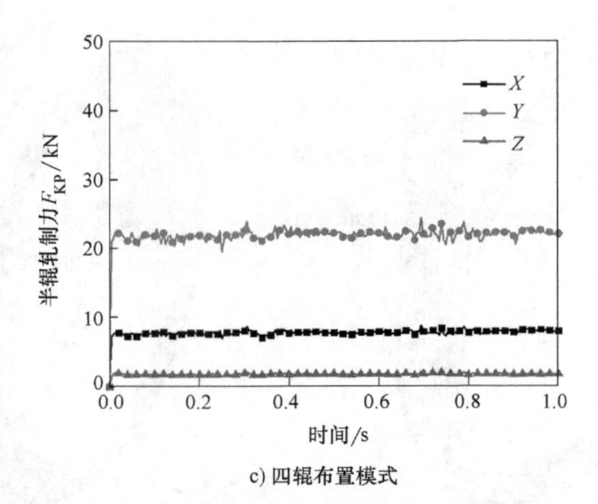

c) 四辊布置模式

图 8-8　不同布置模式时的半辊仿真模型的轧制力模拟结果（续）

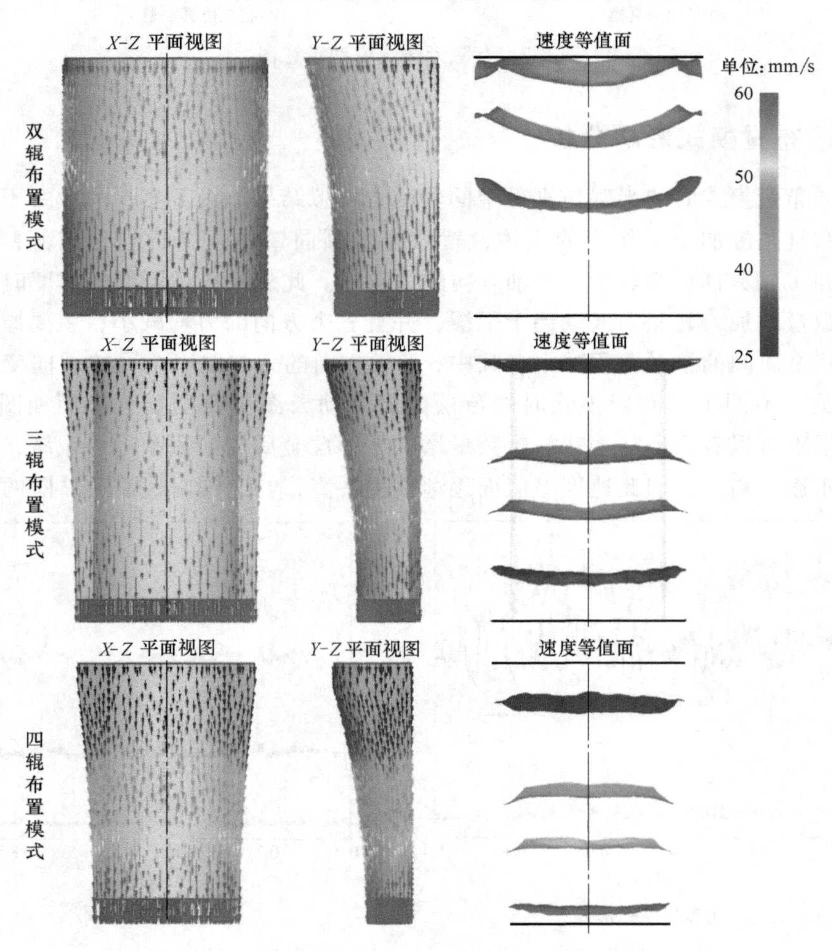

图 8-9　不同布置模式时的覆层金属流动云图与速度等值面

减小。综上可知，随着铸轧辊数量增加，覆层金属尽可能多的流向轴向，而尽可能少的流向周向，即变形集中在 YZ 平面，覆层金属周向变形更加均匀。

不同布置模式时的整辊仿真模型的轧制力模拟结果如图 8-10 所示，在相同网格密度时，随着铸轧辊数量增加，三个方向的力均减小并且波动趋于平缓。对比图 8-8 和图 8-10 可知，整辊仿真模型与半辊仿真模型的模拟结果中 Y 轴方向和 Z 轴方向的轧制力近似呈比例关系。对于整个铸轧辊而言，孔型在 X 轴方向上对称分布且两侧受力相反，因此 X 轴方向的轧制力相互抵消，即轧制力主要分布于 Y-Z 平面。

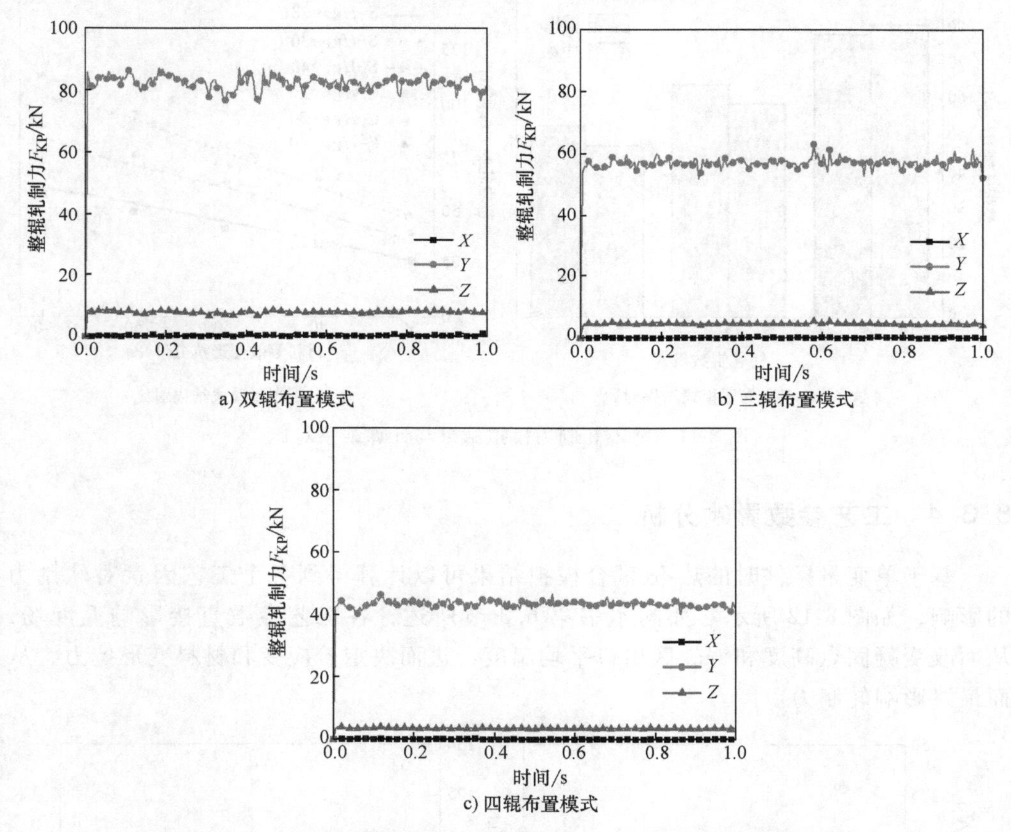

图 8-10　不同布置模式时的整辊仿真模型的轧制力模拟结果

8.3.3　工程计算模型验证

不同布置模式时的整辊轧制力模拟结果与计算结果对比如图 8-11a 所示，模拟结果与计算结果间最大相对误差约为 15%，总体而言吻合良好。对于轧制力工程计算模型而言，布置模式改变时主要表现在孔型分界角不同，因此可以适用于不同布置模式时的轧制力计算。

当多辊固-液铸轧复合技术为三辊布置模式时，材料等效变形抗力和变形区高度变化时的模拟轧制力（用符号 S 表示）与计算轧制力（用符号 C 表示）的对比结果如图 8-11b 所示。当变形区高度一定时，轧制力随着材料等效变形抗力增大而增大；当材料等效变形抗力一定时，轧制力随着变形区高度增大而增大。对比结果表明，模拟结果与计算结果二者吻合良好，最大相对误差约为 10%，证明轧制力工程计算模型能够满足工程应用需求，可用于多辊固-液铸轧复合设备设计阶段估算力能参数。

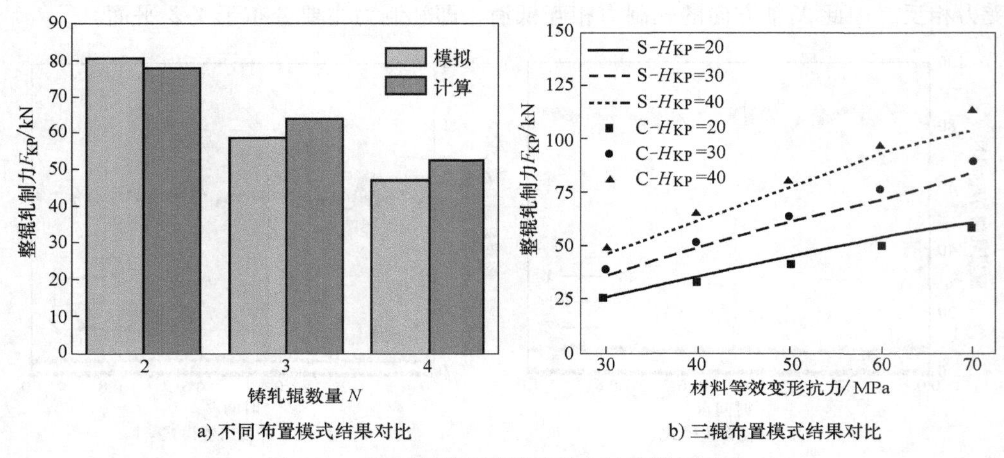

a) 不同布置模式结果对比　　b) 三辊布置模式结果对比

图 8-11　整辊轧制力模拟结果与计算结果对比

8.3.4　工艺参数影响分析

基于单变量条件时的热-流耦合模拟结果可以计算得到各个工艺因素对轧制力的影响，如图 8-12 所示。如同本书第 6.3 节所述，各工艺参数直接影响温度场，从而改变凝固点高度和铸轧区出口平均温度，进而决定着应变和材料变形抗力，从而最终影响轧制力。

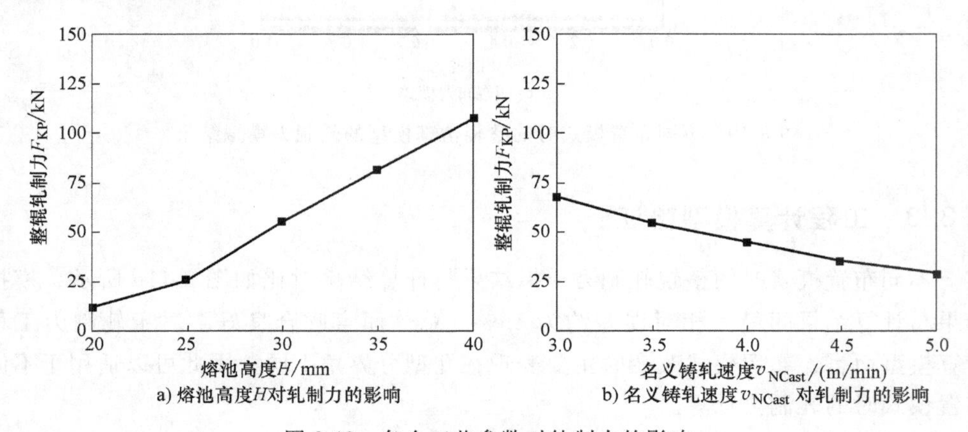

a) 熔池高度H对轧制力的影响　　b) 名义铸轧速度v_{NCast} 对轧制力的影响

图 8-12　各个工艺参数对轧制力的影响

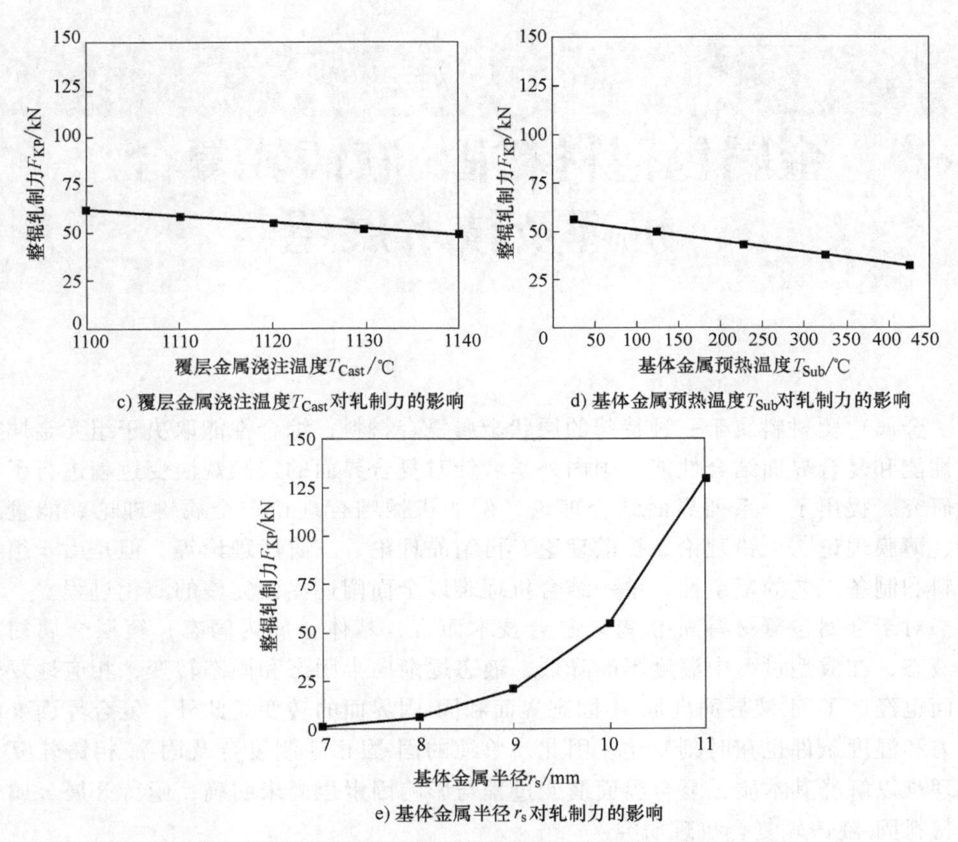

c) 覆层金属浇注温度T_{Cast}对轧制力的影响

d) 基体金属预热温度T_{Sub}对轧制力的影响

e) 基体金属半径r_s对轧制力的影响

图 8-12　各个工艺参数对轧制力的影响（续）

图 8-12a、e 表明单变量条件下提高熔池高度和基体金属半径可显著增大轧制力，其主要原因是二者既改变了热量输入和热量输出，又改变了铸轧区几何结构。图 8-12b、c、d 表明单变量条件下提高名义铸轧速度、覆层金属浇注温度和基体金属预热温度可有效降低轧制力，其主要原因是增大了热量输入。因此，样品规格一定时，可以通过调整工艺参数来调控复合界面的温度-压力状态。

第9章 金属包覆材料固-液铸轧复合机理及技术展望

金属包覆材料属于一种特殊的层状金属复合材料，综合性能取决于组元金属本体性能和复合界面结合性能。国内外学者针对复合界面的宏微观演变过程进行了大量研究，提出了一系列界面结合理论，例如机械啮合理论、金属键理论、能量理论、薄膜理论、位错理论、扩散理论、再结晶理论、三阶段理论等，但是由于组元材料和制备工艺的复杂性，单一结合机理难以全面阐述界面完整的演化过程。

对于金属包覆材料固-液铸轧复合技术而言，基体金属为固态，覆层金属初始为液态，在成型过程中温度不断降低，液态逐渐向半固态和固态转变，相应地复合界面也经历了固-液界面向固-半固态界面和固-固界面的转变。此外，复合界面处的压力和温度条件也在时刻变化。因此，单纯的固-固相轧制复合及固-液相铸轧复合机理难以解释其本质，复合界面演变过程与影响因素也尚未明确，亟待开展金属包覆材料固-液铸轧复合机理研究。

成形原理决定了组元金属性能，复合机理决定了界面结合性能。本章结合铸轧区宏微观演变分析金属包覆材料固-液铸轧复合连续成形原理，根据基体-覆层间复合界面的反应机制和动态演化过程来探讨界面复合机理，从而为建立金属包覆材料多辊固-液铸轧复合技术理论奠定基础。

9.1 连续成形原理分析

9.1.1 双辊布置模式时固-液铸轧区演变

为了获得双辊布置模式时固-液铸轧区截面演变过程，在钢/铝复合管双辊固-液铸轧复合实验快结束时，通过急停轧卡和快速水冷的方式获得了双辊布置模式时固-液铸轧区截面演变，如图 9-1a 所示。从图中可以看出，液态覆层金属由环形布流器浇注到铸轧区后，与铸轧辊、仿形模具和基体芯管接触换热，逐渐冷却后均匀包覆在基体芯管外侧，形成凝固坯壳。当到达凝固点以下时，开始进入固-固轧制复合过程，覆层金属致密化变形。因固-液铸轧复合过程时间相对较短，界面结合

效果主要取决于温度、压力以及变形等因素。

温度方面，在熔池液相区内，高温作用下有利于覆层金属与基体芯管的扩散结合或反应结合。此外，实验研究与数值模拟表明，铸轧区出口温度不低于320℃，并且主要处于350~500℃之间，有利于覆层金属的变形和复合界面处的元素相互扩散。

受力与变形方面，铸轧区几何形状周向上并不一致，因此熔池高度改变时，其形状也会发生变化。将铸轧区沿高度方向进行等距切片，获得的截面轮廓形状演变如图9-1b所示，从图中可以看出，铸轧区截面轮廓由近似椭圆形逐渐演变为圆形。在凝固点以上，截面Ⅰ处TD侧附近发现了孔洞缺陷，当到达截面Ⅱ时孔洞已经消失，但在边部表面出现了微小裂纹；在凝固点以下时，在截面Ⅲ、Ⅳ、Ⅴ处的复合界面和边部均未发现孔洞，在铸轧区出口附近，截面Ⅴ中覆层金属已经基本成为圆形。TD侧覆层厚度虽然从截面Ⅰ至截面Ⅴ基本没有变化，但是ND侧的变形使金属由ND侧向TD侧流动，增加了基体与覆层之间的接触应力，有利于二者复合。

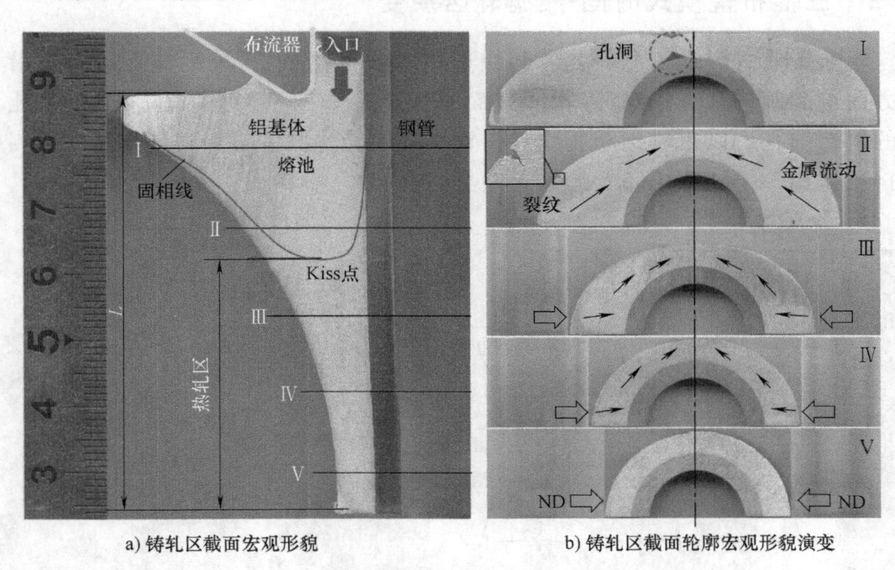

a) 铸轧区截面宏观形貌　　b) 铸轧区截面轮廓宏观形貌演变

图9-1　双辊布置模式时固-液铸轧区截面演变

钢/铝固-液铸轧区截面腐蚀前如图9-2a所示，利用Kroll溶液腐蚀之后的宏观晶粒形貌如图9-2b所示。根据温度场演化过程，覆层金属可以划分为三个区，即液相区、糊状区和固相区。由于晶粒生长方向与热流方向平行且相反，急停轧卡后近似为定向凝固过程，液相区晶粒呈现平直特征，糊状区内由于较低的流动性，晶粒呈现略微弯曲特征，固相区内由于沿铸轧方向的塑性变形作用，晶粒呈现典型的延伸之后的纤维状。因此根据固-液铸轧区内的宏观晶粒形貌可以近似确定凝固点位置。

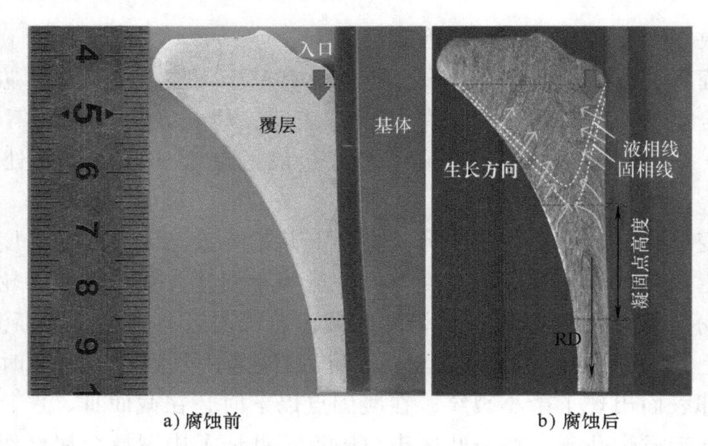

a) 腐蚀前　　b) 腐蚀后

图 9-2　双辊布置模式时固-液铸轧区宏观晶粒形貌

9.1.2　三辊布置模式时固-液铸轧区演变

三辊布置模式时通过急停轧卡和快速水冷获得钢/铜铸轧区试样，将其沿熔池高度方向等间距切片，固-液铸轧区截面宏观演变如图 9-3 所示。根据急停轧卡后形成的铸造缩孔可以粗略判断凝固点位置，其中轧辊侧主要为轧制作用，侧封侧主要为挤压作用，铸轧区内二者无显著差异。

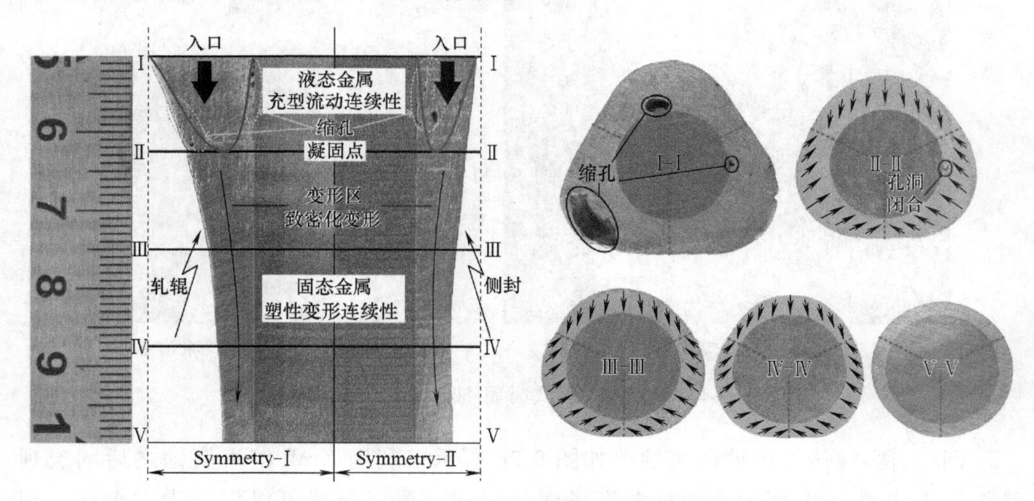

图 9-3　三辊布置模式时铸轧区截面宏观演变

截面Ⅰ-Ⅰ处覆层金属周向分布近似均匀，但存在停止浇注之后凝固过程中形成的缩孔。到达截面Ⅱ-Ⅱ时，覆层金属壁厚减薄，即在一定变形作用下覆层金属致密化程度有所改善，铸造缩孔逐渐闭合消失。由截面Ⅲ-Ⅲ向截面Ⅳ-Ⅳ演变过程中，覆层金属继续沿周向近似均匀致密化变形，壁厚继续减薄且周向均匀性显著提高。到达截面Ⅴ-Ⅴ时，覆层金属致密无宏观缺陷，壁厚沿周向均匀分布，并且基

体-覆层间复合界面连续均匀，结合良好。

不同取样位置的覆层金属金相组织如图 9-4 所示。凝固点附近无明显塑性变形，急停轧卡后为定向凝固状态，因此呈现为典型柱状晶组织，晶粒生长方向与热流方向相反，如图 9-4a 所示；基体金属与覆层金属初始接触时的温差较大，因此覆层金属在临近复合界面的表层形成等轴晶组织，如图 9-4b 所示；铸轧区出口处，覆层金属经过显著塑性变形，晶粒沿铸轧方向延伸，呈现典型纤维状，如图 9-4c 所示。

a) 凝固点附近

b) 复合界面附近

c) 铸轧区出口

图 9-4　不同取样位置的覆层金属金相组织

9.1.3　固-液铸轧连续成形原理

层状金属复合材料界面结合强度通常取决于界面产物、微观结构和组元金属中性能较弱的一方，因此组元金属的综合性能也同样重要。对于绝大部分制备工艺而言，通常有一种或多种金属需要成形过程，因此根据成形过程是否有变形可将金属成形原理分为凝固成形和塑性成形两类。

凝固成形是指，将金属熔化呈液态后浇注到与拟成形零件形状及尺寸相适应的模型空腔，待液态金属冷却凝固后获得铸态金属，例如离心铸造、连续铸造等。凝固成形具有极高综合经济性，金属凝固原理与传热、传质、固-液界面动力学等密切相关。

塑性成形就是利用材料的塑性，在工具及模具的外力作用下来加工制件的少切削或无切削的工艺方法，例如挤压、拉拔、轧制、铸轧等。塑性成形原理历史悠久，并且随着技术进步在不断创新。

金属包覆材料固-液铸轧复合技术集铸造-轧制-挤压为一体，包括凝固成形和塑性成形两个过程，其连续成形原理也分为两部分，即液态金属充型流动连续性和固态金属塑性变形连续性。在凝固点以上，重力作用下的液态覆层金属的充型流动性保证了凝固成形过程中圆周方向上的供给连续性和均匀性。在凝固点以下，封闭变形孔型中固态覆层金属在轧制-挤压耦合作用下的三维塑性变形流动保证了塑性成形过程中圆周方向上的延伸连续性和均匀性。二者共同作用，实现覆层金属渐进致密化变形过程，保证了固-液铸轧复合技术的传热、传质、凝固和变形的连续性和均匀性，最终保障了样品性能均匀性。

9.2 界面复合机理分析

9.2.1 复合界面微观形貌演变

9.2.1.1 固-液铸轧区取样

固-液铸轧复合工艺中通常会通入保护气体以防止复合界面氧化，界面处可能会生成扩散层或化合物，但在检测和表征时难度较大。为直观表征固-液铸轧复合过程中复合界面的微观演变过程以及覆层与基体间的相互作用行为，以较为活泼的纯铜作为基体芯管，以工业纯铝作为覆层金属，在固-液铸轧复合过程中未通入保护气体，将界面处生成的氧化物作为示踪剂来直观表征复合界面演变过程。

双辊布置模式时铜/铝固-液铸轧区取样位置和宏观形貌如图 9-5 所示。铸轧区近似呈“Y”形，与实际控制液位高度下的铸轧区形状有所不同，其主要原因是急停后虽然停止了铝液浇注，但环形布流器内部残留的铝液在重力作用下会继续向铸轧区内流动，填充铸轧辊孔型并最终形成图中所示的“Y”形，并且可以发现该区域在快速凝固过程中产生了较多的孔洞。

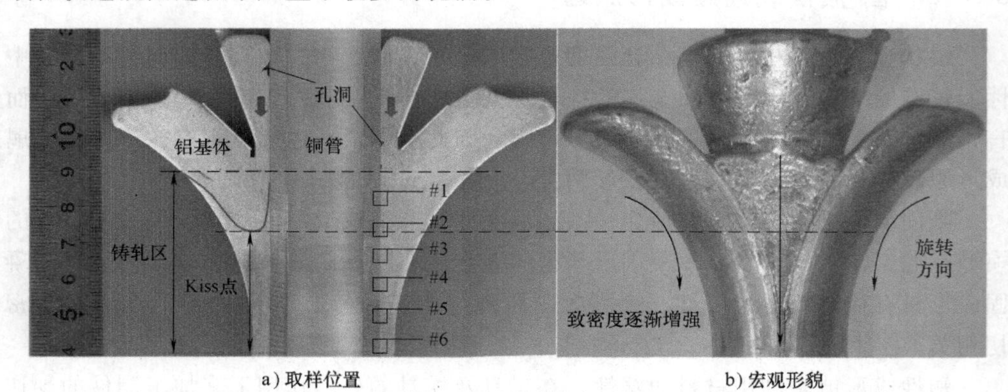

a) 取样位置　　b) 宏观形貌

图 9-5　双辊布置模式时铜/铝固-液铸轧区取样位置和宏观形貌

9.2.1.2 复合界面微观形貌演变

沿铸轧区高度方向从高到低依次取样观察，取样位置如图 9-5 中所示，对应的铜/铝固-液铸轧复合界面微观形貌演变如图 9-6 所示。

位置#1 处位于凝固点以上，属于固-液接触换热区。该区域内铜管与液态铝只是接触换热，无明显变形，因此快速凝固后铜侧与铝侧界面变化平滑，且有一条连续且均匀的黑色氧化物层，如图 9-6a 所示。

位置#2 位于凝固点附近，属于固-半固态铸造复合区。该区域铜侧由于固-液区时的接触换热使表层温度较高，变形抗力较低，而铝已经基本或者完全凝固，在铸

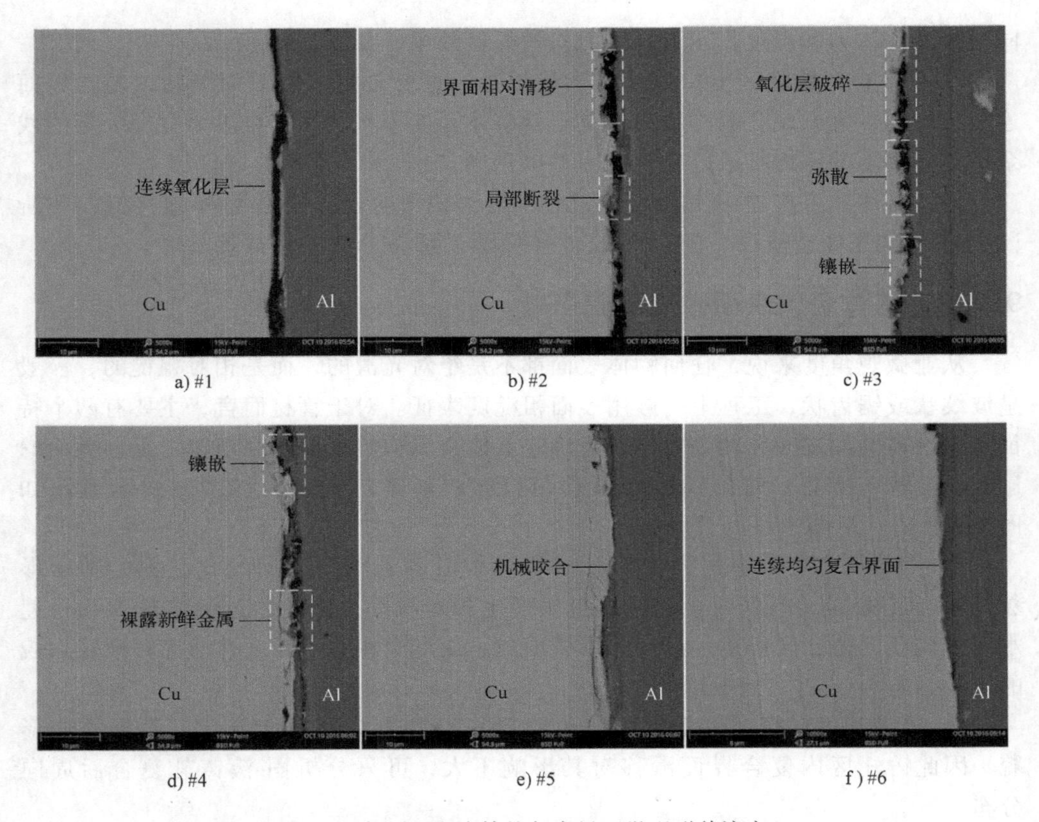

a) #1　b) #2　c) #3

d) #4　e) #5　f) #6

图 9-6　铜/铝固-液铸轧复合界面微观形貌演变

轧辊作用下产生少量的致密化变形，因此复合界面处开始出现相对滑移，连续的氧化物层属于脆硬相，在界面相对滑移过程中挤压两侧金属并开始出现局部破碎、断裂，如图 9-6b 所示。

位置#3 位于凝固点下方，铝侧已经完全凝固，因此属于固-固热轧复合区。此时的压下量相对较大且铝的变形抗力相对较低，因此该区域界面滑移更为显著，连续的氧化层逐渐破碎成小块，大量氧化物以块状形式弥散分布在复合界面处，并随着铝侧塑性延伸和铜侧表层局部塑性变形逐渐镶嵌入界面处，少量新鲜金属开始出现，如图 9-6c 所示。

位置#4 位于固-固轧制复合区中间，此时铝侧压下量较大，从而产生较大的塑性延展，大部分块状氧化物已经嵌入复合界面，分布密度显著降低，只能观察到少量存在。同时，裸露的新鲜金属比例大大增加，在温度和压力作用下逐渐形成新生复合界面，如图 9-6d 所示。

位置#5 位于固-固热轧复合区下方，铝侧经较大塑性变形后，界面处镶嵌的块状氧化物基本消失，两侧裸露的新鲜金属形成新生复合界面，但此时铝侧产生一定的加工硬化，变形抗力相对较高，并且压下量也相对较小，因此以机械咬合为主，同时伴随着压力和温度作用下的压力扩散焊接效果，如图 9-6e 所示。

位置#6 位于铸轧区出口处，压下量很小，主要是复合管截面整圆，复合界面连续且均匀，无微观孔洞等缺陷，复合管整体温度依然较高，且界面存在一定的残余应力作用下的压力扩散效果，如图 9-6f 所示。

综上所述，可将固-液铸轧复合过程细分为四个阶段，分别为固-液接触换热阶段、固-半固态铸造阶段、固-固热轧复合阶段、固-固压力扩散焊接阶段。

9.2.2 基体金属表面微观形貌影响

从亚微观角度来说，任何物体表面都不是绝对光滑的，而是相对粗糙的，一般呈波纹状或锯齿状，工程上一般用表面粗糙度表征。对于管材而言，主要有两个特征方向，即圆周方向和轴线方向。为确定基体金属初始表面微观形貌对复合界面的影响，沿两个特征方向分别用砂纸均匀打磨，基体芯管表面打磨方式示意图如图 9-7 所示。从图中可以看出：

1）沿圆周方向打磨后产生的波纹状形貌沿芯管轴线方向变化，称为轴向形貌，在经过固-液铸轧区时会和覆层金属产生相对滑动，因此通过急停轧卡和快速水冷方式获得铸轧区切片，重点分析变形前、变形中和变形后三种情况时微观形貌的影响。

2）沿轴线方向打磨后产生的波纹状形貌沿芯管圆周方向变化，称为周向形貌，因此铸轧区内复合界面滑移对其影响不大，可只分析固-液铸轧复合后周向分布。

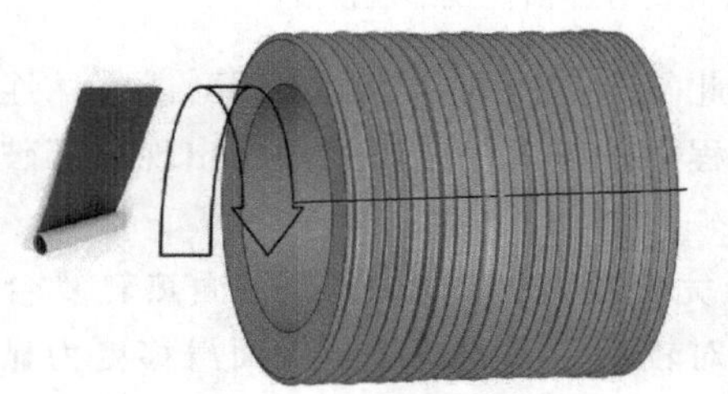

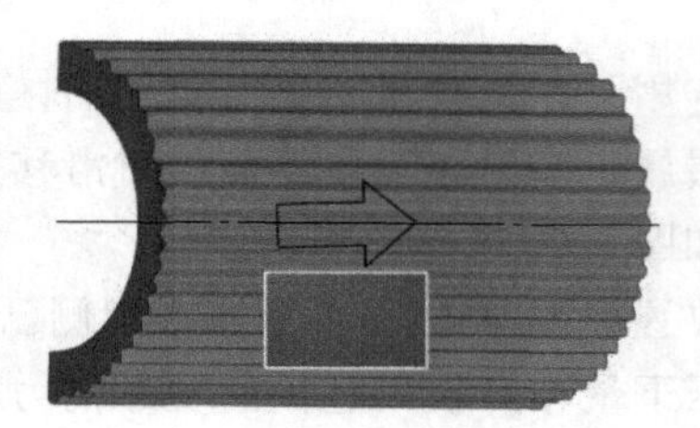

图 9-7　基体芯管表面打磨方式示意图

9.2.2.1 轴向表面微观形貌对复合界面的影响

变形前，当芯管微观表面主要呈平直状且含有局部较深 V 形凹槽时，平直段复合界面结合良好，但在约 6.1μm 深的凹槽处因液态金属填充不均而出现微观孔隙，如图 9-8a 所示；当芯管微观表面呈连续波纹状时，在平缓的波峰波谷处结合效果依然较好，有效增大了接触面积，但在约 5.8μm 深的波谷位置存在一定的疏松，如图 9-8b 所示，结合金属流动情况可以发现，疏松或微观孔隙主要发生在金属流动死区。

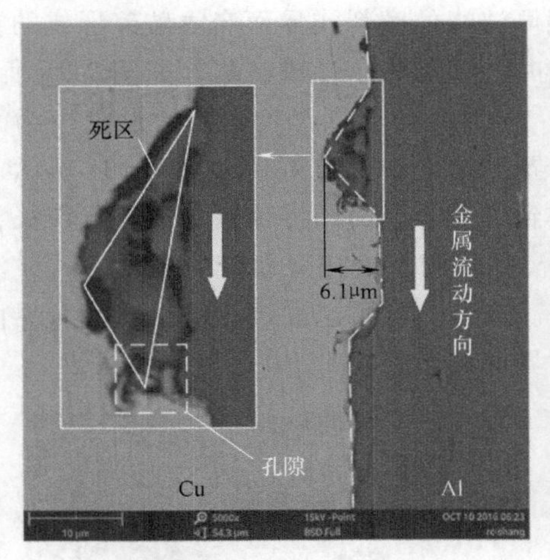

a) 带有凹槽的平直状表面

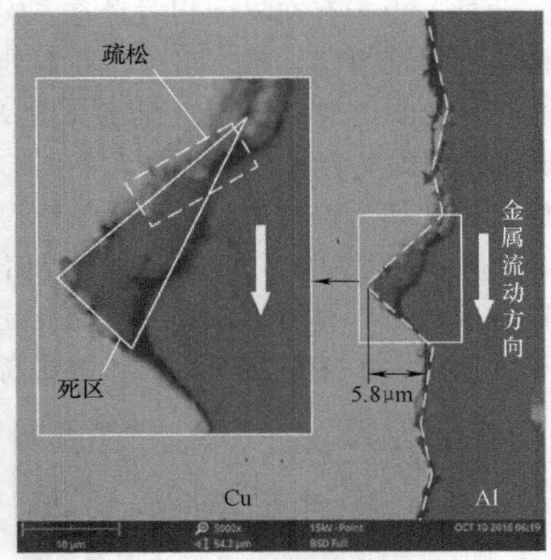

b) 波纹状表面

图 9-8　不同芯管轴向微观形貌对未变形区复合界面的影响

变形中，芯管表面主要呈平直状但含有局部较深 V 形凹槽时，平直段界面破碎产生夹杂物颗粒，沿界面移动，约 8.1μm 凹槽处铝基体填充较好，但在界面滑移作用下发生剪切断裂，断裂在凹槽内的块体对界面夹杂物颗粒有一定的阻碍作用，在其下方形成一定的堆积区，如图 9-9a 所示。此外，在 V 形槽处检测到一定厚度的扩散层，因此可以推断出在变形前铜和铝高温下能够很快通过扩散结合或反应结合形成一定厚度的扩散层。

芯管表面主要呈波纹状时，在固-液接触区会出现突变的 V 形凹槽处（约 7.3μm 深）填充不完全现象，形成孔洞。在后续变形过程中，虽然界面正压力作用有将铝侧压入凹槽内的趋势，但是凹槽外侧铜基体会产生相应的反力，阻碍这种

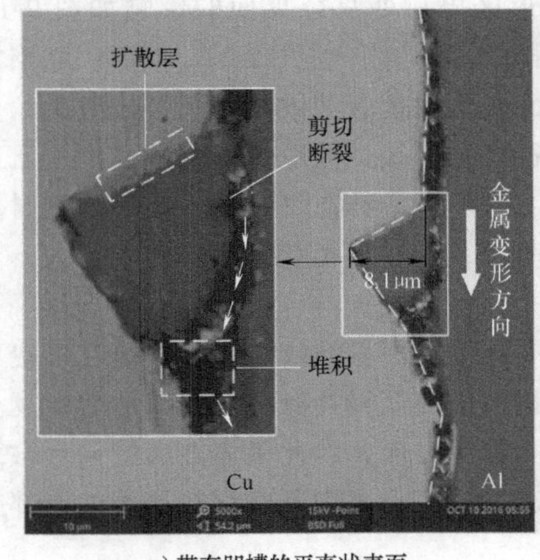

a) 带有凹槽的平直状表面

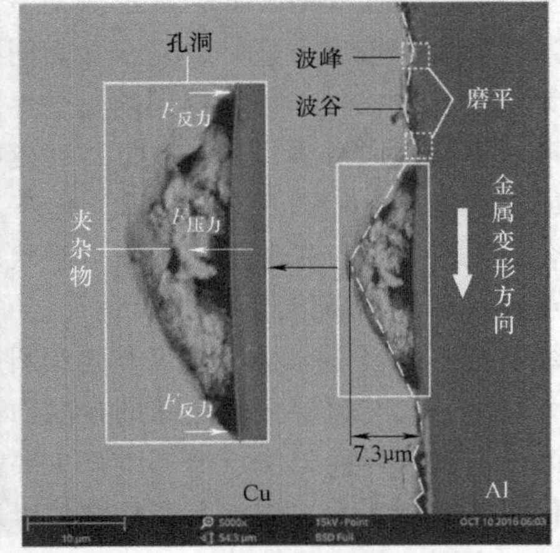

b) 波纹状表面

图 9-9　不同芯管轴向微观形貌对变形区复合界面的影响

趋势。此外，由于存在界面相对滑移，铜侧波峰处磨削或界面产物破碎形成的夹杂物残渣会随界面滑移运动，当到达孔洞处时产生堆积，形成缺陷，如图 9-9b 所示。

变形区出口芯管表面微观形貌如图 9-10 所示。当芯管表面初始形貌较为平直时，最终得到的复合界面依然较为平直，界面结合效果良好，如图 9-10a 所示。而当芯管表面初始为连续波纹状时，最终得到的复合界面同样保留着波纹状特征，如图 9-10b 所示，但波纹尖角在变形区界面滑移作用下被打磨而变的更加平缓，波纹角度以钝角为主，界面结合效果较为良好。二者对比可以发现，波纹状复合界面在一定程度上增大了接触面积，有利于提高界面结合强度。

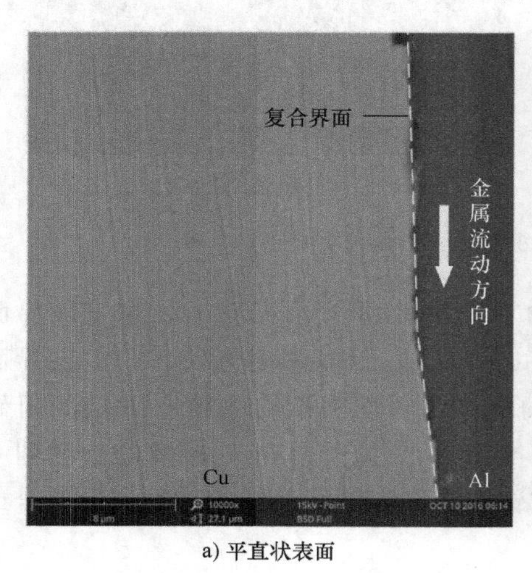

a) 平直状表面

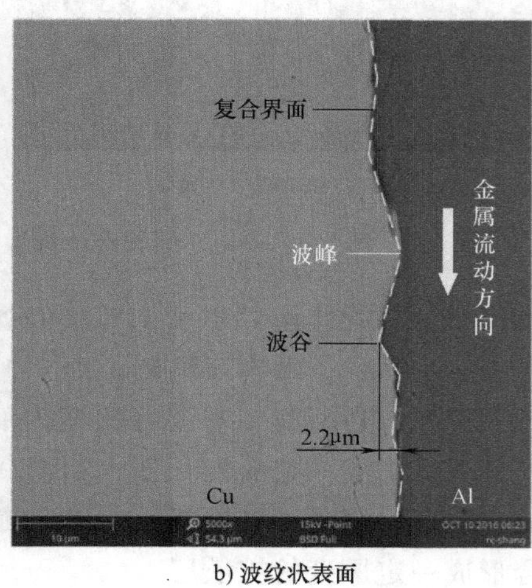

b) 波纹状表面

图 9-10 不同芯管轴向微观形貌对变形区出口处复合界面的影响

9.2.2.2 周向表面微观形貌对复合界面影响

不同芯管表面周向表面微观形貌对变形区出口处复合界面的影响如图 9-11 所示。当芯管表面较为平直时，复合界面同样较为平直，如图 9-11a 所示；而当芯管表面为连续波纹状时，最终得到的复合界面仍然保留着波纹状特征，波纹尖角同样在变形区界面轴向滑移作用下被打磨而变得更加平缓，波纹角度范围更广，可以有直角或较大锐角，如图 9-11b 所示。此外，在界面无明显凹陷突变或者划痕时，界面结合效果较好，且扩散层初始以点胞状萌生，随后点胞状扩散层逐渐长大，和周围的点胞状聚并，最终连成层片状。

综上所述，当基体金属轴线方向和圆周方向表面呈波纹状时，均可在一定程度上增大基体金属与覆层金属之间的接触面积，最终获得具有微观波纹形貌的复合界面。此外，复合界面处覆层金属滑移主要沿轴线方向，因此基体金属轴向上微观形貌变化幅值不应太大，周向上变化幅值可适当提高，但均不应存在显著的局部突变或划痕，否则容易出现缺陷。

当基体金属轴向含有局部突变或划痕时，缺陷类型主要有三类。①固-液区时，

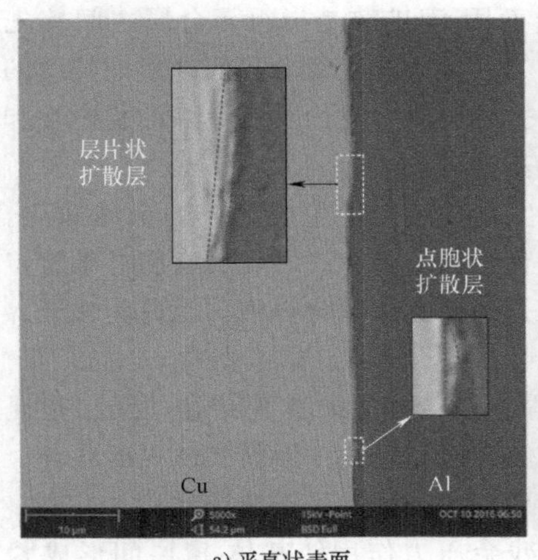

a) 平直状表面

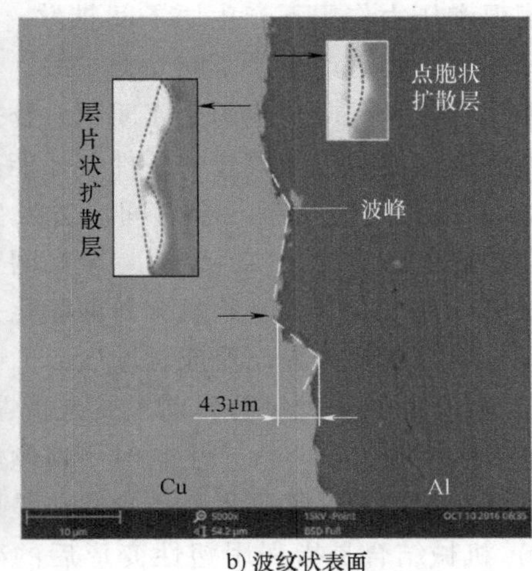

b) 波纹状表面

图 9-11　不同芯管周向表面微观形貌对变形区出口处复合界面的影响

局部冷却过快，致使突变的波谷处覆层金属填充不足而形成孔洞，后续会产生夹杂物堆积；②固-固区时，波谷底部会在金属流动方向产生一定范围的流动死区，进而产生疏松等缺陷；③填充完整的波谷处，覆层金属滑移时易发生剪切断裂。

9.2.3　金属包覆材料固-液铸轧复合机理

组元金属间的交界面称为复合界面，而形成交界面的过程称为界面复合过程。层状金属复合材料的材料种类丰富且制备工艺特点各异，其中复合机理与组元金属搭配、成形工艺特点等密切相关，通常包含两部分，即界面反应机制和界面演化过程。

界面结构与组元金属材料自身物理化学性能和元素间扩散密切相关，从热力学和动力学角度决定着界面可能的产物及类型，即在不同的扩散温度和保温时间下形成不同的扩散层厚度、扩散层组织以及扩散成分，并且受塑性变形影响显著。

9.2.3.1　界面结合类型

界面复合机理包含界面结合类型和界面演化过程两部分，与成形过程中的温度、压力、变形等工艺因素和组元金属材料密切相关，决定着界面形成的具体过程和界面结构的具体形式。自层状金属复合材料问世之后，国内外学者针对其界面复合机理提出了一系列理论和假说，具有代表性的有机械啮合理论、金属键理论、能量理论、薄膜理论、裂口结合理论、再结晶理论、扩散理论、三阶段理论、N. Bay理论等。

根据现有研究统计，界面结合类型大致可以分为扩散结合、反应结合、外部能场辅助结合和机械结合四类，各类特点如下。

1） 扩散结合主要分为固-固扩散和固-液扩散。固-固扩散是指组元金属接触表面在高温和压力作用下产生原子间扩散，而固-液扩散是指组元金属之间首先发生润湿和溶解，随后产生原子间互相扩散。二者最终均在复合界面处形成连续的固溶体，而没有化学反应产生的金属间化合物。该类复合界面具有良好的稳定性和结合强度，但是只能在较为理想的条件下才能获得。

2）反应结合是指组元金属间通过发生化学反应，生成对应的金属间化合物，由化学键提供结合力而实现结合。金属间化合物多具有高硬度、高脆性等特点，若反应层厚度过大，则会导致复合界面脆化，降低界面结合强度。因此为保证界面性能，应合理控制复合界面反应层厚度。

3）外部能场辅助结合目前主要是指爆炸结合和电磁脉冲结合两类，是通过爆炸或电磁脉冲在复合界面产生瞬时高速倾斜碰撞和塑性变形而实现界面结合，并且在冲击载荷作用下，复合界面通常并非是平直状，而是呈现波纹状。

4）机械结合是指利用塑性变形后的残余压力作用使基体-覆层间形成紧密结合。但是，组元金属间的复合界面总是存在一定的范德华力，并且塑性变形时通常会释放一定的热量，当满足一定的动力学条件后，各金属组元之间就会发生相互扩散和反应，生成相应的固溶体或金属间化合物。因此，通常所说的机械结合是指机械结合占主导地位，与少量扩散和反应结合并存的形式，它的主要特点是制备简便，但在高温下容易出现应力松弛、分层和脱落现象。

在实际界面复合过程中，上述界面结合类型在多数情况下并非独立发生，通常是以物理接触为基础的多种界面结合类型的有机组合，因此通常也将机械结合之外的复合界面统称为冶金结合。

9.2.3.2 界面演变过程

结合数值模拟和实验结果，可将金属包覆材料固-液铸轧复合技术中铸轧区内完整的复合界面演变细分为四个阶段：固-液接触换热阶段、固-半固态铸造阶段、固-固轧制复合阶段、固-固压力扩散阶段，金属包覆材料固-液铸轧复合机理示意图如图 9-12 所示。因此，固-液铸轧复合技术是在扩散结合、反应结合、机械啮合等共同作用下实现复合界面的冶金结合。不同布置模式时的固-液铸轧复合技术本质相同，只是周向均匀性提高，各阶段特点如下。

1）固-液接触换热阶段：初始时刻，液态的覆层金属进入铸轧区后率先与固态芯管表面形成固-液界面，界面处发生剧烈的接触换热，芯管表面温度迅速上升，液态覆层金属过热度降低，如图 9-12a 所示。在高温驱动下，固-液界面发生反应扩散，形成一定厚度的扩散层，如图 9-12b 所示。

2）固-糊铸造复合阶段：随着换热进行，覆层金属温度不断降低，逐渐由液态转变为半固态，形成凝固点，基体与覆层间为固-糊（半固态）界面。此期间仍然是温度起主导作用，扩散层有增长趋势，如图 9-12c 所示。

3）固-固轧制复合阶段：凝固点以下，覆层金属完全转变为固态，形成固-固界面，变形开始作用于覆层金属并产生一定的延伸变形，扩散层被碾压减薄，如图

9-12d 所示；随着变形的继续，覆层金属的剧烈延伸引起界面相对滑移，从而导致易碎的扩散层逐渐被碾压破碎为块状，沿轧制方向不连续分布，固-固界面开始裸露新鲜金属，如图 9-12e 所示；当覆层金属变形达到一定程度时，块状扩散层颗粒完全嵌入固-固界面内部，形成新生复合界面，如图 9-12f 所示。

4）固-固压力扩散阶段：在铸轧区末端，覆层金属变形量很小，在温度和压力作用下，以嵌入的块状扩散层颗粒为萌生源，新生复合界面处重新产生点胞状扩散层，并且随着扩散层的增长，相邻的点胞状扩散层逐渐发生聚并，如图 9-12g 所示；随着，点胞状扩散层的不断聚。并最终在新生复合界面处形成完整且均匀的层片状扩散层，如图 9-12h 所示。

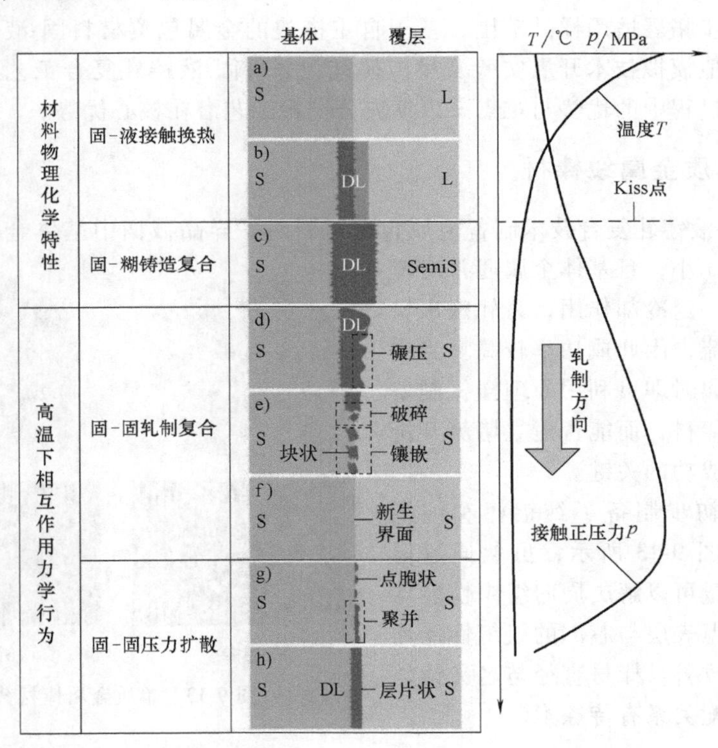

图 9-12　金属包覆材料固-液铸轧复合机理示意图

L—液相 SemiS-半固（糊）态　S—固相 DL-扩散层

图 9-12 所示为固-液铸轧复合工艺中界面的理想演变示意图，然而，实际中界面的演变与基体和覆层材料的物理化学性能以及高温下相互作用力学行为密切相关，是上述某些过程的有机组合。

基体与覆层材料的物理化学性能决定着固-液阶段和固-糊（半固态）阶段能否发生剧烈的反应扩散及其产物类型，例如钛的稳定性要高于钢和铜，因此制备的钛/铝复合管只形成了机械结合，未能形成扩散层。

高温下复合界面相互作用力学行为主要取决于凝固点高低，界面处存在正应力和剪应力，剪应力有利于固-固轧制复合阶段的界面相对滑移，产生新鲜金属，而正压力和温度是固-固压力扩散阶段的两大主要因素，二者共同作用有利于促进界面间元素扩散。例如当凝固点较高时，界面相对滑移显著，初始扩散层能够完全破碎、镶嵌，进而形成新生界面；但当凝固点较低时，界面相对滑移较弱，初始扩散层只能发生局部破碎甚至未能破碎，无法形成新生界面。

9.3 典型金属包覆材料试制研究

为进一步拓展适用样品范围，基于自主搭建的金属包覆材料固-液铸轧复合原理样机和数值模拟技术开展实验及模拟研究，分析固-液铸轧复合工艺制备典型金属包覆材料过程中的优势与难点，以期充分挖掘工艺潜在核心优势。

9.3.1 单质金属线棒材

利用固-液铸轧复合技术制备金属包覆材料时，样品截面中基体金属占比大而覆层金属占比小，且基体金属通常对覆层金属起到一定冷却作用，铸轧区出口截面较易堵流，因此成功率较高。当中间无基体金属时即可利用原理样机制备单质金属线棒材，而能否建立堵流开浇过程是工艺成功的关键。

实验中初步制备了纯铝棒和纯铜棒，截面如图 9-13 所示，虽然通过增加铸轧辊数量可以解决周向组织性能均匀性问题，但表层与芯部的组织性能均匀性仍有待改善，棒材直径与名义铸轧速度间的匹配关系有待探索。

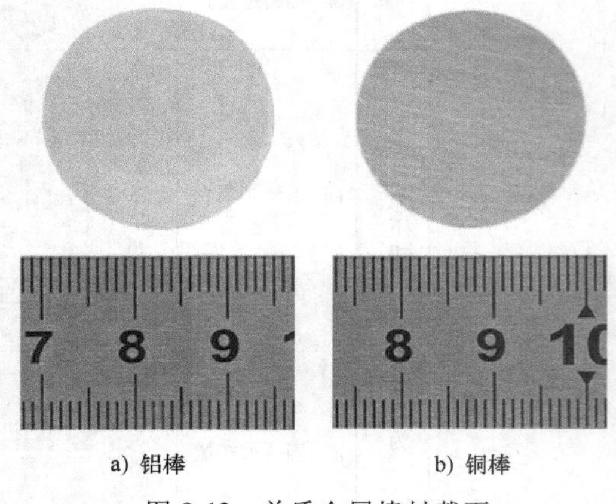

a) 铝棒　　b) 铜棒

图 9-13　单质金属棒材截面

9.3.2 金属包覆线棒材

金属包覆材料具有特殊的结构特征，即通常覆层金属体积占比较低，基体金属体积占比较高。因此，固-液铸轧复合技术除了可以制备覆层金属熔点低、强度低而基体金属熔点高、强度高的金属包覆材料，例如铝包铜棒，截面如图 9-14a 所示；也可以用于制备基体金属和覆层金属的熔点、强度相近的金属包覆材料，例如异质铝合金包覆棒材，如图 9-14b 所示。然而需要注意的是，当基体金属直径较小时易因过热而出现严重变形甚至熔断，因此组元搭配及极限包覆比仍有待进一步研究。

金属包覆材料复合界面可以采用网状结构增强，覆层金属与基体金属通过网孔结构彼此连通，常见的有纤维增强型和板孔增强型。纤维增强型的网孔面积占比相对较大，因而较易变形，基体与覆层间的结合面积较大，截面如图 9-15a 所示。板孔增强型的网孔面积占比相对较小，因而较难变形，基体与覆层间的结合面积较小，如图 9-15b 所示。目前，两种类型制备过程的结合效果和服役过程中的强化效果尚未明晰。此外，碳纤维、玻璃纤维等对基体金属增强效果显著，但采用柔软网状增强时，易受浇注和变形影响，位置控制难度较大，并且增强体-基体间界面浸润效果亟待解决。

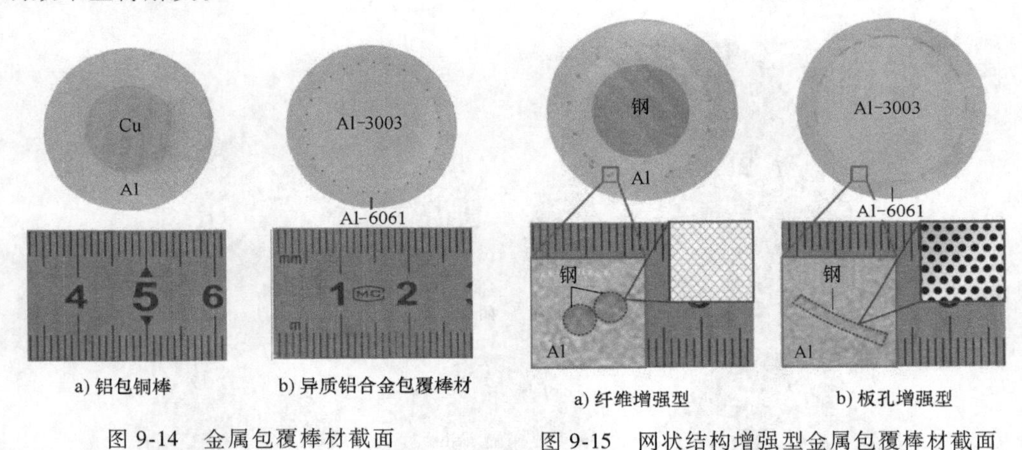

图 9-14　金属包覆棒材截面

图 9-15　网状结构增强型金属包覆棒材截面

9.3.3　双金属复合管材

当基体金属为管材时，即可利用固-液铸轧复合技术制备双金属复合管，例如当覆层金属为铜，基体金属为钛管时，制备的铜/钛复合管截面如图 9-16a 所示。制备双金属复合棒与双金属复合管的本质特征一致，因此成形机理相同。但由于管材为中空结构，在固-液铸轧复合过程中因变形较大或变形不均等原因易出现芯管压扁现象和褶皱现象，如图 9-16b、c 所示，不仅会引起质量问题，更会中断连续

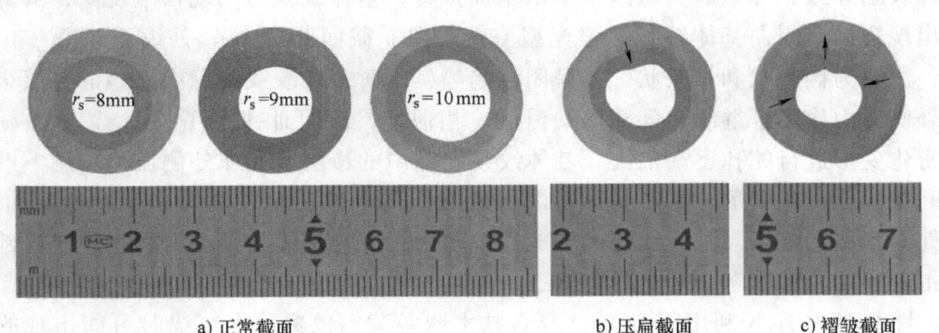

图 9-16　铜/钛复合管截面及典型样品缺陷

生产。因此，芯管失稳判据对于工艺稳定性至关重要，亟待在此基础上阐明覆层金属临界包覆比和覆层-基体间强弱匹配准则，从而开发更多包覆规格和组元搭配样品。

9.3.4 金属包覆芯绞线

当基体为芯绞线时，即可利用固-液铸轧复合工艺制备金属包覆芯绞线，例如黄铜包覆纯铜绞线。通过急停轧卡和快速水冷获得铸轧区试样并沿高度方向等间距切片，截面宏观演变如图 9-17 所示。

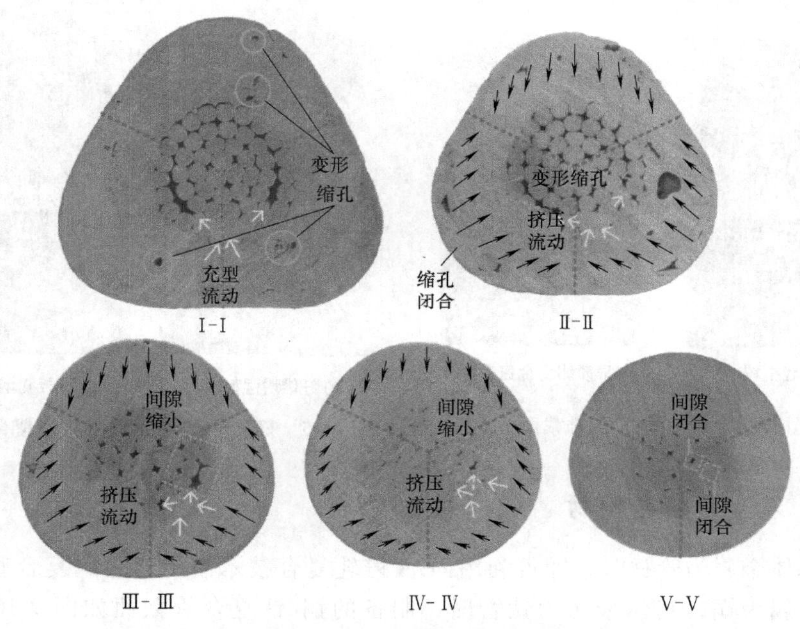

图 9-17　黄铜包覆纯铜绞线固-液铸轧区截面宏观演变

截面Ⅰ-Ⅰ位置处存在明显的近似圆形的铸造缩孔，即因停止浇注后覆层金属凝固收缩导致，并且因实验过程中未施加张力，基体绞线易出现松散现象，局部位置出现覆层金属向基体绞线间隙充型流动现象。截面Ⅱ-Ⅱ位置处缩孔承受一定变形，主要为椭圆状和长条状，并呈闭合趋势，同时基体绞线间隙中充型的覆层金属在外侧压力作用下继续向间隙深处流动。相似地，截面Ⅲ-Ⅲ和Ⅳ-Ⅳ位置处，随着致密化变形进行缩孔逐渐消失，基体绞线间隙中的覆层金属在外侧压力作用下继续向间隙深处挤压变形，同时基体各芯绞线之间的内部间隙逐渐缩小。到达截面Ⅴ-Ⅴ处时，覆层金属与基体绞线间形成连续界面，并且基体的各芯绞线之间的内部间隙主要存在两种状态，一是封闭状态，二是闭合状态。

图 9-18 所示为利用固-液铸轧复合技术制备黄铜包覆纯铜绞线时可能出现的截面状态，包括界面结合、界面分离、覆层金属过填充、覆层金属欠填充、芯线挤压

变形、芯线间隙等。综上可知，固-液铸轧复合过程中，覆层金属和基体金属均会发生显著的塑性变形，因此工艺参数不同时凝固点高度不同，即变形程度不同。目前，张力作用下凝固点高度对覆层金属组织性能、复合界面结合效果、基体金属致密程度等因素的耦合影响尚未阐明，并且初始缺陷在后续变形过程中的遗传性仍有待探究。

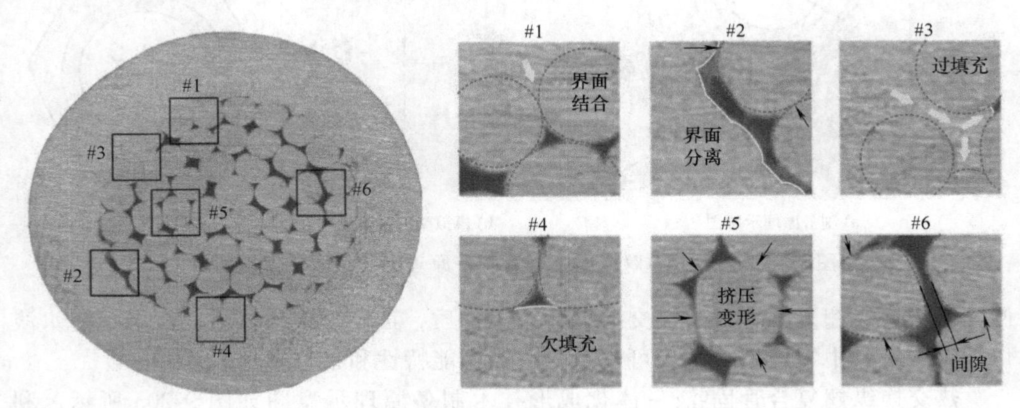

图 9-18　黄铜包覆纯铜绞线截面状态

9.3.5　异形截面复合材料

异形截面复合材料除了具有复合材料的优点以外，通常还具有异形结构带来的轻量化、功能化等特征，具有广泛的应用需求，然而其截面相对复杂，制备难度相对较大。制备金属包覆材料时，多辊固-液铸轧复合技术是由多个孔型铸轧辊系共同围成圆形孔型。因此，通过改变铸轧辊系的孔型形状则有望制备异形截面复合材料。

图 9-19a 所示为利用三辊固-液铸轧复合技术制备六边形复合管材时的制备原理示意图，仿形侧封和孔型铸轧辊系共同围成异形截面复合材料的截面形状。图 9-19b 所示为模拟变形区演变，在孔型轧制、铸轧复合和挤压变形共同作用下可制备目标样品截面，如图 9-19c 所示。然而，芯管的周向受力和失稳条件更为复杂，并且由于截面形状和热-力边界条件周向分布不均引起的样品组织-界面-性能不均等问题有待进一步深入分析。

9.3.6　翅片强化复合材料

前期研究表明，三辊固-液铸轧复合技术制备金属包覆材料过程中，铸轧区的配合间隙易引起边部侧耳，因侧耳通常是生产中不想出现的样品缺陷，因此通常情况下采取抑制方案，即通过提高设备装配精度和控制凝固点高度抑制侧耳产生。然而，若侧耳形状能够进行精细调控则有望将其作为翅片结构对样品起到强化作用，

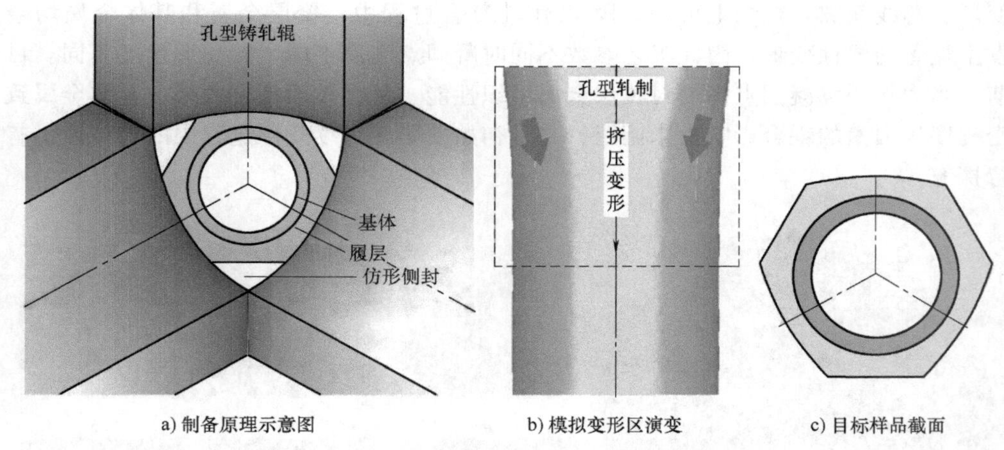

a) 制备原理示意图　　b) 模拟变形区演变　　c) 目标样品截面

图 9-19　异形截面双金属复合管制备原理图及有限元模拟结果

例如热交换纵翅复合管作为热交换器的理想材质，可广泛用于核电、舰船、海水淡化等领域，其中纵向翅片结构可进一步提升功能特性和结构特性。

热交换纵翅复合管固-液一体化成形技术制备原理示意图如图 9-20a 所示，利

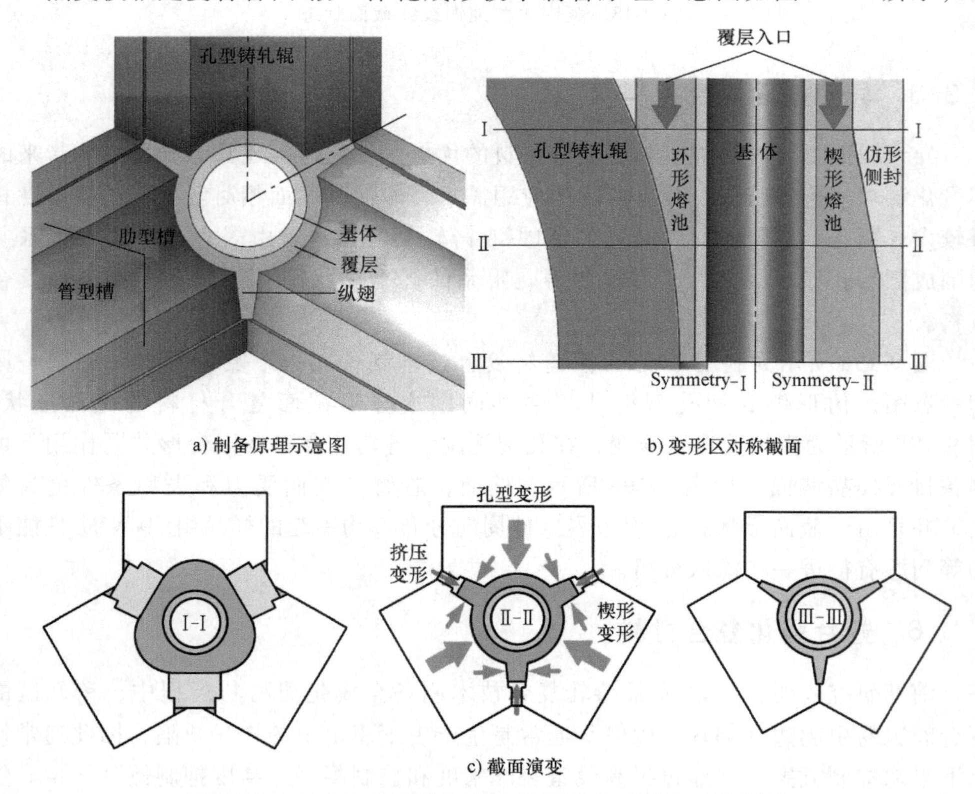

a) 制备原理示意图　　b) 变形区对称截面

c) 截面演变

图 9-20　热交换纵翅复合管固-液一体化成形技术示意图

用铸轧辊系和仿形侧封构建组合孔型实现纵翅几何结构调控。铸轧辊的孔型由两部分组成，即管型槽和翅型槽，并且配合仿形侧封形成封闭孔型。管型槽决定着覆层管材的形状、壁厚等，翅型槽决定着翅片的形状、高度等。变形区对称面截面如图 9-20b 所示，熔池结构更为复杂，共包含两部分，即环形熔池和楔形熔池，变形区截面演变如图 9-20c 所示，入口截面至出口截面为渐进成形过程，并且处于多辊孔型轧制、铸轧复合和挤压变形三者共同作用下，其复杂应力状态有望进一步提升性能。

热交换纵翅复合管固-液一体化成形技术模拟结果如图 9-21 所示，变形区内多重变形共同作用下能够实现覆层包覆基体和纵翅渐进行成形两个过程，如图 9-21a 所示。并且通过调整铸轧辊孔型和仿形侧封结构，可以实现翅片几何形状控制，例如可以制备梯形翅片复合管和矩形翅片复合管，如图 9-21b、c 所示。

有限元模拟验证了工艺可行性，但在装备、工艺、性能等方面仍存在许多关键问题。例如组合孔型系统下目标样品孔型模块化装备设计理论、组合熔池内热-流-力-组织多场耦合分析及协同控制策略、复杂应力状态下相互作用力学行为及芯管失稳判据等影响工艺稳定和样品质量的基础科学问题亟待解决。

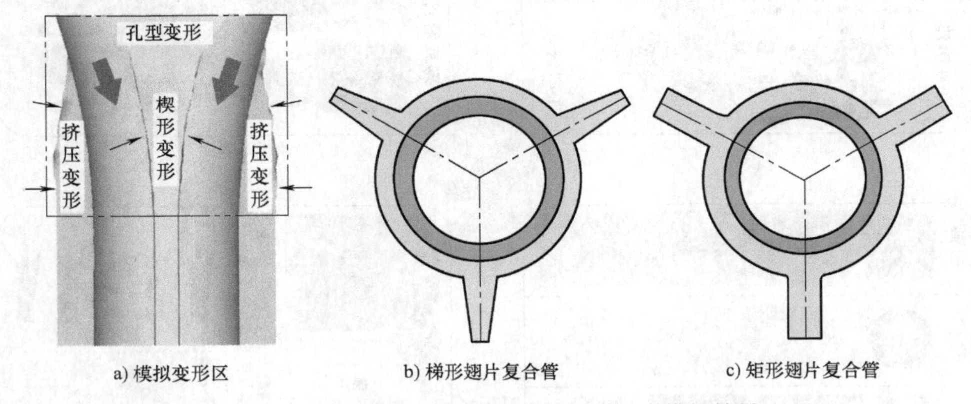

a) 模拟变形区　　b) 梯形翅片复合管　　c) 矩形翅片复合管

图 9-21　纵翅复合管固-液一体化成形技术模拟结果

9.4　铸轧复合技术面临的挑战与展望

9.4.1　铸轧复合技术面临的挑战

本书围绕金属包覆材料固-液铸轧复合技术的周向性能均匀性开展理论、仿真及实验研究，证明了技术可行性和优越性，初步解决了以下关键问题。

1）工艺布置方案及原理样机雏形：基于综合分析结果和加工制造可行性最终确定了合理工艺布置方案，并且完成了成套原理样机的设计、制造、调试和试验，为后续结构优化、模块化设计及升级改造奠定了实践基础。

2）基础理论体系及分析模型：基于稳态热阻网络确定了孔型设计准则及传热传质均匀性控制方法，以典型金属包覆材料为对象建立了理论模型、仿真模型和预测模型，实现固-液铸轧复合技术虚拟仿真与工艺窗口预测。

3）“成形-组织-界面-性能”一体化调控策略：金属包覆材料固-液铸轧复合工艺隶属特种孔型铸轧复合理论，是典型热-流-力-组织多场耦合问题，由于非均布孔型原因，通常情况下凝固点高度均匀度并不能等同于温度、应变和应变速率均匀性。因此，成形工艺、微观组织、复合界面和组元性能一体化协同调控是保证样品周向性能均匀性的关键，“成形-组织-界面-性能”一体化调控策略如图 9-22 所示。

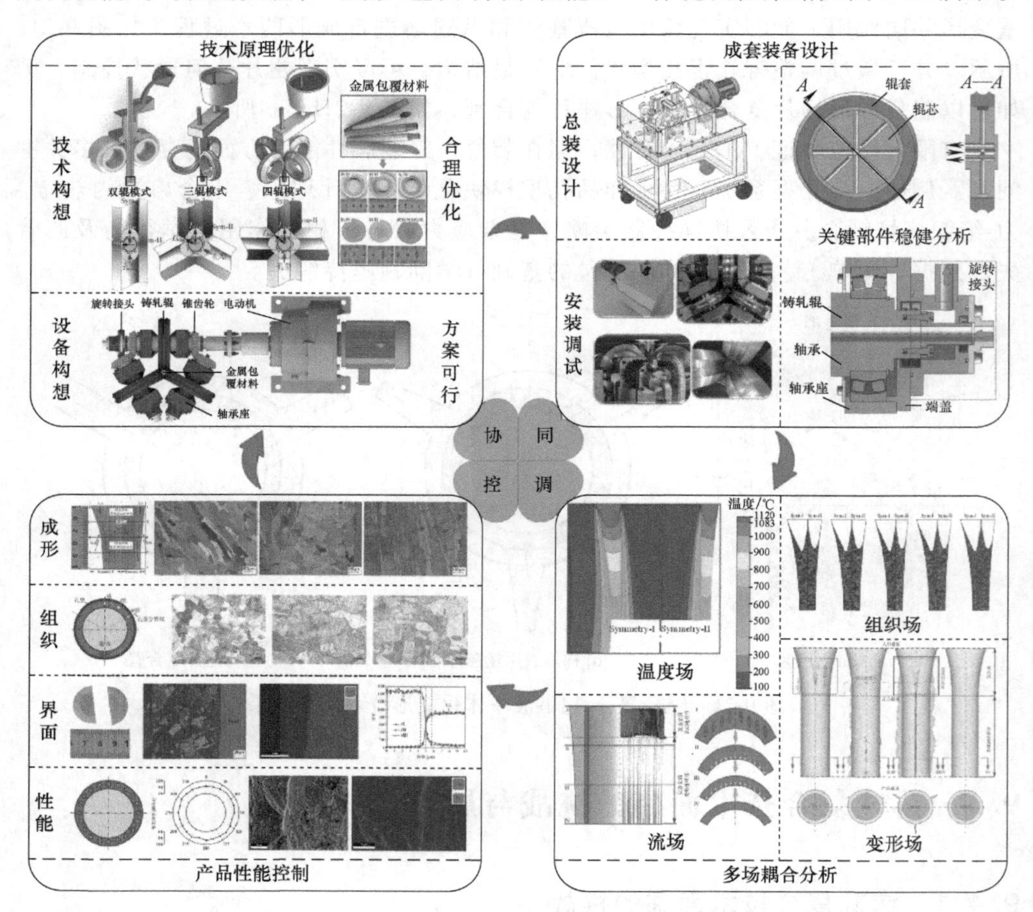

图 9-22 “成形-组织-界面-性能”一体化调控策略

金属包覆材料固-液铸轧复合技术研发是一项连续性、系统性工程，目前仍处于基础理论与实验研究阶段，由于实验条件有限，尚有许多关键问题未能解决：

1）原理样机自动控制及技术稳定：实现浇注系统和布流系统的自动控制，检测布流系统液面高度并反馈调整浇注系统流量，保证布流均匀性，进而保证金属包

覆材料固-液铸轧复合工艺的稳定性，实现小批量连续生产。

2）综合服役性能热处理调控：明确目标服役性能需求，在考虑金属包覆材料组元金属性能差异基础上构建以服役性能为目标的协调热处理工艺制定策略，量化热处理工艺与综合性能间匹配关系，实现服役性能定制。

3）形状-性能协同调控机制：固-液铸轧复合技术可以实现双金属复合管连续近终成形，但是基体芯管为中空结构，芯管壁厚较薄、凝固点较高等情况会导致芯管压扁、褶皱等缺陷，既会引起结构性能失控，又会造成连续成形过程中断，并且固有传热传质行为限制了组织性能继续提升，当壁厚较薄时均匀性调控局限更为显著。

因此，基于热-流-力-组织多场耦合分析，分析铸轧区内相互作用力学行为，建立基体失稳判据，通过引入超声振动等辅助能场，实现工艺稳定控制、组织性能均匀和极限规格拓展是未来工业应用的必经之路，其中，金属包覆材料超声能场辅助固-液铸轧复合技术原理如图 9-23 所示。

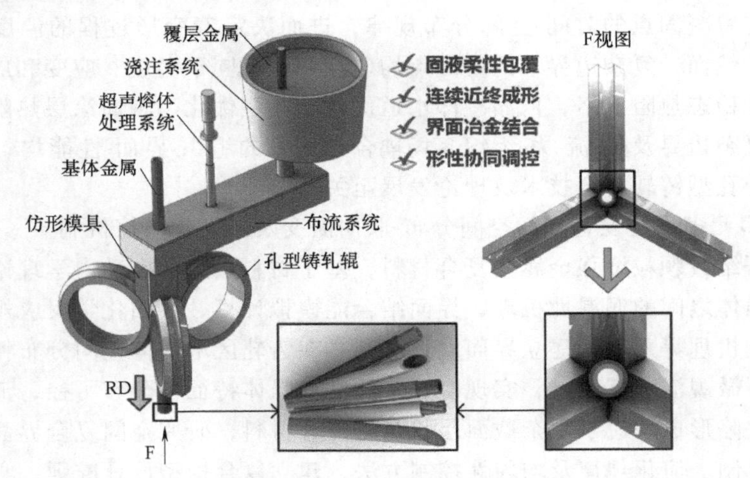

图 9-23　金属包覆材料超声能场辅助固-液铸轧复合技术原理

9.4.2　铸轧复合技术未来发展展望

本书提出的金属包覆材料固-液铸轧复合技术，进一步丰富了特种孔型铸轧复合理论，并且拓展了铸轧技术适用材料大纲，与单质金属板带铸轧工艺、简单异形截面材料铸轧工艺、颗粒增强金属基复合材料铸轧技术、纤维增强金属基复合材料铸轧工艺、层状金属复合板带固-液铸轧复合技术、外部能场辅助铸轧技术等共同构成了先进复合材料铸轧技术理论体系雏形。

目前，先进复合材料铸轧技术理论体系中所涉技术各具特色，已经涵盖了工程中典型的单质金属和复合材料，发展过程中将面临如下关键科学问题。

（1）特种孔型内复杂应力作用下的塑性变形机制及调控策略

利用平辊铸轧技术制备单质金属板带或层状复合板带时，通常认为是平面变形，而孔型作用下的金属通常处于多向应力状态，其塑性变形行为与孔型结构设计密切相关，即通过调整孔型结构可以实现铸轧区内均匀塑性变形至非均匀塑性变形的个性化定制，并且以铸轧-挤压为典型代表的技术体系一体化集成提供了研究新方向。此外，目前许多金属仍面临加工难问题，单质金属中以体心立方结构的镁、钛等为代表，其塑性加工过程中易出现开裂和显著各向异性，层状金属复合材料由于基体和覆层间的力学性能差异，在复合过程中存现显著的变形不协调和残余应力，而纤维或颗粒增强金属基复合材料强度高但塑性低，二次成形性差。因此，通过制定孔型调控策略定制铸轧区内应力状态和塑性变形机制，为解决上述材料的加工难问题提供了可能。

(2) 复杂边界及热-流-力-组织多场耦合时的形性均匀性调控策略

热塑性加工技术中材料性能通常取决于变形过程的温度、应变和应变速率，并且其性能均匀性和稳定性至关重要。对于铸轧复合技术而言，热-流-力-组织多场耦合作用决定着凝固点的时间-空间分布规律，进而决定着变形过程的温度、应变和应变速率。然而，复杂边界下的凝固点均匀性并不等同于温度、应变和应变速率均匀性。基于稳态热阻网络，依靠冷却水道优化、孔型优化、辊面涂层热阻定制等技术，制定复杂边界及热-流-力-组织多场耦合作用下的组织-界面-性能均匀性调控策略对于特种孔型铸轧复合技术及理论发展至关重要。

(3) 多元多尺度复合界面空间分布-取向演变及强韧化调控机制

对于纤维或颗粒增强金属基复合材料，基于材料热力学和动力学理论，从揭示基体与增强体之间的润湿性机理、界面结合能模拟计算、界面化学反应规律、相互作用与协调机理等入手，建立界面设计准则。在铸轧区增强体空间分布特征及其在高温高压下微观演变基础上，实现多元多尺度增强体特征与分布可控，消除原有及抑制新生缺陷形成。对于复杂截面层状金属复合材料，研究空间复合界面及界面产物的形成机制、演化规律及均匀性控制方法，建立复合构型设计准则，实现复合界面与界面产物的有效调控。此外，亟待建立多元多尺度复合材料的力学本构关系模型，实现复合界面、近界面微区结构与宏观力学性能的拟实计算，揭示强韧化调控机制。

(4) 外部能场作用机制及其组织-界面-性能调控策略

近年来以超声波、电磁场、电脉冲等为典型代表的外部能场技术已初步应用于金属凝固成型及塑性加工并逐渐展示出其优越性。超声波一方面对粗大的枝晶网孢具有剪切和破碎作用，增加了形核率，另一方面具有空化效应和声流作用，能有效地细化晶粒。电磁场通常认为是利用电磁搅拌作用抑制合金定向生长和促进溶质质点扩散，从而细化凝固组织并抑制偏析。电脉冲既可以作用于液态金属，也可以作用于固态金属，存在电效应、热效应、界面浸润效应和电致塑性效应等多重作用。然而，铸轧复合技术中铸轧区空间狭小且接触时间短暂，外部能场的布置模式、作

用机理及复合能场间耦合行为对凝固过程、塑性变形和界面复合过程的影响尚不清晰。

(5) 铸轧装备设计理论、寿命评估、信息感知与智能控制

对于铸轧复合技术而言，现场大多处于高温、水雾、电磁干扰等情况，检测环境相对恶劣，但铸轧速度相比轧制速度而言要低很多，提供了在线检测可能性。然而，目前空间狭小的铸轧区内部凝固点位置尚无法在线监测，复杂条件下的液态金属充型流动、结晶凝固和塑性变形等尚不清晰。因此，通过构建极端环境下铸轧装备的信息感知与智能控制系统，建立基于激光、超声波、机器视觉、同步辐射等非接触测量方式的极端环境信息感知技术，对于揭示铸轧区内宏微观演化机理、建立设备设计理论、评估设备服役寿命、提高生产率和提升综合性能等具有重要意义。

参考文献

[1] 徐琳，唐金荣．我国铜资源供给风险识别及分析研究［J］．北京大学学报（自然科学版），2017，53（3）：555-562.

[2] 陈海云，曹志锡．双金属复合管塑性成形技术的应用及发展［J］．化工设备与管道，2006，43（5）：16-18.

[3] WANG H F，HAN J T，LIU J，et al. Primary study of dieless drawing process for bimetal tube［J］. Advanced Materials Research，2012，(538)：1272-1276.

[4] WANG X，LI P，WANG R. Study on hydro-forming technology ofmanufacturing bimetallic CRA-lined pipe［J］. International Journal of Machine Tools & Manufacture，2005，45（4-5）：373-378.

[5] WANG H F，HAN J T，HAO Q L. Fabrication of laminated-metal composite tubes by multi-billet rotary swaging technique［J］. The International Journal of Advanced Manufacturing Technology，2015，76（1）：713-719.

[6] JIANG S，ZHANG Y，ZHAO Y，et al. Investigation of interface compatibility during ball spinning of composite tube of copper and aluminum［J］. International Journal of Advanced Manufacturing Technology，2017，88（1）：683-690.

[7] MOHEBBI M S，AKBARZADEH A. A novel spin-bonding process formanufacturing multilayered clad tubes［J］. Journal of Materials Processing Technology，2010，210（3）：510-517.

[8] TIAN Y，HUANG Q. Simulation of bimetallic bush hot rolling bonding process［J］. Advances in Materials Science & Engineering，2015（5）：1-7.

[9] 叶力平．双金属管连轧变形过程数值模拟与试验研究［D］．太原：太原科技大学，2014：11-24.

[10] KNEZEVIC M，JAHEDI M，KORKOLIS Y P，et al. Material-based design of the extrusion of bimetallic tubes［J］. Computational Materials Science，2014（95）：63-73.

[11] CHEN Z，IKEDA K，MURAKAMI T，et al. Fabrication of composite pipes bymulti-billet extrusion technique［J］. Journal of Materials Processing Technology，2003，137（1）：10-16.

[12] FAN Z，YU H，MENG F，et al. Experimental investigation on fabrication of Al/Fe bi-metal tubes by the magnetic pulse cladding process［J］. The International Journal of Advanced Manufacturing Technology，2016，83（5）：1409-1418.

[13] YU H P，XU Z D，JIANG H W，et al. Magnetic pulse joining of aluminum alloy-carbon steel tubes［J］. Transactions of Nonferrous Metals Society of China，2012，22：548-552.

[14] YU H，FAN Z，LI C. Magnetic pulse cladding of aluminum alloy on mild steel tube［J］. Journal of Materials Processing Technology，2014，214（2）：141-150.

[15] ZHAN Z，HE Y，WANG D，et al. Cladding inner surface of steel tubes with Al foils by ball attrition and heat treatment［J］. Surface & Coatings Technology，2006，201（6）：2684-2689.

[16] GUO X，TAO J，WANG W，et al. Effects of the inner mould material on the aluminium-316L stainless steel explosive clad pipe［J］. Materials & Design，2013（49）：116-122.

[17] 孙书刚，朱昱，倪红军，等．自蔓延高温合成陶瓷内衬复合管的研究进展［J］．热加工

工艺，2009，38（24）：48-51.

[18] 王亮．消失模高铬铸铁-高锰钢复合耐磨弯管铸造工艺研究［D］．武汉：华中科技大学，2009：4-7.

[19] 杨宏博，李京社，杨树峰，等．双金属复合管件浇铸缺陷控制研究［J］．铸造技术，2014，35（1）：86-89.

[20] SENTHILKUMAR V，THIYAGARAJAN B，DURAISELVAM M， et al. Effect of thermal cycle on Ni-Cr based nanostructured thermal spray coating in boiler tubes［J］．Transactions of Nonferrous Metals Society of China，2015，25（5）：1533-1542.

[21] 王富铎，梁国栋，王斌，等．海洋用 CRA 双金属复合管管端全自动堆焊工艺改进［J］．焊管，2015，（3）：43-47.

[22] LI X Z，LIU Z D，LI H C，et al. Investigations on the behavior of laser cladding Ni-Cr-Mo alloy coating on TP347H stainless steel tube in HCl rich environment［J］．Surface & Coatings Technology，2013，232（10）：627-639.

[23] 郭明海，刘俊友，庞于思，等．双金属管复合技术的研究进展［C］．徐州：中国金属学会轧钢学会钢管学术委员会六届二次年会，2012：11-16.

[24] 刘建彬，韩静涛，解国良，等．离心浇铸挤压复合钢管界面组织与性能［J］．工程科学学报，2008，30（11）：1255-1259.

[25] LI W，KANG H，CHEN Z，et al. Horizontal continuous casting process under electromagnetic field for preparing AA3003/AA4045 clad composite hollow billets［J］．Transactions of Nonferrous Metals Society of China，2015，25（8）：2675-2685.

[26] LIU N，JIE J，LU Y，et al. Characteristics of clad aluminum hollow billet prepared by horizontal continuous casting［J］．Journal of Materials Processing Technology，2014，214（1）：60-66.

[27] KRISHNA B V，VENUGOPAL P，RAO K P. Co-extrusion of dissimilar sintered P/M preforms—An explored route to produce bimetallic tubes［J］．Materials Science & Engineering A，2005，407（1-2）：77-83.

[28] KRISHNA B V，VENUGOPAL P，RAO K P. Use of powdermetallurgy preforms as alternative to produce bimetallic tubes［J］．Materials Science and Technology，2005，21（6）：630-640.

[29] REICHEL T，PAVLYK V，ARETOV I，et al. Benefits of laser measurement supported JCOC process for improvement of clad pipe quality［C］．Rio de Janeiro：Inter national Conference on Ocean，Offshore and Arctic Engineering，2012：127-135.

[30] 凌星中．冶金结合复合钢管研制和应用［J］．焊管，2006，29（1）：42-46.

[31] 杨继伟．铝铜双金属拉拔复合工艺的研究［D］．沈阳：沈阳工业大学，2008：15-17.

[32] 王成长．挤压法制备钛铜复合棒工艺研究［D］．西安：西安建筑科技大学，2011：7-9.

[33] 王小娜．铜包铝双金属复合材料反向挤压变形的数值模拟仿真［D］．长沙：湖南大学，2016：3-5.

[34] 凌聪．Conclad 连续挤压法制备侧向复合型铜铝复合材料及其组织性能研究［D］．昆明：昆明理工大学，2017：9-11.

[35] 凌聪，钟毅，陈业高，等．Conclad 连续挤压法制备侧向复合型 Cu/Al 复合材料［J］．特种铸造及有色合金，2017，37（1）：89-93.

[36] 彭孜，赵鸿金，董光明，等．铜铝复合接触线连续挤压包覆过程的数值模拟［J］．塑性工程学报，2020，27（3）：58-64.
[37] 申一帆．铜包铝扁排拉拔-轧制工艺数值模拟与实验研究［D］．秦皇岛：燕山大学，2019：20-40.
[38] 李德江．钛/铜复合棒轧制复合工艺及界面结合机理研究［D］．昆明：昆明理工大学，2004：11-24.
[39] DYJA H，MRÓZ S，MILENIN A. Theoretical and experimental analysis of the rolling process of bimetallic rods Cu-steel and Cu-Al［J］. Journal of Materials Processing Technology，2004，153（1）：100-107.
[40] TOMCZAK J，BULZAK T，PATER Z，et al. Skew rolling of bimetallic Rods［J］. Materials. 2021，14（1）：18.
[41] ZHANG Q F，TAN J P，LI Z，et al. Simulation and experimental study on three-roll rolling of Stainless steel-carbon steel cladding Rebar［C］//IOP Conference Series：Earth and Environmental Science. Shenzhen，China：IOP Publishing，2020：639.
[42] 张琦，毋东，靳凯强，等．旋转锻造成形技术研究现状［J］．锻压技术，2015，40（1）：1-6.
[43] 娄敏轩，刘新华，姜雁斌，等．铜包铝丝材的旋锻复合-拉拔成形与组织性能［J］．工程科学学报，2018，40（11）：1358-1372.
[44] WANG B，XIE F，LUO X，et al. Experimental and physical model of the melting zone in the interface of the explosive cladding bar［J］. Journal of Materials Research and Technology，2016，5（4）：333-338.
[45] WANG B，CHEN W，LI J，et al. Microstructure and formation of melting zone in the interface of Ti/NiCr explosive cladding bar［J］. Materials & Design，2013（47）：74-79.
[46] 赵峰，马东康，王虎年，等．爆炸焊接3Cr13Mo/42CrMo复合棒工艺研究［J］．材料开发与应用，2017，32（6）：51-55.
[47] 吴云忠．包覆拉拔法铜包铝、铜包钢双金属导线的研究［D］．大连：大连海事大学，2007：13-22.
[48] 戴雅康．铜包铝线包覆焊接结合理论及生产设备研究［J］．大连交通大学学报，2016，37（5）：25-29.
[49] 于九明，王群骄，孝云祯，等．铜/钢反向凝固复合实验研究［J］．中国有色金属学报，1999，（3）：474-476.
[50] 李宝绵，许光明，崔建忠．反向凝固法生产H90-钢-H90复合带［J］．中国有色金属学报，2007，17（4）：505-510.
[51] 杨喜海，沈校军．浸涂法制造无氧铜杆技术的探讨［J］．铜业工程，2016（3）：17-19.
[52] 董玮．热浸镀铝焊丝的制备及性能研究［D］．天津：河北工业大学，2017：5-10.
[53] 杨巍峰，钱庆生，杨小芹．钢帘线用热浸镀黄铜钢丝的微观组织及力学性能［J］．电镀与涂饰，2019，38（7）：305-310.
[54] 李长久．热喷涂技术应用及研究进展与挑战［J］．热喷涂技术，2018，10（4）：1-22.
[55] 师江伟，杨涤心，倪锋，等．高速钢复合轧辊研究的进展［J］．铸造设备研究，2005，

(1): 28-31.

[56] Greβ T, Mittler T, Volk W. Casting Methods for the Production of Rotationally Symmetric Copper Bimetals [J]. Materials Science and Technology, 2020, 36 (8): 906-916.

[57] 施兵兵，刘新华，谢建新，等. 银包铝棒材立式连铸复合成形制备工艺 [J]. 工程科学学报，2019，41 (5): 633-645.

[58] CHU D, ZHANG J, YAO J, et al. Cu-Al Interfacial compounds and formation mechanism of copper cladding aluminum composites [J]. Transactions of Nonferrous Metals Society of China, 2017, 27 (11): 2521-2528.

[59] ZHANG Y, FU Y, JIE J, et al. Characteristics of copper-clad aluminum rods prepared by horizontal continuous casting [J]. Metals and Materials International, 2017, 23 (6): 1197-1203.

[60] 付莹，接金川，孙建波，等. 铝合金层状复合材料连铸技术及界面特征 [J]. 铸造，2015，64 (1): 22-24.

[61] MALEKI A, TAHERIZADEH A, HOSSEINI N. Twin roll casting of steels: An overview [J]. ISIJ International, 2017, 57 (1): 1-14.

[62] PARK S S, PARK W J, KIM C H, et al. The Twin-roll casting of magnesium alloys [J]. JOM, 2009, 61 (8): 14-18.

[63] BAREKAR N S, DHINDAW B K. Twin-roll casting of aluminum alloys-An overview [J]. Materials and Manufacturing Processes, 2014, 29 (6): 651-661.

[64] HAGA T, SUZUKI S. A twin-roll caster to cast clad strip [J]. Journal of Materials Processing Technology, 2003, 138 (1): 366-371.

[65] NAKAMURA R, YAMABAYASHI T, HAGA T, et al. Roll caster for the three-layer clad-strip [J]. Archives of Materials Science and Engineering, 2010, 41 (2): 112-120.

[66] HAGA T, TSUGE H, ISHIHARA T, et al. A vertical type tandem twin roll caster for clad strip equipped with a scraper [J]. Key Engineering Materials, 2014 (611-612): 623-628.

[67] HARADA H, NISHIDA S I, SUZUKI M, et al. Direct cladding from molten metals of aluminum and magnesium alloys using a tandem horizontal twin roll caster [J]. Applied Mechanics and Materials, 2015 (772): 250-256.

[68] KUMAI S, TAKAYAMA Y, Nakamura R, et al. Application of vertical-type high-speed twin-roll casting for up-grade recycling and clad sheets fabrication of aluminum alloys [J]. Materials Science Forum, 2016 (877): 56-61.

[69] HAGA T, OKAMURA K, WARARI H, et al. Three-layer clad strip casting using a vertical type tandem twin roll caster [J]. Key Engineering Materials, 2018 (773): 171-178.

[70] HUANG H, DONG Y, YAN M, et al. Evolution of bonding interface in solid-liquid cast-rolling bonding of Cu/Al clad strip [J]. Transactions of Nonferrous Metals Society of China, 2017, 27 (5): 1019-1025.

[71] HUANG H G, CHEN P, JI C. Solid-liquid cast-rolling bonding (SLCRB) and annealing of Ti/Al cladding strip [J]. Materials & Design, 2017 (118): 233-244.

[72] CHEN P, HUANG H, JI C, et al. Bonding strength of invar/Cu clad strips fabricated by twin-

roll casting process [J]. Transactions of Nonferrous Metals Society of China, 2018, 28 (12): 2460-2469.

[73] VIDONI M, ACKERMANN R, RICHTER S, et al. Production of clad steel strips by twin-roll Strip casting [J]. Advanced Engineering Materials, 2015, 17 (11): 1588-1597.

[74] MÜNSTER D, VIDONI M, HIRT G. Effects of process parameter variation on the bonding strength in clad steel strips by twin-roll strip casting [J]. Materials Science Forum, 2016 (854): 124-130.

[75] MÜNSTER D, ZHANG B, HIRT G. Processing of clad steel strips consisting of a high manganese and stainless steel pairing produced by twin-roll casting [J]. Steel Research International, 2017, 88 (1): 1-7.

[76] CHEN G, LI J T, YU H L, et al. Investigation on bonding strength of steel/aluminum clad sheet processed by horizontal twin-roll casting, Annealing and Cold Rolling [J]. Materials & Design, 2016 (112): 263-274.

[77] STOLBCHENKO M, GRYDIN O, SCHAPER M. Twin-roll casting of aluminum-steel clad strips: Static and dynamic mechanical Properties of the Composite [C]. The Minerals, Metals & Materials Series. San Diego: Springer International Publishing, 2017: 843-851.

[78] MAO Z, XIE J, WANG A, et al. Interfacial characterization and bonding properties of copper/aluminum clad sheets processed by horizontal twin-roll casting, multi-pass rolling, and annealing [J]. Metals, 2018, 8 (8): 645.

[79] VIDONI M, MENDEL A, HIRT G. Profile strip casting with Inline hot rolling: Numerical simulations for the process chain design [J]. Key Engineering Materials, 2014 (611): 1568-1575.

[80] BONDARENKO S, STOLBCHENKO M, SCHAPER M, et al. Numerical analysis of twin-roll casting of strips with profiled cross-section [J]. Materials Research, 2018, 21 (4): 1-8.

[81] VIDONI M, DAAMEN M, HIRT G. Advances in the twin-roll strip casting of strip with profiled cross section [J]. Key Engineering Materials, 2013 (554): 562-571.

[82] DAAMEN M, VIDONI M, HENKE L, et al. Effects of the variation of profile shape on the geometric accuracy and microstructure in profile strip casting [J]. Steel Research International, 2012, 86 (1): 1223-1226.

[83] DAAMEN M, DÁVALOS JULCA D, HIRT G. Tailored strips by welding, strip profile rolling and twin roll casting [J]. Advanced Materials Research, 2014 (907): 29-39.

[84] VIDONI M, DAAMEN M, GASTREICH J, et al. Hot rolling of AISI 304 tailored strips produced by twin roll strip casting [J]. Production Engineering, 2014, 8 (5): 619-626.

[85] 董伊康. 双金属复合带材固-液铸轧成形数值模拟及复合机理实验研究 [D]. 秦皇岛: 燕山大学, 2016: 56-64.

[86] 宋胜鹏. 简单异形截面 SiCp/Al 复合型材铸轧近终成形工艺模拟与实验研究 [D]. 秦皇岛: 燕山大学, 2017: 34-65.

[87] YAMASHIKI T, HAGA T, KUMAI S, et al. Investigation of the influence of the roll surface on the cast strip at the casting using a vertical type high speed twin roll Caster [J]. Applied Me-

chanics and Materials, 2012 (184): 271-276.

[88] HASHMI S. Comprehensive Materials Processing [M]. New York: Newnes, 2014: 22-34.

[89] STOLBCHENKO M, GRYDIN O, SCHAPER M. Influence of surface roughness on the bonding quality in twin-roll cast clad strip [J]. Materials and Manufacturing Processes, 2018, 33 (7): 727-734.

[90] WANG T, LI S, REN Z, et al. A novel approach for preparing Cu/Al laminated composite based on corrugated roll [J]. Materials Letters, 2019 (234): 79-82.

[91] WANG T, WANG Y, BIAN L, et al. Microstructural evolution and mechanical behavior of Mg/Al laminated composite sheet by novel corrugated rolling and flat rolling [J]. Materials Science and Engineering: A, 2019 (765): 1-12.

[92] WANG T, LI S, REN Z, et al. Microstructure characterization and mechanical property of Mg/Al laminated composite prepared by the novel approach: Corrugated+Flat Rolling (CFR) [J]. Metals, 2019, 9 (6): 690.

[93] WANG H, FENG T, ZHANG L, et al. Achieving a weak basal texture in a Mg-6Al-3Sn alloy by wave-shaped Die rolling [J]. Materials & Design, 2015 (88): 157-161.

[94] SUN Z, WU Y, XIN Y, et al. Varying the strong basal texture in a Mg-3Al-1Zn plate by a new wave-shaped interface rolling [J]. Materials Letters, 2018 (213): 151-153.

[95] CHEN W, HE W, CHEN Z, et al. Effect of wavy profile on the fabrication and mechanical properties of Al/Ti/Al composites prepared by rolling bonding: Experiments and finite element simulations [J]. Advanced Engineering Materials, 2019, 21 (11): 1-7.

[96] LIU X H, WU Z Q, FANG Z, et al. From TRB and LP plate to variable gauge rolling: Technology, theory, simulation and experiment [J]. Materials Science Forum, 2012 (706): 1448-1453.

[97] 孙静娜，陈驰，黄华贵，等. 基于奥洛万微分方程的变厚度 LP 板轧制力模型 [J]. 钢铁，2017，52 (11)：37-42.

[98] HUO M, ZHAO J, XIE H, et al. Analysis of contact mechanics in micro flexible rolling [J]. Procedia Manufacturing, 2018 (15): 1467-1474.

[99] 杜凤山，孙明翰，黄士广，等. 双辊薄带振动铸轧机理及其仿真实验 [J]. 中国机械工程，2018，29 (4)：477-484.

[100] 孙明翰，杨玉青，朱志旺，等. 20CrMn 钢双辊薄带振动铸轧细晶机理试验 [J]. 机械工程学报，2019，55 (4)：54-59.

[101] SUN M, ZHU Z, ZHENG L, et al. Study on dynamic recrystallization in the plastic deformation zone of vibration cast-rolling [J]. Crystal Research and Technology, 2019, 54 (9): 1-11.

[102] LI JT, XU GM, YU HL, et al. Improvement of AA5052 sheet properties by electromagnetic twin-roll casting [J]. International Journal of Advanced Manufacturing Technology, 2016, 85 (5-8): 1007-1017.

[103] SHI C, SHEN K. Twin-roll casting 8011 aluminium alloy strips under utrasonic energy field [J]. International Journal of Lightweight Materials and Manufacture, 2018, 1 (2):

108-114.

[104] GRYDIN O, STOLBCHENKO M, BAUER M, et al. Asymmetric twin-roll casting of an Al-Mg-Si-alloy [J]. Materials Science Forum, 2018 (918): 48-53.

[105] SMITH D. FATA Hunter OPTIFLOW variable tip width adjustment system for aluminum sheet casting [C]. Light Metals TMS. Warrendale, PA: The Minerals, Metals & Materials Society, 2004: 1-5.

[106] MCBRIEN M, ALLWOOD J M, BAREKAR N S. Tailor blank casting-control of sheet width using an electromagnetic edge dam in aluminium twin roll casting [J]. Journal of Materials Processing Technology, 2015, 224 (1): 60-72.

[107] SIDELNIKOV S, GALIEV R, BERSENEV A, et al. Application and research twin roll casting-extruding process for production longish deformed semi-finished products from aluminum alloys [J]. Materials Science Forum, 2018 (918): 13-20.

[108] 戴雅康，王洪丽，赵正树. SJ/T 11411-2010《铜包钢线》标准的诠释 [J]. 光纤与电缆及其应用技术，2011 (5): 8-11.

[109] 赵瑞龙，刘勇，田保红，等. 纯铜的高温变形行为 [J]. 金属热处理，2011，36 (8): 17-20.

[110] CHEN J, SHU W, LI J. Constitutive model of Q345 steel at different intermediate strain rates [J]. International Journal of Steel Structures, 2017, 17 (1): 127-137.

[111] QIAN D, PENG Y, DENG J. Hot deformation behavior and constitutive modeling of Q345E alloy steel under hot compression [J]. Journal of Central South University, 2017, 24 (2): 284-295.

[112] 张兴中，黄文，刘庆国. 传热学 [M]. 北京：国防工业出版社，2011：1-7.

[113] 森吉尔. 传热学 [M]. 北京：高等教育出版社，2007：4-15.

[114] 戴锅生. 传热学 [M]. 北京：高等教育出版社，1999：2-11.

[115] BAHRAMI M, CULHAM J R, YOVANOVICH M M, et al. Thermal contact resistance of non-conforming rough surfaces, part 2: thermal model [J]. Journal of Thermophysics and Heat Transfer, 2004, 18 (2): 218-227.

[116] BAHRAMI M, CULHAM J R, YOVANOVICH M M, et al. Thermal contact resistance of non-conforming rough surfaces, part 1: contact mechanics model [J]. Journal of Thermophysics and Heat Transfer, 2004, 18 (2): 209-217.

[117] 汪献伟，王兆亮，何庆，等. 宏观接触热阻研究综述 [J]. 工程科学学报，2019，41 (10): 1240-1248.

[118] STREZOV L, HERBERTSON J, BELTON G R. Mechanisms of initial melt/substrate heat Transfer pertinent to strip casting [J]. Metallurgical and Materials Transactions B, 2000, 31 (5): 1023-1030.

[119] 周芝龙. 铸件-模具界面换热机理的研究 [D]. 重庆：重庆大学，2013：6-12.

[120] 邢磊，张立文，张兴致，等. TP2 铜与 3Cr2W8V 模具钢的瞬态接触换热系数 [J]. 中国有色金属学报，2010，20 (4): 662-666.

[121] MAJUMDAR J, RAYCHAUDHURI B C, DASGÜPTA S. An instrumentation scheme for multi-

point measurement of mould-metal gap in an ingot casting system [J]. International Journal of Heat & Mass Transfer, 1981, 24 (7): 1089-1095.

[122] WINTER B P, OSTRAM T R, SLEDER T A, et al. Mould dilation and volumetric shrinkage of aluminum alloys in green and dry sand molds [J]. AFS Transactions, 1993 (87): 259.

[123] KAYIKCI R, GRIFFITHS W D, STRANGEWAYS C. An ultrasonic technique for the determination of casting-chill contact during solidification [J]. Journal of Materials Science, 2003, 38 (21): 4373-4378.

[124] 李嘉牟. 双辊薄带铸轧技术 [J]. 一重技术, 2019 (3): 1-6, 17.

[125] 武子原, 王祝堂. 中国铝合金带坯双辊式连续铸轧进展 [J]. 轻合金加工技术, 2019, 47 (4): 1-5.

[126] 朱德才, 张立文, 裴继斌, 等. 固态塑性成形过程中界面接触换热的实验研究 [J]. 塑性工程学报, 2008 (1): 92-96.

[127] 邹利华, 曾周亮, 袁文华, 等. 双辊式铝带坯连续铸轧机轧辊技术的进展 [J]. 热加工工艺, 2015, 44 (19): 5-9.

[128] 张开宝. 铜辊套在 5052 铝合金双辊连续铸轧生产中的应用 [J]. 铸造技术, 2020, 41 (1): 66-68.

[129] 李宪珠, 朱铭熙, 王祝堂. 双辊连续铸轧机铸轧辊铜辊套 (1) [J]. 轻合金加工技术, 2012, 40 (4): 6-10.

[130] 李宪珠, 朱铭熙, 王祝堂. 双辊连续铸轧机铸轧辊铜辊套 (2) [J]. 轻合金加工技术, 2012, 40 (5): 1-6.

[131] 王祝堂. 论述双辊连续铸轧机铜辊套 [J]. 铝加工, 2011 (5): 4-11.

[132] GRYDIN O, SCHAPER M, STOLBCHENKO M. Comparison of twin-roll casting and high-temperature roll bonding for steel-clad aluminum strip production [M]. Hoboken: John Wiley & Sons, Inc, 2015: 1225-1230.

[133] HAGA T, OKAMURA K, WARARI H, et al. Effect of base strip temperature on bonding of three-layer clad strip cast by a vertical-type tandem twin roll caster [J]. Key Engineering Materials, 2018 (792): 8-15.

[134] CHEN S, CHEN J. Simulation of microstructures in solidification of aluminum twin-roll casting [J]. Transactions of Nonferrous Metals Society of China, 2012, 22 (6): 1452-1456.

[135] 陈守东, 陈敬超, 吕连灏. 基于 CA-FE 的双辊连铸纯铝凝固组织模拟 [J]. 材料工程, 2012 (10): 48-53.

[136] HAN Y, ZHANG X B, YU E, et al. Numerical analysis of temperature field and structure field in horizontal continuous casting process for copper pipes [J]. International Journal of Heat and Mass Transfer, 2017 (115): 294-306.

[137] 唐仁政, 田荣璋. 二元合金相图及中间相晶体结构 [M]. 长沙: 中南大学出版社, 2009: 443.

[138] GARG S P, KALE G B, PATIL R V, et al. Thermodynamic interdiffusion coefficient in binary systems with intermediate phases [J]. Intermetallics, 1999, 8 (7): 901-908.

[139] GALE W F, TOTEMEIER T C. Smithells Metals Reference Book [M]. Eighth Edition

Ed. Netherlands: Elsevier Butterworth-Heinemann, 2004: 13-18.

[140] 张太正. 铜/钢双金属复合材料的制备及其界面研究 [D]. 沈阳: 沈阳大学, 2015: 41-51.

[141] 王璞. 铜中的氧对铜/钢扩散复合界面的影响 [D]. 大连: 大连交通大学, 2006: 50-55.

[142] 王璞, 刘世程, 刘德义, 等. 铜中氧对铜/钢扩散复合界面的影响 [J]. 材料热处理学报, 2006, 27 (3): 71-74.

[143] 李美栓. 金属的高温腐蚀 [M]. 北京: 冶金工业出版社, 2001: 10-25.

[144] 魏剑云, 杨明绪, 殷福星, 等. 退火工艺对冷轧铜/钢/铜复合板界面组织和力学性能的影响 [J]. 河北工业大学学报, 2017, 46 (1): 71-76.

[145] 朱之超, 段振勇, 刘勤芳. 圆柱芯棒轧管的单位压力及摩擦力的实验研究 [J]. 钢铁, 1981, (12): 35-41.